Historias curiosas de la ciencia

TÍTULOS PUBLICADOS:

SALVAR A LUIS XVI, *Anne Perry*
EL ÚLTIMO SECRETO DE DA VINCI, *David Zurdo y Ángel Gutiérrez*
EL LIBRO NEGRO DE LOS TEMPLARIOS, *Laurent de Vargas*
LOS HOMBRE ANDAN FLOJOS, *Ana von Rebeur*
ROLLING STONES. Los viejos dioses nunca mueren, *Stephen Davis*
MOZART - Su vida y su obra, *Ramón Andrés*
EL LEGADO DE JESÚS, *David Zurdo y Ángel Gutiérrez*
LOS SECRETOS DEL PLACER, *Pierre y Marie Habert*
LA CONSPIRACIÓN DEL GRIAL, *Lynn Sholes y Joe Moore*
CÓMO PROLONGAR LA JUVENTUD, *Dr. Nicholas Perricone*
SINGLE STORY. 1001 noches sin sexo, *Suzanne Schlosberg*
AUNQUE TENGA MIEDO, HÁGALO IGUAL, *Susan Jeffers*
LA OTRA HISTORIA DE JESÚS, *Fida M. Hassnain*
LA ADIVINA DE ROMA, *Steven Saylor*
EL ARTE DEL MASAJE SENSUAL, *Dr. Andrew Yorke*
LOS GRANDES MISTERIOS DE LA HISTORIA, *Massimo Polidoro*
LA CONJURA BORGIA, *Fabio Pittorru*
LOS NOMBRES, *Emilio Salas*
PENSAMIENTO POSITIVO, *Vera Peiffer*
REGRESO A LA HABANA, *Jordi Sierra i Fabra*
FIDEL CASTRO, *Clive Foss*
LOS CHISTES DE CELTIBERIA, *Lucio Cañete*
EL DIARIO DE ELSA
EL LEGADO TEMPLARIO, *Juan G. Atienza*
LA FARMACÉUTICA, *Esparbec*
INTERPRETA TUS SUEÑOS, *Y. Soliah*
LA REBELIÓN DE GAIA, *Jorge Blaschke*
LO QUE EINSTEIN LE CONTÓ A SU BARBERO, *Robert L. Wolke*
MISTERIO EN LA TORRE EIFFEL, *Claude Izner*
LOS ERRORES DE LA HISTORIA, *Roger Rössing*
CÓMO MEJORAR TU VIDA SEXUAL, *Rachel Copelan*
EL ARTE DE SER MUJER, *Alicia Gallotti*
LA TENTACIÓN DEL TEMPLARIO, *Mary Reed McCall*
APRENDA A CONOCER LOS VINOS, *Victor André*
LOS MEJORES CHISTES CORTOS, *Samuel Red*
EL CURSO, *Juliet Hastings*
HISTORIAS CURIOSAS DE LA CIENCIA, *Cyril Aydon*
ASESINATO EN EL CEMENTERIO, *Claude Izner*
ENCICLOPEDIA DE LOS MITOS, *Nadia Julien*
ÁNGELES, *Malcolm Godwin*

Historias curiosas de la ciencia

Cyril Aydon

Traducción de Francisco Pérez Navarro

swing

Título original: *Scientific Curiosity*
Everything You Want to Know about Science - But Never Had Time to Ask

First published in UK by Constable, an imprint of Constable & Robinson Ltd.

Diseño de cubierta: Jaime Fernández
Producción y compaginación: MC producció editorial
ISBN: 978-84-96746-32-9
Depósito legal: B-25.721-2008
Impreso por Litografia Rosés, S. A. - Energia 11-27 - 08850 Gavà (Barcelona)
Impreso en España - *Printed in Spain*

Índice

AGRADECIMIENTOS 15

MI CURIOSIDAD CIENTÍFICA 17

LAS HISTORIAS 19

EL FIRMAMENTO

La Luna y las mareas, 24
Nuestra vecina la Luna, 25
El giro de la Tierra, 27
Relojes exactos, 27
Dando nombre a las estrellas, 30
Los planetas errantes, 31
Astronomía y astrología, 32
El sendero de la eclíptica, 32
El Zodíaco, 33
Magnitudes estelares, 34
Años-luz, 36
El Sol, 53
Los asteroides, 56
El cinturón de Kuiper, 57
Meteoritos, 57
Cometas, 58
Meteoros y lluvia de meteoros, 59
La gravitación universal, 82

Retroceder en el tiempo, 94
Velocidad de escape, 94
Despegando de la Luna, 97
Calcular órbitas, 97
Las especulaciones de Michell, 125
¿Están lejos las estrellas?, 127
Triangulación y paralaje, 231
Medir distancias astronómicas, 232
Henrietta Leavitt y los ordenadores de Harvard, 235
El brillo y la distancia de las estrellas, 236
Clasificar las estrellas, 240
Hubble en el monte Wilson, 244
La expansión del universo, 245
Una nueva visión del universo, 246
Nuestro grupo local de galaxias, 247
El «huevo cósmico» de Lemaître, 247
¿Big Bang o modelo estacionario?, 269
¿Cuántas estrellas hay?, 271

LA TIERRA

Las estaciones, 36
La precesión, 40
Midiendo la Tierra, 42
El tiempo es distancia, 120
Pesar la Tierra (Primera parte), 122
Pesar la Tierra (Segunda parte), 123
El aire que respiramos, 139
Aire y altitud, 139
Conservar el calor, 140
Velocidad del viento, 142
Atmósferas planetarias, 142
La alta atmósfera o atmósfera superior, 143
¿Cuántos años tiene la Tierra?, 150
Fourier y el efecto invernadero, 152
El calentamiento global, 182

Datar el pasado, 183
El significado de «vida media», 185
El calendario geológico, 187
Maury y la oceanografía, 203
Estudios y expediciones, 204
La deriva de los continentes, 216
Fisuras en el lecho oceánico, 217
Placas tectónicas, 219
Zonas de terremotos, 219
El sismógrafo, 220
La escala de Richter, 220
Los tsunami, 221
Erupciones volcánicas, 223
Carbón y petróleo, 225
La capa superior de la Tierra, 226
Medir la dureza, 226
Explorando el interior de la Tierra, 227
Agua y sal, 228
Los arrecifes de coral , 230

EL MUNDO VIVIENTE
Leeuwenhoek y sus lentes, 102
Linneo y su sistema, 127
Clasificar las especies, 129
La asombrosa diversidad de la vida, 130
El género Homo, 131
La viruela y las vacunas, 134
Owen y los dinosaurios, 166
La extinción de los dinosaurios, 167
Los animales terrestres y acuáticos más pesados, 169
¿Natural o diseñado?, 188
Darwin y la selección natural, 189
Dos visiones de la evolución, 190
La explicación de Darwin, 192
Las relaciones animales, 193

El marsupial diablo de Tasmania, 193
Los experimentos de Mendel, 195
Características heredadas, 197
La pasteurización, 199
Generación espontánea, 200
El descubrimiento de la infección, 201
Las vacunas de Pasteur, 202
El redescubrimiento de Mendel, 250
Genes y cromosomas, 251
La combinación de cromosomas, 252
El mecanismo de los embarazos múltiples, 253
Genética y selección natural, 254
El ácido nucleico, 255
La importancia del ADN, 255
Linus C. Pauling, 262
La estructura del ADN, 264
La cristalografía por rayos-X, 265
Esperanza de vida, 271
Los genes que compartimos, 272
Historia humanoide, 273
Cronología cultural, 275
Genes y genomas, 276
Un pequeño humanoide, 278
El índice de la evolución, 280
Extinciones masivas, 281
La paloma migratoria, 282
Destrucción medioambiental, 282
Alienígenas lejanos, 285

MASA Y ENERGÍA
Masa y peso, 84
Los colores de la luz, 87
El arco iris, 88
El espectro electromagnético, 89
Cómo vemos los colores, 89

Los distintos tipos de luz, 90
La velocidad de la luz, 91
Tipos de inercia, 99
Luz y sonido, 137
La cambiante velocidad de la luz y el sonido, 138
La pila galvánica, 146
Fraunhofer y sus líneas, 155
Los experimentos de Kirchhoff, 157
El descubrimiento del helio, 159
Electricidad y magnetismo, 162
Los campos de fuerza, 163
El calor es movimiento, 170
Las ecuaciones de Maxwell, 171
La radiación de onda larga, 172
¿Qué hace que el cielo sea azul?, 181
El descubrimiento de los rayos-X, 206
El descubrimiento de Becquerel, 207
El efecto Doppler, 234
Los trabajos más importantes de Einstein, 237
La famosa ecuación, 239
La teoría general de Einstein, 242
El Sol y su energía, 248
Convertir hidrógeno en helio, 249
Dividiendo el átomo, 256
La bomba atómica,, 258
El primer reactor nuclear, 260
El armamento nuclear, 261
La carrera nuclear, 261

LA NATURALEZA DE LA MATERIA
Newton y su época, 104
La alquimia y la química, 104
Elementos químicos, 107
Descubrir los elementos, 107
La química invisible, 108

El peligro de las falsas hipótesis, 109
Flogisto, el elemento que nunca existió, 110
Joseph Priestley, 115
La contribución de Lavoisier, 118
Dalton y el átomo, 144
Electroquímica, 147
Berzelio y los símbolos químicos, 153
Fórmulas químicas, 155
Ordenando los elementos, 173
Frankland y Cannizzaro, 174
El libro de texto de Mendeleyev, 175
El sueño de Mendeleyev, 176
La tabla periódica, 177
La física tras la química, 178
El descubrimiento del electrón, 211
Protones y neutrones, 212
Mejorando a Mendeleyev, 214

INNOVACIONES CIENTÍFICAS
Tales de Mileto, 19
Pitágoras y sus extrañas Ideas, 20
Aristóteles, 21
Piteas el explorador, 23
Arquímedes de Siracusa, 28
¿Por qué flotan los barcos de hierro?, 30
El error de cálculo de Colón, 44
La antigua civilización china, 45
Un gran científico chino, 45
La ciencia islámica, 47
Descubrimientos en Bagdad, 48
El trabajo de Copérnico, 50
Los experimentos de Galileo, 67
Galileo y el Papa, 69
El astrónomo Tycho Brahe, 70
Kepler y sus leyes, 72

La circulación de la sangre, 75
El corazón y su función, 77
El concepto newtoniano de la gravedad, 79
Los Principia *de Newton,* 82
Newton y la gatera, 84
El cometa de Edmund Halley, 85
Huygens y el reloj de péndulo, 99
Huygens y Newton, 101
Los experimentos de Boyle, 105
Benjamin Franklin, científico, 111
La naturaleza del rayo, 112
Antoine Lavoisier, 113
Midiendo la longitud, 119
John Goodricke, 136
Humphry Davy, 148
Michael Faraday, 159
Faraday y la electrólisis, 161
Conferencias navideñas, 163
Faraday, el director de espectáculos, 165
James Clerk Maxwell, 169
Alfred Russel Wallace, 194
Pierre y Marie Curie, 208
Ernest Rutherford, 212
Mendeleyev en Londres, 216

LA CIENCIA EN LA SOCIEDAD
Lo que hace posible la ciencia, 60
Ciencia y tecnología, 62
La revolución de la imprenta, 63
Los alfabetos y los tipos móviles, 64
Mercado para los libros, 65
Microscopios y telescopios, 66
La Royal Society, 78
La plaga de la mala ciencia, 283
Los cambios de paradigma , 285

HACIENDO CUENTAS
Contando de sesenta en sesenta, 19
Tiempo natural, 37
Tiempo artificial, 38
Días y años, 39
Calculando el número pi, 47
El sistema de numeración árabe, 49
El calendario gregoriano, 132
Cambiando el calendario , 133

APÉNDICES
1. Midiendo las cosas 289
2. Cronologías 292

ÍNDICE ANALÍTICO 309

Agradecimientos

Muchas personas me han ayudado a escribir este libro. Mi mayor deuda es para Jim Honeybone, que no sólo leyó todas y cada una de las palabras impresas aquí, sino muchas otras que no sobrevivieron a sus críticas. Deborah y Sue Aydon, Mike Fenner y Jean Honeybone leyeron partes del texto y me obligaron a que pensara dos veces lo que intentaba transmitir. Jean Button, bibliotecario de la Warriner School, en Bloxham, me dio varias indicaciones muy útiles. Estoy especialmente agradecido con mi esposa Joyce por su apoyo personal y su experiencia técnica, cualidades ambas que han sido parte esencial en la escritura de este libro. Entre las personas que no he conocido personalmente, tengo una deuda particular con Isaac Asimov, cuya *Enciclopedia biográfica de la ciencia y la tecnología* me hizo la tarea de escribir el libro mucho más fácil de lo que hubiera sido sin ella.

Ésta es mi segunda incursión en la divulgación científica. La primera, mi biografía de Charles Darwin, debe su publicación a la fe y el apoyo de Carol O'Brien, mi directora en la editorial Constable & Robinson. Nadie ha podido o podrá tener una directora más inteligente y más capaz, y me considero afortunado de haber podido contar con sus consejos durante la escritura de este libro. Su último acto de bondad, antes de retirarse, fue dejarme bajo la experimentada mano de Helen Armitage, que supervisó la producción del libro. La tarea de asegurar la calidad del texto recayó en Claudia Dyer y Penelope Isaac; y les agradezco sus muchas y útiles sugerencias.

Mi curiosidad científica

Cuando era joven y hacía demasiado calor para salir de casa a jugar, paseaba por el salón delantero y me perdía en las páginas de un libro. La mayoría eran de aventuras o policíacos, y su presencia en la casa se debía a su condición de no retornables a las bibliotecas circulantes de los tenderos locales. Pero, entre ellos, se encontraban varios volúmenes del *Harmsworth's Self-Educator*, un manual de autoaprendizaje que se publicaba semanalmente y que un aspirante a tío fue acumulando durante un periodo aproximado de siete años. En esas entregas se explicaban los misterios del calado, la costura y la teneduría de libros, aunque otros estaban dedicados a la astronomía, la geología o la historia natural. Cuando los descubrí ya eran viejos; y lo que explicaban estaba anticuado. Pero, para un chico joven, descubrir esos temas por primera vez era como abrir la cueva de Aladino; fue el principio de una fascinación por la historia de la ciencia que me ha durado toda la vida. Mirándolo retrospectivamente, comprendo que ninguno de mis desesperados maestros tuviera la más mínima idea de mis conocimientos extracurriculares, y nunca se me ocurrió mencionarlo.

Mis estudios posteriores dejaron la ciencia a un lado, pero la fascinación de su historia nunca me abandonó; y el placer que me ha dado ha sido inmenso. Este libro es un intento de devolver parte de ese placer, contando algunas de las más intrigantes historias de la ciencia, y pasando revista a algunos de los hechos sorprendentes que los científicos han descubierto sobre nuestra historia y el universo que habitamos.

El libro puede leerse en orden, como una introducción a los dos mil años de descubrimientos científicos. Pero los lectores que prefieran tomárselo como un «picoteo», espero que lo encontrarán interesante abran la página que abran.

El libro no presume que el lector tenga un conocimiento previo de ciencia o de matemáticas. Y solamente contiene una fórmula, $E = mc^2$, de Einstein. Si la omitiéramos, no podríamos considerar este libro como una historia de la ciencia.

Las historias

Contando de sesenta en sesenta

La única razón por la que contamos de 10 en 10, es porque tenemos 10 dedos; aparte de eso, el número diez no tiene nada especial. Los ordenadores digitales cuentan en base 2 porque es lo más conveniente para su forma de funcionar. Hace cuatro mil años, los babilonios contaban de 60 en 60. El número que nosotros escribimos como 150, ellos lo escribían II<<< (dos sesentas y tres dieces). Como base, el 60 tiene muchas ventajas. Es divisible por 2, 3, 4, y 5 (el único número menor de 120 que puede dividirse por todos ellos), y eso hace que sea muy práctico cuando queremos dividir algo en partes más pequeñas. La hora babilonia no era la misma que la nuestra; pero hemos heredado sus 60 minutos por hora y sus 60 segundos por minuto. Y también fueron ellos los que dividieron un círculo en 360 grados (6 x 60), y cada grado en 60 minutos. La desventaja de contar en base 60 y no en base 10, es lo difícil que resulta para la memoria. Es relativamente fácil aprenderse 10 tablas de multiplicar con 10 números cada una, pero memorizar 60 tablas con 60 números cada una, es una tarea ímproba. Los babilonios solventaban este problema recurriendo a tablas escritas, pero resultaba un método lento y farragoso.

Tales de Mileto

La ciencia occidental nació en la antigua Grecia y en las ciudades de habla griega de todo el Mediterráneo. Los griegos consideraban que *su* ciencia había empezado con el filósofo Tales. Nació en Mileto, una ciudad de la costa Egea de Asia Menor, en el año 624 a. C., y murió en la misma ciudad el año 546 a. C. Es difícil saber cuántos de los éxitos que se le atribuyen fueron ideas propias y cuántos se deben a los conocimientos adquiridos durante sus viajes por Egipto y Mesopotamia. Pero cuando sus contemporáneos establecieron una lista de «Los Siete Sabios», situaron a Tales en primer lugar.

Sus intereses eran muy amplios. Fue la primera persona, que sepamos, que hizo un estudio serio del magnetismo. Y lo más importante, sentó las bases del sistema griego de matemática deductiva, que culminaría dos siglos después con el trabajo de Euclides. El filósofo Aristóteles, que vivió mucho después, narraba dos historias sobre él que pueden ser ciertas o no, pero que si no lo son merecerían serlo. Como respuesta a los que se burlaban de él, diciendo: «Si eres tan inteligente, ¿por qué no eres rico?», firmó varios contratos para alquilar a bajo precio muchas prensas de aceitunas, en un momento en que sus estudios sobre el clima le indicaron que podía obtenerse una cosecha abundante. Así fue, y se hizo rico subcontratando sus prensas. También se dice (y quizá debería mencionarse en todos los cursos de gestión comercial) que se cayó a un pozo mientras contemplaba las estrellas.

Pitágoras y sus extrañas ideas

Pitágoras, que fue contemporáneo de Tales, aunque más joven, nació alrededor del año 560 a. C. en la isla de Samos, a una corta travesía por mar de la Mileto de Tales. Ahora es principalmente recordado por su teorema sobre los tres lados de un triángulo rectángulo; pero, durante centenares de años tras su muerte, sus trabajos ejercieron una influencia dominante en el pensamiento de matemáticos, científicos y filósofos. Muchos hombres de genio han abrigado extrañas supersticiones mientras maduraban sus inteligentes visiones, pero algunas ideas de Pitágoras eran difíciles de digerir a causa de su extravagancia. A sus seguidores les prohibió comer judías, argumentando que si enterrabas una judía durante cuarenta días cubriéndola con estiércol, adoptaría una forma humana. Creía en la transmigración de las almas, así que, según él, el alma de un hombre en una existencia anterior bien había podido habitar en el cuerpo de una medusa. Pero si las especulaciones de Pitágoras condujeron a sus discípulos a un pantano de supersticiones, su perspicacia en matemáticas y astronomía hizo que los científicos posteriores estuvieran en deuda con él. Fue Pitágoras el que hizo de las matemáticas un sistema lógico unificado, en vez de un conjunto de reglas para casos especiales. También fue el primero, que sepamos, que especuló con que la Tierra pudiera tener una forma esférica; ni los babilonios, ni los egipcios, ni los primeros griegos habían sido conscientes de la verdadera forma de la Tierra. Homero creyó que era un disco convexo, rodeado por un río. Algunos contemporáneos creyeron que tenía forma de plato, que se apoyaba en cuatro elefantes de pie sobre una tortuga. Fuera o no Pitágoras el primero en descubrir realmente la verdad, sí lo fue en proponer la imagen de un globo suspendido en el espacio, que sentaría la base del progreso futuro de la ciencia. Uno de los logros más notables de su escuela fue el descubrimiento de la base matemática de los tonos musicales. Mucha gente habrá notado que una cuerda corta emite una nota más alta que una larga. Pues bien, fue Pitágoras el que descubrió la relación matemática entre la longitud de una cuerda y la nota que emite, de forma que si se dobla la longitud de la cuerda, el sonido disminuye una octava; si la proporción de las longitudes es de tres a dos, la diferencia en el tono es de una quinta parte, y así sucesivamente.

Aristóteles

Uno de los problemas con los grandes pensadores es que sus opiniones pueden adueñarse de las mentes de los hombres, incluso mucho después de muertos, hasta el punto de coartar la aparición de nuevas formas de pensar. Éste es el caso de Aristóteles. Casi dos mil años después de su muerte, era normal entre estudiosos resolver sus disputas preguntando: «¿Qué decía Aristóteles?».

Nació el año 384 a. C. en el norte de Grecia, y era hijo de un médico de la corte de Amintas, rey de Macedonia. De los diecisiete a los treinta y siete años vivió en Atenas, donde fue miembro de la Academia y el alumno estrella de Platón. Tras la muerte de éste, viajó durante una docena de años. En el año 342 a. C., cuando ya tenía cuarenta y dos años, fue llamado por Filipo II, sucesor de Amintas, para que fuera maestro de su hijo de catorce años, el futuro Alejandro Magno. Seis años después, Filipo fue asesinado. Alejandro ascendió al trono y se marchó para conquistar el mundo. Aristóteles volvió a Atenas, donde fundó una escuela propia: el Liceo.

Aristóteles se preocupaba por todos los campos de la experiencia humana, incluidas la ciencia, la lógica, la ética, la política e incluso la crítica literaria, pero sus descubrimientos más importantes los realizó en el campo de la historia natural. Fue uno de los biólogos más importantes de todos los tiempos. Su clasificación de los invertebrados (animales sin columna vertebral) fue superior a la de Linneo, hecha dos mil años después. Estudió minuciosamente 500 especies animales, y sorprendentemente para un griego (un caballero griego normalmente no realizaba trabajos manuales), diseccionó unas 50. Estableció una jerarquía de los seres vivos, expresando la idea de una «cadena de seres», que iba de las formas inferiores de vida a las superiores. No obstante, esto no lo llevó a apoyar las teorías evolutivas de algunos de sus contemporáneos. Para él, la esencia de ambos mundos, el animado y el inanimado, eran de una perfección inmutable.

Un área en la que Aristóteles ejerció una influencia desafortunada en las generaciones posteriores fue la cosmología. Fue él quien introdujo la idea de un conjunto de esferas celestiales concéntricas, que giraban en torno a una Tierra central inmóvil, a la que estaban pegados el Sol, la Luna y todos los planetas. Era una imagen que demostró ser difícil de superar, y que dominó el estudio de la naturaleza del cosmos durante cientos de años después de su muerte. Incluso cuando Nicolás Copérnico publicó su modelo de universo, en el que su centro era el Sol y no la Tierra, los planetas y las estrellas siguieron pegados a las esferas aristotélicas. Pero, en defensa de Aristóteles, habría que decir que este problema se debió más a sus seguidores y a la distorsionada concepción de sus enseñanzas, que a él mismo.

Por gran naturalista que fuera, Aristóteles también podía ser un guía falible, como descubrirían las generaciones posteriores. Uno de sus muchos convencimientos fue que las mujeres tenían menos dientes que los hombres. Nunca sabremos si su error se debió a contar únicamente las piezas de la dentadura de la señora Aristóteles o si se equivocó al hacerlo.

Piteas el explorador

Piteas vivió en Massilia, la Marsella actual, alrededor del año 300 a. C. En su momento, la ribera mediterránea estaba llena de colonias griegas, de las que Massilia era la más occidental. Piteas fue un viajero intrépido, y los geógrafos posteriores utilizaron mucho su trabajo. Pero sus descripciones de países distantes parecieron tan inverosímiles a sus contemporáneos, que sólo conocían el Mediterráneo, que lo tacharon de fantasioso. Desgraciadamente, su trabajo más famoso, *Descripción del océano,* no ha sobrevivido, y dependemos de textos de segunda mano sobre sus descripciones y sus ideas.

En su viaje más atrevido, Piteas exploró la costa norte de Europa. Visitó Bretaña, de donde trajo descripciones de bebidas hechas a base de grano y miel, y un país que llamó Thule, que bien puede que fuera Noruega. La niebla le impidió seguir más al norte, y procedió a explorar el Báltico hasta la desembocadura del Vístula. Una de las descripciones que provocaron más escepticismo fue la de un mar norteño estancado, «una mezcla de aire, tierra y agua»; pero, a cualquiera familiarizado con el hielo, esto no le sonará tan inverosímil.

Piteas no sólo fue un explorador, sino un verdadero científico. Su logro más notable fue la explicación de las mareas, un fenómeno casi desconocido para sus contemporáneos, que vivían en un mar Mediterráneo casi desprovisto de ellas. Piteas atribuyó las mareas a la atracción de la Luna, una propuesta que reforzó su imagen de hombre fantasioso. El mundo tendría que esperar hasta los *Principios* de Isaac Newton (en 1687) para que se demostrara que, al menos en ese punto, Piteas tenía razón.

La Luna y las mareas

La Luna no es la única que ejerce influencia sobre las mareas, el Sol también juega su parte, pero el efecto de la primera es dos veces mayor que el del segundo. Puede parecer extraño, dado que el Sol es mucho mayor, pero las mareas están causadas por el efecto *diferencial* de la gravitación sobre la Tierra y su superficie acuática. Como la Luna está tan cerca de la Tierra, la *diferencia* entre el efecto de su masa sobre la Tierra y sus océanos compensa el mayor tamaño del Sol.

Siempre hay una pleamar en la cara de la Tierra más cercana a la Luna, y otra en la cara opuesta. Por eso, en la mayoría de lugares hay dos pleamares diarias. Da la impresión de que las mareas van recorriendo el globo, pero lo que realmente ocurre es que la Tierra gira.

La Luna realiza un giro completo alrededor de la Tierra cada cuatro semanas. En muchos lugares, se dan pleamares mayores de lo normal («mareas vivas») una vez cada quince días, más o menos durante la Luna nueva y la Luna llena, porque el Sol, la Luna y la Tierra se encuentran más o menos alineados, y las dos fuerzas que motivan las mareas tiran en la misma dirección. Mareas mucho más tenues («mareas muertas») tienen lugar a medio camino entre esas fechas —en el primer y el último cuartos de la Luna— cuando la fuerza gravitatoria de la Luna opera en ángulos rectos respecto a la del Sol.

Excepcionalmente, las pleamares se asocian a las Lunas llena o nueva en el momento de los equinoccios, a finales de marzo y septiembre. Esto ocurre porque, en los equinoccios, la órbita de la Luna alrededor de la Tierra corta con el plano de la órbita de la Tierra alrededor del Sol, provocando que los tres cuerpos estén en línea recta, no sólo vistos desde arriba, sino también de lado.

La frecuencia y la altura de las mareas dependen de la configuración de las costas. El puerto inglés de Southampton tiene cuatro mareas diarias, y algunos lugares en el mar de China sólo tienen una. La mayor pleamar —15 metros/50 pies— tiene lugar en la bahía de Fundy, en Nueva Escocia. Por contraste, la diferencia entre las mareas altas y las bajas en el Mediterráneo y en algunas islas del Pacífico es de menos de 0,5 metros/2 pies.

Nuestra vecina la Luna

La Luna es nuestra vecina más cercana. Comparada con el Sol o con cualquiera de los planetas, la tenemos *muy* cerca. El Sol se encuentra a 150 millones de kilómetros/93 millones de millas, pero la distancia media de la Luna es de sólo 385.000 kilómetros/239.000 millas. Como la órbita de la Luna alrededor de la Tierra es elíptica, no perfectamente circular, la distancia real varía entre 350.000 y 400.000 kilómetros/221.000 y 253.000 millas. Su diámetro es de sólo un cuarto del de la Tierra: 3.500 kilómetros/2.200 millas, comparado con los 12.700 kilómetros/8.000 millas de ésta. Es un espejo gigante, que debe su brillo a la luz del sol reflejada en las piedras de su superficie, pero no es un espejo muy eficaz. Su *albedo* —su

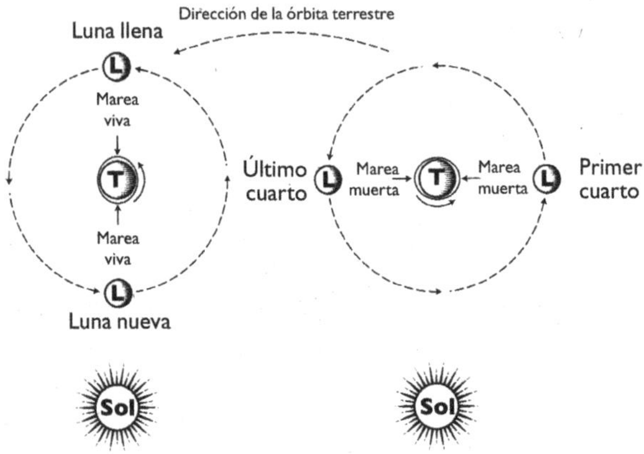

Figura 1. La Luna y las mareas. La Luna nueva y la Luna llena tienen lugar cuando la Tierra, el Sol y la Luna están en línea recta. Las mareas no son tan altas durante el primer y último cuarto, porque el Sol y la Luna ejercen su influencia gravitatoria en ángulo recto.

poder reflectante— es de sólo un 7%. Es decir, que sólo un 7% de la luz del Sol que cae sobre su superficie se refleja hacia el espacio. Pero la luz del Sol es tan brillante que, cuando es Luna llena, un simple 7% rebotado desde una distancia de un cuarto de un millón de millas, basta para que uno pueda encontrar el camino a casa.

La Luna siempre presenta más o menos la misma cara a la Tierra, porque el tiempo que tarda en rotar sobre su eje —veintisiete días y medio— es el mismo que tarda en girar alrededor de la Tierra. Esto no es una coincidencia, sino el resultado de millones de años de interacción gravitatoria entre ambos cuerpos celestes. No es exactamente ésta la causa de que la Luna siempre presente la misma cara a la Tierra, porque está sujeta a un movimiento oscilante llamado *libración*. Como resultado, un 60% aproximadamente de la superficie lunar es siempre visible desde la Tierra en un momento u otro, y un 40% aproximadamente es siempre invisible.

El intervalo entre las Lunas nuevas es de veintinueve días y medio, no de veintisiete y medio, porque mientras la Luna orbita la Tierra, la Tierra hace lo mismo alrededor del Sol. La Luna necesita dos días extras para llegar a un punto en el que los tres cuerpos vuelven a estar en línea recta.

El giro de la Tierra

La fricción entre las mareas y el lecho oceánico frena la velocidad con que la Tierra gira sobre su eje. Como resultado, el día se alarga una milésima de segundo cada siglo. Existe un principio físico llamado «la conservación del momento angular», que exige que la Luna se aleje a medida que la Tierra se frena, algo que hace, concretamente unos 4 centímetros/1,5 pulgadas al año.

Puede no parecer mucho, pero ha estado ocurriendo desde hace muchísimo tiempo; lo cual significa que la Luna y la Tierra no sólo estuvieron mucho más cerca sino que rotaban mucho más rápidamente. Pero si ambas formaron una sola masa, y si la Luna se creó como resultado de alguna colisión cósmica, son preguntas que la ciencia todavía no puede contestar con total seguridad.

Relojes exactos

Las fracciones pequeñas se acumulan hasta resultar significativas. Un siglo tiene más de treinta mil días, así que aunque cada día sólo sea una milésima de segundo más largo que el mismo día cien años antes, la cantidad acumulada es de unos treinta segundos. Esto significa que, pasados cien años, un reloj sincronizado con la revolución diaria de la Tierra, irá treinta segundos atrasado si se compara con uno que mida el tiempo de forma consistente. Para evitarlo, todos los relojes del mundo se adelantan un segundo cada pocos años. No somos conscientes de ello porque el cambio se hace en los relojes de referencia con los cuales se sincronizan todos los demás.

Además de esta ralentización a largo plazo, la velocidad de rotación de la Tierra también varía ligeramente por diversas influencias a corto plazo. En la vida cotidiana puedes seguir fiándote de un cronómetro adecuado, pero la tecnología moderna necesita más precisión de la que ofrece la Tierra y, hoy día, los relojes del mundo se ajustan con los movimientos en el corazón del átomo del cesio, no con los movimientos de la Tierra.

Arquímedes de Siracusa

Arquímedes fue el científico más grande de los tiempos antiguos. Algunos lo consideran el más grande de todos los tiempos. Nació en Siracusa, Sicilia, en el año 287 a. C. Siracusa ya tenía quinientos años de historia y en su momento fue un estado poderoso e independiente, cuyo gobierno se extendía sobre gran parte del sur de Italia.

Arquímedes es recordado como la persona que supuestamente saltó de su baño y corrió desnudo por las calles gritando «Eureka» («Lo encontré»). Lo que había encontrado no era el jabón, sino *el principio de flotación,* que explica por qué no se hunden los barcos hechos de hierro. Puede que se le ocurriera la idea mientras tomaba un baño, pero no hay ninguna prueba que respalde el resto de la anécdota. Era un aristócrata —el hijo de un astrónomo, confidente de su rey—, y seguramente deberíamos concederle más crédito a su dignidad de lo que le concede la historia tradicional.

Una cosa que distingue a Arquímedes de otros científicos de su tiempo, es que era un genio matemático y un gran ingeniero. Fue él quien estableció los fundamentos de la ciencia mecánica, incluidos los principios que gobiernan la acción de las poleas y las palancas. En muchos de sus descubrimientos es difícil deducir si la fuente de su éxito fue su visión matemática o su intuición ingeniera, y la frase por la que es más conocido dice: «Dame un punto de apoyo y moveré el mundo». A pesar de lo brillante de sus muchos inventos mecánicos, les dio tan poco valor que prácticamente ni los mencionó en sus propios escritos. En su opinión, lo importante era el trabajo matemático, y especializó sus obras en el avance de dichos estudios matemáticos.

El trabajo más importante de Arquímedes se centró en la geometría. Entre los muchos problemas que resolvió con éxito se encontraban los relacionados con las áreas de las formas curvas. También le dio un valor exacto al número pi. Y en el tiempo que le dejaba libre su revolución de la geometría, estableció las bases del futuro estudio de la mecánica, de la estática y de la hidrostática. Incluso se ha sugerido que, de haber tenido acceso a un mejor sistema de símbolos numéricos, podría haber derrotado a Newton en la invención del cálculo.

Arquímedes encontró la muerte a manos de un soldado romano. El gobernante de Siracusa había roto su alianza con Roma y firmado otra con los cartagineses, cuyo general, Aníbal, fue llevado ante él. Los romanos enviaron una flota para atacar la ciudad y, tras un sitio de tres años, que las máquinas de guerra de Arquímedes ayudaron a prolongar, terminaron conquistándola. El general romano Marcelo tenía a Arquímedes en gran consideración, y dio instrucciones de que fuera llevado ileso ante él. Pero el soldado que lo descubrió trabajando en un problema matemático perdió la paciencia debido a su lentitud en responder y lo atravesó con su espada.

En 1453 —casi mil setecientos años después de su muerte—, cuando otra ciudad mediterránea, Constantinopla, cayó ante una fuerza invasora, un puñado de estudiosos griegos navegó hacia el oeste, llevando consigo las únicas copias supervivientes de algunos tesoros de la ciencia griega, incluidos algunos escritos de Arquímedes. Por un pequeño milagro, éstos cayeron en manos de un astrónomo alemán, Regiomontano, que puso en marcha un programa de traducción que continuó tras su propia muerte. Se debe, en parte, a este golpe de suerte el que hayan sobrevivido las visiones de Arquímedes para proveer los cimientos de la revolución científica que comenzaron Copérnico y Galileo en el siglo XVI.

¿Por qué flotan los barcos de hierro?

El principio de Arquímedes es una de las leyes científicas más fáciles de comprender. Simplemente señala que los cuerpos flotantes desplazan su propio peso del líquido en el que flotan. Una barra de hierro se hunde porque pesa mucho más que el volumen del agua que desplaza. Un barco de hierro flota porque el peso combinado de la nave y de su contenido, es exactamente igual al peso del volumen de agua que desplaza. El empuje hacia arriba del agua compensa el tirón hacia abajo de la gravedad.

Dando nombre a las estrellas

La astronomía empezó dando nombres a las estrellas y a las constelaciones. Los nombres por los que conocemos actualmente a las constelaciones —Orión, Casiopea, etc.— son los nombres que les dieron los griegos, pero éstos también dieron nombre a figuras que habían sido vistas mucho antes por astrónomos de las tierras bañadas por los ríos Tigris y Eúfrates, en lo que ahora es Irak. Los griegos bautizaron 48 constelaciones, pero no podían ver el firmamento que se contempla desde el hemisferio sur. Los astrónomos de hoy día reconocen hasta 88. Las estrellas son objetos reales, pero las constelaciones no existen más allá de la imaginación de los hombres. Aunque no son ilusiones. Dos estrellas pueden parecer muy juntas, pero una de ellas puede estar mucho más lejana que la otra. Sólo parecen vecinas porque se encuentran en la misma dirección. Un buen ejemplo es el modelo que los británicos llaman el Carro y los estadounidenses, la Osa Mayor. La primera estrella del Carro, Alkaid, está casi al doble de distancia de la Tierra que la otra, Mizar. Algunas de las estrellas del Carro pertenecen a un grupo, pero las de los extremos no tienen conexión unas con otras. Dentro de unos cuantos miles de años, cuando hayan seguido moviéndose, el Carro habrá desaparecido del cielo.

Los planetas errantes

Como la Tierra tarda un año en dar una vuelta alrededor del Sol, hay momentos del año en que podemos ver constelaciones diferentes en el cielo nocturno. Las estrellas de esas constelaciones mantienen su posición, así que la pauta estelar en una fecha concreta es la misma de año en año. Los primeros astrónomos conocían cinco excepciones a esta regla: Mercurio, Venus, Marte, Júpiter y Saturno. Mientras que las constelaciones reaparecían todos los años en el mismo tiempo y en el mismo lugar, estos cinco objetos luminosos aparecían en una parte distinta del cielo. Los griegos los llamaron *planetes* —«errantes»—. Mucho después, gracias a la ayuda del telescopio, se descubrieron tres más: Urano (en 1781), Neptuno (en 1846) y Plutón (en 1930), totalizando ocho planetas. El resto eran *estrellas fijas:* es decir, según los antiguos, fijadas a esferas de cristal.

Las estrellas fijas brillaban con luz propia, generada por su propio fuego interior. A pesar de su nombre, en realidad se mueven muy deprisa; pero, como los barcos que podemos ver en el horizonte, están tan lejos que parecen inmóviles. Los planetas, al igual que la Tierra, se mueven alrededor del Sol y están lo bastante cerca como para que su movimiento nos resulte obvio de año en año... y en algunos casos, de mes en mes. Como espejos gigantescos, brillan con luz prestada: la luz del Sol que reflejan sus superficies.

Astronomía y astrología

En tiempos primitivos no se hacía distinción entre astronomía y astrología. En Egipto y Mesopotamia, los movimientos de los cuerpos celestes se estudiaban debido a que supuestamente ejercían influencia en los asuntos públicos, y los hombres que los estudiaban disfrutaban de un gran prestigio. En la Grecia antigua, se creía que la astrología tenía mucha importancia en las vidas de las personas normales. Los árabes, que mantuvieron viva la memoria de la ciencia griega, eran astrólogos entusiastas. En la Europa medieval, la astrología fue eclipsada como por una nube debido a la desaprobación de la Iglesia, pero con el redescubrimiento del saber antiguo se recuperó el interés por ella. Entonces, Copérnico y sus seguidores persuadieron a la gente de que la Tierra daba vueltas alrededor del Sol —con las estrellas como un distante telón de fondo— y se hacía difícil creer en una «ciencia» que decía que el Sol «estaba en Leo» o que «entraba en Sagitario». Y se hizo todavía más difícil de creer que alguien pudiera predecir el futuro a partir de las posiciones relativas de unos planetas que se encontraban a millones de kilómetros de distancia. Algunos astrónomos siguieron estudiando astrología pero, después del siglo XVII, la ciencia de la astronomía y la pseudociencia de la astrología tomaron rumbos distintos. Ahora, la astrología es simplemente una rama de la industria del entretenimiento, pero mientras ayude a vender periódicos y revistas, tiene su futuro asegurado.

El sendero de la eclíptica

En el transcurso del día, el Sol parece recorrer un camino a través del cielo. No lo hace, por supuesto. La Tierra gira sobre su eje de oeste a este, y eso hace que el Sol parezca viajar de este a oeste. El Sol tiene otro movimiento que sólo es una ilusión: cualquiera que esté acostumbrado a mirar al cielo después del ocaso, cuando las estrellas comienzan a aparecer, notará que a medida que transcurren las semanas el Sol parece ocultarse por una parte distinta del horizonte. En todo un año, el Sol parece trazar un círculo completo en el cielo contra el mismo fondo de estrellas. Este camino trazado sobre un mapa de estrellas se llama eclíptica. Pero, al igual que las constelaciones, el viaje del Sol a lo largo de la eclíptica es una ilusión óptica. Lo que realmente ocurre es que la Tierra se mueve alrededor del Sol, como un niño montado en un tiovivo. Y de la misma forma que, para ese niño, una persona que se encuentre en el centro del tiovivo parecerá moverse contra el fondo del parque de atracciones, para un observador situado en la Tierra el Sol parece moverse contra el fondo de las estrellas.

Como la órbita de la Luna alrededor de la Tierra y las órbitas de los planetas alrededor del Sol se encuentran en el mismo plano, también parecen seguir un mismo sendero a lo largo de la eclíptica.

El Zodíaco

La banda de estrellas a través de las que el Sol, la Luna y los planetas parecen viajar se llama Zodíaco («círculo de animales» en griego). El Zodíaco se divide en 12 constelaciones que hemos heredado de los griegos y que tienen nombres como Leo (el león), Tauro (el toro) y Cáncer (el cangrejo), que supuestamente reflejan su apariencia. Las constelaciones del Zodíaco, con las fechas en las que el Sol «entra» y «sale» de cada una, son las siguientes:

Aries (el carnero)	21 de marzo/20 de abril
Tauro (el toro)	21 de abril/21 de mayo
Géminis (los gemelos)	22 de mayo/21 de junio
Cáncer (el cangrejo)	22 de junio/23 de julio
Leo (el león)	24 de julio/23 de agosto

Virgo (la virgen)	24 de agosto/23 de septiembre
Libra (la balanza)	24 de septiembre/23 de octubre
Escorpio (el escorpión)	24 de octubre/22 de noviembre
Sagitario (el arquero)	23 de noviembre/22 de diciembre
Capricornio (la cabra)	23 de diciembre/20 de enero
Acuario (el aguador)	21 de enero/19 de febrero
Piscis (los peces)	20 de febrero/20 de marzo

Debido al fenómeno de la *precesión,* los signos del Zodíaco ya no se corresponden a la posición que tiene el Sol en el cielo durante esas fechas. Durante la mayor parte del periodo entre el 21 de marzo y el 20 de abril, hoy día el Sol está en Piscis y no en Aries.

Magnitudes estelares

Existen aproximadamente unas 6.000 estrellas visibles a simple vista y, desde un punto u otro de la superficie terrestre, pueden verse aproximadamente unas 2.000. Las más luminosas son las estrellas de primera magnitud, que es el nombre que les dio Hiparco, el mayor astrónomo de los tiempos antiguos. Hiparco, que nació en el noroeste de Turquía, alrededor del año 190 a. C., construyó un observatorio en la isla de Rodas. Fue él quien, en 129 a. C., completó el primer catálogo estelar conocido y dividió las estrellas visibles en seis categorías que seguimos utilizando hoy día y que van desde las de primera magnitud a las de sexta.

Cientos de años después, en 1856, su escala fue estandarizada por el astrónomo inglés Norman Pogson. Éste definió la magnitud 1 como 100 veces más brillante que la magnitud 6, haciendo que cada magnitud fuera 2,51 veces más luminosa que la que sigue (2,51 x 2,51 x 2,51 x 2,51 x 2,51 = 100). Una estrella de magnitud 1 es dos veces y media más luminosa que una estrella de magnitud 2, y una estrella de magnitud 3,5 es dos veces y media más luminosa que una de magnitud 4,5.

Una estrella muy brillante podría ser de magnitud 0 (dos veces y media más brillante que una de magnitud 1), o incluso -1 (dos veces y media más brillante que una de magnitud 0). Estas magnitudes *aparentes*, como las llaman los astrónomos, no indican el tamaño de una estrella o su brillo real. Algunas estrellas muy brillantes son excepcionalmente grandes, pero otras sólo lo parecen porque están más cerca de la Tierra. Un ejemplo de estrella que no sólo es brillante sino además muy grande es Betelgeuse, en la constelación de Orión. Betelgeuse (de magnitud 0,5) pertenece a una clase de estrellas llamadas «gigantes rojas». Es tan grande que, si pusiéramos el Sol en su centro, la órbita de la Tierra estaría contenida dentro de su circunferencia.

Algunas estrellas luminosas

Estrella	Magnitud	Distancia de la Tierra (en años-luz)
Sirio	-1,5	9
Canope	-0,7	74
Arturo	0,0	34
Capela	0,1	41
Rigel	0,1	815
Antares	0,1	220
Polaris (la estrella polar)	2,0	430

El brillo de cualquier fuente luminosa disminuye de acuerdo al *cuadrado* de su distancia *(véase la figura 7, en la página 183)*. Si dos velas idénticas se colocan de forma que una esté el *doble* de lejos que la otra, la más cercana parecerá *cuatro veces* más brillante. Lo mismo puede decirse de las estrellas. Rigel y Capela parecen tener la misma luminosidad, pero Rigel está 20 veces más lejos que Capela. Si Rigel estuviera tan cerca como Capela, la Tierra recibiría 20 x 20 = 400 veces más luz y parecería 400 veces más brillante que ahora. (Su luminosidad real es 60.000 veces mayor que la del Sol.)

Años-luz

Las estrellas están tan lejos, que las medidas de distancia normales no pueden manejar los números necesarios. Así que los astrónomos han propuesto una medida más útil: el año-luz. Un año-luz es una medida de distancia, no de tiempo. Es la distancia que puede viajar un rayo de luz en un año. La luz viaja a una velocidad de 300.000 kilómetros/186.300 millas por segundo, lo cual significa 9,5 millones de millones de kilómetros/6 millones de millones de millas en un año. Así, cuando decimos que Rigel se encuentra a 815 años-luz, estamos diciendo que se encuentra a 815 veces 9,5 millones de millones de kilómetros/6 millones de millones de millas, y eso es muy, muy lejos.

Las estaciones

La Tierra es como un giroscopio gigante. La inclinación de su eje es la misma durante todo su viaje anual alrededor del Sol. Por eso, durante una parte del año, el hemisferio norte está inclinado hacia el Sol y el hemisferio sur se inclina hacia las estrellas.

Hay periodos en los que la posición se invierte. Como resultado, el número de horas diurnas y el calor de los rayos del Sol en un lugar determinado varían durante el transcurso del año. Cuanto más te acercas a los polos, mayor es el efecto. Éste es el motivo de que las regiones más alejadas del ecuador tengan estaciones con unas diferencias de temperatura tan marcadas. En Miami, a mediados de febrero, los rayos del Sol tienen un 80% del calor de junio. En Fairbanks, Alaska, la proporción es únicamente del 20%. Cerca del ecuador, las fluctuaciones de temperatura son menos marcadas y las estaciones se diferencian entre sí por las distintas cantidades de lluvia y no por las distintas cantidades de sol.

Tiempo natural

La historia de los relojes y los calendarios es la historia del esfuerzo humano por reconciliar dos conceptos diferentes: el *tiempo natural* y el *tiempo artificial*. El tiempo natural se basa en los movimientos del Sol, de la Luna y de las estrellas. El tiempo artificial es arbitrario y no tiene nada que ver con los fenómenos astronómicos.

Todos los calendarios se articulan alrededor de los días, los meses y los años, que reflejan tres fenómenos naturales: el giro de la Tierra sobre su eje, el de la Luna alrededor de la Tierra, y el de la Tierra alrededor del Sol. Para crear los primeros calendarios, no fue necesario saber que estos movimientos existían realmente. Sólo tenían que observar sus

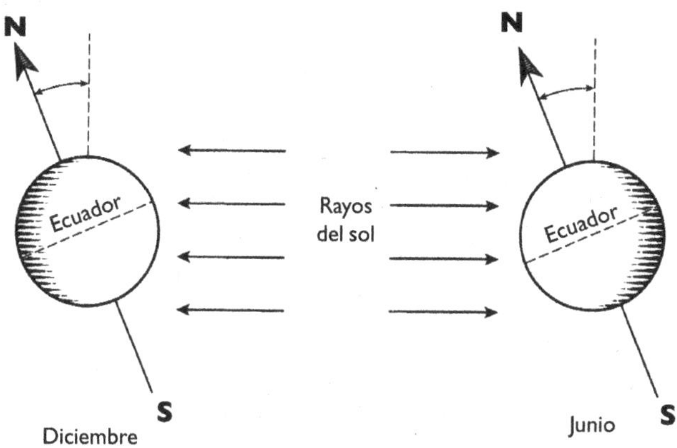

Figura 2. La inclinación de la Tierra y las estaciones. En diciembre, el hemisferio norte se inclina lejos del Sol. En junio, en el extremo opuesto de la órbita terrestre, se inclina hacia el Sol.

consecuencias: la aparición y la puesta del Sol, el crecimiento y la mengua de la Luna, y el ciclo anual de la posición del Sol en el cielo. La historia antigua de la astronomía estaba muy interesada por la definición y la medida de estas tres unidades de «tiempo naturales». Monumentos como Stonehenge fueron diseñados en parte, cualesquiera que fueran los otros propósitos para los que sirvieran, para medir con precisión la longitud exacta del año.

En las antiguas civilizaciones el *día* se definía por el movimiento del Sol, pero éste se interpretó de maneras diferentes. Para los egipcios, el día empezaba al amanecer. Para los babilonios y los árabes, al anochecer. Los días chinos o romanos, como posteriormente el cristiano, empezaban a medianoche.

En los tiempos en que no existía la luz artificial, la Luna jugaba un papel importante en el sentido del tiempo de las personas; también el mes —la longitud del ciclo de cambios de la Luna era otro— era otra subdivisión natural del tiempo. Desgraciadamente, el número de días no era redondo ni encajaba exactamente en un año de trescientos sesenta y cinco días; así que algunos meses tenían días extras o existían días extras que no pertenecían a ningún mes.

Tiempo artificial

El día, el mes y el año proporcionan un obvio —y uno diría casi inevitable— marco para cualquier sistema de medición del tiempo, pero en una civilización sofisticada son de uso limitado. El día, en particular, es inútil como base para organizar reuniones o programas de trabajo. Y como la naturaleza no nos proporciona una unidad natural para este propósito, la humanidad tuvo que improvisar una. Éste fue el origen de la *hora*. Al ser arbitraria, la hora tuvo definiciones distintas en las distintas sociedades. La mayoría de las civilizaciones antiguas dividían un «día» —medido desde la salida del sol hasta su ocaso— en un número fijo de horas, dando como resultado que una hora era más larga en verano que en invierno. Esto no les era útil a los astrónomos, y en el siglo II a. C., el astrónomo griego Hiparco introdujo la hora que, esencialmente, es la misma que utilizamos hoy día. Definió su día como 1/12 parte del intervalo entre la salida y la puesta del sol en los equinoccios de primavera y otoño, cuando los periodos de luz y oscuridad tienen la misma longitud. Desde entonces, esta *hora equinoccial* se convirtió en la definición más utilizada por los astrónomos, y era una medida que podía utilizarse para calibrar los relojes de agua y de arena. Pero, en la vida cotidiana, la práctica de dividir las horas de luz solar en intervalos iguales siguió aplicándose durante otros mil años. No fue hasta la aparición de los relojes mecánicos en el siglo XIV, que la hora de Hiparco logró una aceptación general en toda Europa.

Minutos y segundos son unidades arbitrarias. También fueron introducidos por Hiparco, que tuvo la idea de subdividir las horas por la unidad babilónica de 60 y por 60 otra vez para los segundos. Esto dio un resultado muy ingenioso, en el que la unidad más pequeña —el segundo— medía el tiempo del latido de un corazón en estado de reposo.

Otra medida artificial de tiempo, la *semana,* ha sido un rasgo característico de los calendarios desde hace unos tres mil años, y ha demostrado ser útil tanto para propósitos religiosos como civiles. Casi siempre se ha empleado la definición de una semana como de siete días, porque cuatro semanas de siete días encajan casi exactamente con un ciclo lunar. Pero ha tenido otras definiciones: la semana romana, por ejemplo, tenía ocho días.

Días y años

Los astrónomos descubrieron muy pronto que existían problemas para reconciliar las unidades naturales del día y del año. El año, medido por la altura cambiante del Sol sobre el horizonte o por la reaparición de las constelaciones en el firmamento, no tiene un número redondo de días. Y el propio día puede definirse de varias maneras.

Nuestra definición cotidiana de un día se llama *día solar*. Es el tiempo que tarda el Sol en volver a la misma posición en cualquier punto dado de la superficie terrestre. Éste es el día que dividimos en veinticuatro horas. Pero, en realidad, la Tierra realiza un giro completo sobre su eje en veintitrés horas cincuenta y seis minutos cuatro segundos. En otras palabras, la Tierra gira 366 veces cada trescientos sesenta y cinco días. Los astrónomos llaman a este periodo más corto del giro de la Tierra sobre su eje —que se mide en relación a las estrellas y no al Sol— *día sideral*. La razón para la diferencia es que, todos los días, la Tierra completa 1/365 de su viaje anual alrededor del Sol. Como resultado, tiene que hacer 366/365 de una revolución para que un punto dado de su superficie vuelva a la misma posición respecto al Sol que el día anterior.

Un año —el tiempo que tarda la Tierra en completar su viaje alrededor del Sol— no tiene exactamente trescientos sesenta y cinco días solares. Hablando aproximadamente, un año tiene trescientos sesenta y cinco días y un cuarto; por eso necesitamos un día extra (el 29 febrero) cada cuatro años, para que el calendario sea exacto. E, incluso eso, no nos da el resultado que necesitamos, porque un año sólo tiene en realidad 365,242 días. Así que tres veces cada cuatro siglos —por ejemplo, en 2100, 2200 y 2300— no tenemos que añadir ese día, pero si el año es divisible por 400, por ejemplo 2400, sí lo añadimos.

La precesión

La Tierra gira como una peonza. Y no sólo gira como un peonza, sino que también *bascula* como una. Mientras una peonza gira, su eje describe un cono invertido, un movi-

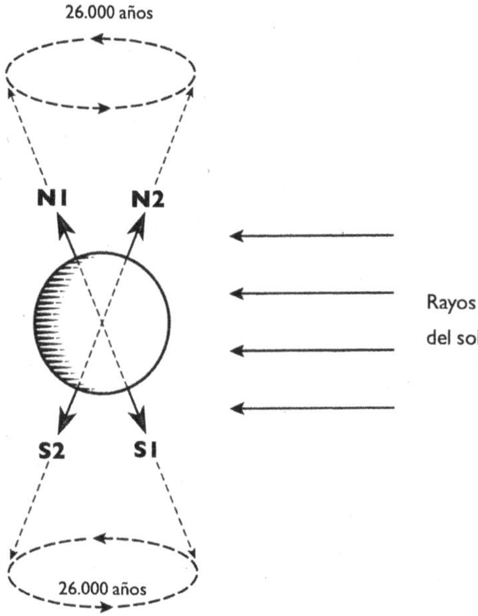

Figura 3. La precesión: el balanceo de la Tierra. La Tierra realiza un balanceo alrededor de su centro una vez cada veintiséis mil años.
N1, S1 son las posiciones actuales de los polos en diciembre.
N2, S2 muestran las posiciones de los polos en diciembre dentro de trece mil años.

miento conocido como «oscilación». La Tierra hace lo mismo. Y, al hacerlo, un línea imaginaria dibujada a través de su eje asciende por el cielo del norte, trazando un círculo en las estrellas. Este movimiento —llamado *precesión*— fue descubierto por el astrónomo griego Hiparco en el siglo II a. C.

La precesión es un proceso lento. El eje de la Tierra tarda veintiséis mil años en completar un giro. Una consecuencia de la precesión es que la estrella Polar, que ha sido una amiga para los viajeros que se trasladaban por el hemisferio norte, será cada vez menos útil con el tiempo, cuando el eje de la Tierra termine apuntando a una parte diferente del cielo norteño. La explicación de la precesión se encuentra en dos hechos: uno, que el eje de la Tierra se inclina en un ángulo de 23 grados hacia el plano de su órbita; y dos, que la Tierra está ligeramente abultada en el ecuador. El tirón gravitatorio del Sol —y más aun, el de la Luna— sobre ese abultamiento es lo que llamamos precesión.

Esta comparación de la precesión con el comportamiento de una peonza, que es como se suele describir normalmente, no es del todo exacta. Un peonza se comporta realmente como si su eje se moviera alrededor de la superficie de un cono invertido. Pero el eje de la Tierra describe dos conos invertidos que se encuentran en el centro del planeta. Una extensión del eje de la Tierra, proyectada en el cielo del hemisferio sur, también describe un ciclo de veintiséis mil años contra el fondo de las estrellas.

Midiendo la Tierra

Después de Aristóteles, el centro del pensamiento científico griego se trasladó a Alejandría, en Egipto. Fue allí, alrededor del año 200 a. C., donde se realizó una de las primeras grandes hazañas de la astronomía práctica: la medición de la circunferencia de la Tierra. El responsable fue Eratóstenes de Cirene, el director de la biblioteca de la ciudad, que en aquellos momentos era el centro más ilustre de aprendizaje de todo el mundo occidental.

El cálculo fue hermoso en su simplicidad. Había oído que a mediodía del solsticio de verano, el 21 de junio, el sol en Siene, a 800 kilómetros/500 millas al sur de Alejandría, brillaba directamente encima de un pozo. Sabiendo que en la misma fecha, el sol no brillaba directamente sobre su cabeza en Alejandría, decidió medir la diferencia del ángulo solar en las dos ciudades. Clavó un palo en la arena, y midió la longitud de su sombra al mediodía. Usando trigonometría elemental, dedujo que los rayos del sol en Alejandría caían en

Estadísticas vitales de la Tierra	
Diámetro ecuatorial:	12.760 km/7.926 millas
Circunferencia ecuatorial:	40.100 km/24.900 millas
Diámetro polar:	12.720 km/7.900 millas
Circunferencia polar:	39.960 km/24.818 millas
Masa:	5,88 x 10^{21} toneladas*
Densidad media:**	5,5
Velocidad de escape (en la superficie):	11,2 km/6,96 millas por segundo
Distancia del Sol:	máxima: 152 millones de km/ 94,5 millones de millas mínima: 147 millones de km/ 91,4 millones de millas media: 149,5 millones de km/ 92,9 millones de millas
Velocidad de rotación en el ecuador:	1.675 km/1.040 millas por hora (15 grados por hora)
Velocidad orbital media alrededor del Sol:	29,8 km/18,5 millas por segundo 107.200 km/66.600 millas por hora
Periodo orbital (un año solar tropical):	365,242 días
Día sideral medio:***	23 horas 56 minutos 4 segundos
Día solar medio:****	24 horas
Inclinación del eje de la Tierra:	23 grados 27 minutos
Longitud de un grado de longitud en el ecuador:	111,4 km/69,2 millas
Longitud de un grado de latitud en el ecuador:	110,6 km/68,7 millas
Longitud de un grado de latitud en los polos:	111,7 km/69,4 millas
Superficie	terrestre: 29% océanos: 71%

* 10^{21} significa un uno seguido por 21 ceros. La masa de la Tierra es de 5.880 millones de millones de millones de toneladas.

** La densidad media del agua es 1.

*** El tiempo que tarda la Tierra en completar una revolución en torno a su eje.

**** El intervalo entre una medianoche y la siguiente.

un ángulo de 7,2 grados con respecto a la vertical. Asumiendo que ambas ciudades estaban separadas por 800 kilómetros/500 millas, calculó que la circunferencia de la Tierra —pasando por los polos— era (360 : 7,2) x 800 = 40.000 kilómetros/25.000 millas. Sólo se equivocó en un 1%.

Eratóstenes *no sabía* que la distancia entre las dos ciudades era de 800 kilómetros/500 millas. Dedujo la distancia del tiempo que tardaba un camello de carga en hacer el viaje. Y Syene tampoco está *exactamente* al sur de Alejandría, ni el sol caía completamente vertical el 21 de junio, así que tuvo un poco de suerte en sus cálculos. Pero su método era correcto, y el atrevimiento intelectual que desplegó al enfrentarse a un problema colosal con un equipo tan sencillo asegura su fama imperecedera.

El error de cálculo de Colón

Diecisiete siglos después de que Eratóstenes llegase a una buena estimación de la circunferencia de la Tierra, un aventurero genovés de cuarenta años, originalmente llamado Cristóbal Colón, viajó por el océano Atlántico en dirección oeste. Se había animado gracias a un cálculo menos certero. A finales del siglo XV, la creencia en una Tierra esférica era casi universal entre los europeos educados. Colón tenía la idea de intentar llegar al Este viajando hacia el oeste según el mapa del italiano Toscanelli, creyendo que se enfrentaba a un viaje de sólo 6.300 kilómetros/3.900 millas. Partió de las islas Canarias en septiembre de 1492, convencido de que no tenía más que viajar hacia el oeste a lo largo del paralelo 38 y llegaría a «las Indias», que así se conocía por entonces el oeste asiático. Por desgracia —o por fortuna— en mitad del camino había un continente. Uno sólo puede preguntarse si se hubiera molestado en levantarse de la cama de haber trabajado con el cálculo más exacto de Eratóstenes, según el cual su viaje sería de 22.000 kilómetros/14.000 millas.

La antigua civilización china

Mientras los griegos trabajaban las ideas que más tarde formarían la plataforma de lanzamiento para el desarrollo de la ciencia moderna, una gran civilización florecía en China, 10.000 kilómetros/6.000 millas más al este. Los griegos apenas la conocieron; de haber sabido algo más de ella, la valoración de su propia inteligencia hubiera sufrido una conmoción. En astronomía, literatura, pintura y alfarería, en tecnología militar y administración pública, los logros chinos igualaron a los griegos. En la fundición de hierro, ingeniería civil y agricultura, estaban muy por delante de ellos. En terrenos como la fabricación de seda y la caligrafía, ya habían perfeccionado artes y manufacturas de las que sus contemporáneos occidentales no tenían ni idea.

Si los filósofos griegos del siglo I a. C. hubieran podido ser transportados a China, se habrían asombrado al descubrir su nivel tecnológico: arados con partes completamente hechas de hierro, perforaciones profundas en busca de salmuera o gas natural, fabricación de acero a partir del hierro colado, producción en masa de ballestas y arneses, que permitían a los caballos arrastrar cargas extraordinarias. Sin embargo, se habrían sentido desconcertados por la ausencia de toda clase de especulación científica, que para ellos significaba el pan y la sal de la vida. Y seguro que se hubieran sorprendido del poco progreso en algunos campos —por ejemplo, la geometría—, puntos centrales en su pensamiento. Pero no les hubiera cabido ninguna duda de que se encontraban en presencia de una gran civilización.

Un gran científico chino

Zhang Heng (o Chang Heng) fue un ejemplo del tipo de científicos que era capaz de producir la antigua China. Nacido en Nanyang, en la China central, en el año 78 d. C., fue uno de esos genios increíblemente dotados que hacían que los comunes mortales se sintieran como si pertenecieran a una especie diferente. La amplitud de su talento nos trae a la mente a Leonardo da Vinci; pero, como científico, Zhang Heng era claramente superior a Leonardo. Fue uno de los cuatro grandes pintores de su época, y produjo 20 famosas obras literarias. Y por encima de todo fue un astrónomo. Ejerció como astrónomo real bajo la dinastía Han, en el siglo II d. C., y trazó uno de los primeros grandes mapas estelares, rivalizando únicamente con el que creó Hiparco en el año 129 a. C., desconocido para Zhang. En este mapa situó las posiciones exactas de 2.500 estrellas y bautizó unas 320. Estimó que el cielo nocturno, del que sólo podía ver una parte, contenía 11.500 estrellas. Era un poco exagerado, incluso para un observador con buena vista, pero no fue una mala estimación. Explicó los eclipses lunares correctamente, argumentando que se producían cuando la Luna atravesaba la sombra de la Tierra, e imaginó la Tierra como una pequeña esfera suspendida en el espacio, rodeada por un inmenso y lejanísimo cielo esférico. Zhang Heng también fue un gran matemático, y mejoró anteriores estimaciones del valor de pi (la proporción de la circunferencia de un círculo con su diámetro) dándole un valor de 3,162 en vez de 3, lo que lo acercó al 3,142 aceptado hoy día.

El trabajo más famoso de Zhang Heng fue un detector de terremotos, que perfeccionó en el año 132 d. C., mil setecientos años antes del primer sismógrafo europeo. Zhang asombró a la corte imperial con este dispositivo, que podía detectar terremotos tan distantes que nadie cercano lo sentía siquiera. Tenía forma de jarrón de bronce, al que se pegaron varias cabezas en bronce de dragones, cada una con una pelota también de bronce en su boca; alrededor del pie tenía varios sapos de bronce con las bocas abiertas. Si la máquina detectaba un temblor de tierra, una bola de bronce se soltaba automáticamente y caía en la boca de uno de los sapos. La posición del sapo en cuestión indicaba la dirección de la que procedía el temblor. En una famosa ocasión, una bola cayó sin que se observara un temblor perceptible; pero varios días después llegó un mensajero con noticias de un terremoto en Kansu, a 600 kilómetros/400 millas de la corte y en la dirección indicada por la máquina.

A pesar de la brillantez de sus creaciones, es erróneo acreditar a Zhang Heng con la invención del sismógrafo. Su máquina *detectaba* los terremotos, pero no los medía.

Calculando el número pi

El número pi, que Zhang calculó en 3,162, no puede expresarse exactamente en términos numéricos, ni como fracción común ni como decimal. No importa cuántos dígitos se utilicen, la respuesta sólo puede ser aproximada. Un valor de 3,1416 es lo bastante exacto como para que la mayoría de la gente pueda utilizarlo para propósitos prácticos. Antes de los ordenadores, el mayor número de decimales que alguien había sido capaz de calcular sin cometer errores era de 528. No obstante, en 2002, un equipo japonés logró calcular 1,24 billones de decimales. Y, aún así, sigue siendo únicamente una aproximación.

La ciencia islámica

Cualesquiera que fueran los logros alcanzados durante los siglos de dominio romano, el avance científico no fue uno de ellos. La ciencia griega fue recogida por los romanos, sí, pero agregaron muy poco a ella. Cuando el imperio se desintegró, las ciudades fueron abandonadas y el conocimiento científico se perdió. Con el auge de la cristiandad, la actividad intelectual se centró principalmente en la teología y no en «la ciencia pagana». De no ser por la aparición de otro imperio situado más al este, la mayoría de ese conocimiento antiguo se habría perdido y la historia de la ciencia hubiera sido muy diferente. En el año 610 d. C., un comerciante de cuarenta años llamado Mahoma, que vivió en La Meca, en la península arábiga, experimentó una serie de revelaciones que se convirtieron en la base del Corán, el libro sagrado de una nueva religión.

En sólo veinte años, esta religión, el Islam, se había extendido por casi todos los países árabes. Bajo una sucesión de líderes militares y religiosos conocidos como califas, el Islam se extendió por todo el Medio Oriente y África del norte, conquistando dos viejos imperios, el bizantino y el persa. Hacia el año 750, poco más de un siglo tras la muerte de Mahoma, el Imperio Islámico se extendía desde la bahía de Vizcaya a las montañas de Afganistán.

Un elemento importante de las enseñanzas islámicas era la obligación de perseguir el conocimiento. Este imperativo, y la riqueza generada por el comercio entre su vasto imperio, creó un ambiente en que la ciencia pudo florecer. Bajo una sucesión de gobernantes que simpatizaban con la ciencia, tuvo lugar una gran recuperación del conocimiento antiguo. Desde Toledo hasta el oeste de Ispahán, en el Este, los estudiosos tradujeron textos antiguos, del griego y también del sánscrito, el sirio y el persa. Al mismo tiempo, los contactos comerciales con China e India introdujeron ideas y técnicas matemáticas desconocidas por los griegos. Puede decirse que los estudiosos islámicos de la época poseían un mayor cuerpo de conocimientos científicos de lo que jamás se había reunido en la historia del mundo.

Descubrimientos en Bagdad

El comercio creaba riqueza a lo largo de todo el imperio, y la riqueza hacía aumentar la población. Alguna de las nuevas ciudades, como Córdoba, en España, creció hasta albergar medio millón de personas. Muchas de estas ciudades se convirtieron en centros de aprendizaje, pero en ninguna parte del Islam brilló tanto la ciencia como en Bagdad, a orillas del río Tigris, en Mesopotamia. Aquí, en la frontera norte de la antigua Babilonia, donde tres mil años antes naciera la ciencia de la astronomía, se levantó una gran ciudad a la que acudieron estudiosos de los rincones más lejanos del imperio. Durante tres siglos, Bagdad aumentó en tamaño y prosperidad hasta que, hacia el año 1000, su población alcanzó el millón y medio de habitantes. En ese ambiente, la ciencia sólo podía florecer. A principios del siglo IX, mientras el emperador Carlomagno apenas sabía escribir su nombre, el califa de Bagdad, Harun al-Rashid, y sus estudiosos, exploraban y extendían los límites de las matemáticas, la astronomía, la geografía y la medicina. En el año 830, el hijo de al-Rashid, al-Mamun, fundó la Casa de la Sabiduría, donde los estudiosos trabajaron traduciendo trabajos de Aristóteles, Arquímedes, Tolomeo y otros, que habían sido recuperados de los rincones más lejanos del imperio.

Circula una historia sobre al-Mamun que resume la actitud de los primeros estudiosos islámicos hacia los griegos. Se dice que, en una visión, al-Mamun descubrió a un hombre reclinado en una cama y le preguntó «¿Quién eres?». Cuando el hombre contestó «Aristóteles», el califa entabló con él una larga discusión sobre moral, ley y fe. Esta mentalidad abierta significa que, durante seiscientos años, tanto Bagdad como otras ciudades islámicas eran una mina de conocimientos científicos. Y lo siguieron siendo, hasta el día en que Europa despertó de su letargo intelectual y se embarcó en su propio viaje de descubrimientos científicos.

El sistema de numeración árabe

De todos los regalos que el Islam le dio a la ciencia moderna, el más importante fue su sistema numérico, la llamada *numeración arábiga*. Si tuviéramos que darle crédito a sus verdaderos creadores, los llamaríamos *números indios,* ya que su origen se sitúa en India hacia el primer milenio antes de Cristo. Fueron creados por el astrónomo indio Aryabhata, nacido en Kusumapura, cerca de la Patna actual, hacia el año 476. Él perfiló el sistema en un libro de astronomía y matemáticas llamado *Aryabhatiyam,* escrito en versos sánscritos. Su libro no fue publicado en Europa hasta 1874, pero el sistema numérico que describía había llegado mucho antes al mundo árabe gracias a los escritos fechados en el siglo IX del matemático al-Khwarisnli, nacido en lo que actualmente llamamos Uzbekistán. Fue uno de los hombres de ciencia que encontró patronazgo en el califa al-Mamun y, gracias a él, el sistema de numeración árabe llegó hasta Europa a tiempo para la revolución iniciada por Galileo y Kepler.

No es necesario tener un sistema numérico eficaz para hacer cálculos rápidos. Un hombre que sepa manejar bien un ábaco puede realizar operaciones impresionantes. Pero el tipo de cálculo con papel y lápiz de los problemas a los que se enfrentó Newton, habrían sido imposibles sin los números árabes, los decimales y el concepto de cero, que debemos a India, vía el Islam. Cualquiera que tenga dudas debería intentar multiplicar MDXLIV por LIX, o considerar cómo podrían usarse los números romanos para manejar esos cálculos.

El uso de los números árabes en Europa —al principio para la teneduría de libros, y sólo después para realizar cálculos científicos— fue iniciado por el matemático italiano Leonardo Fibonacci, que los describió en su *Libro de cálculo* y que demostró su uso científico en el *Libro de los cuadrados,* escrito en 1225.

El trabajo de Copérnico

En otoño de 1491, cuando Colón todavía planeaba su viaje, un joven de dieciocho años empezaba sus estudios universitarios en la importante ciudad polaca de Cracovia. Se llamaba

Mikolaj Kopernik, que más tarde cambiaría por su equivalente latino, Nicolás Copérnico. Él estaba destinado a traernos un cambio tan grande a la imagen de las regiones situadas más allá de la Tierra, como Colón lo trajo a la imagen de la propia Tierra.

Los padres de Copérnico murieron antes de que éste cumpliera diez años; entonces se trasladó a la casa de su tío, que era obispo. Cuando tenía veintidós años, su tío le aseguró el futuro como canónigo de la Catedral de Frauenburg. No era un trabajo absorbente, así que pudo continuar sus estudios. Atraído por el flujo de ideas provinentes de Italia, se trasladó a la Universidad de Bolonia donde hizo de ayudante del astrónomo Domenico Maria da Novarra, y más tarde asistió a las universidades de Ferrara y Padua.

Aunque siguió con sus estudios sobre las leyes eclesiásticas, su primer amor siempre fue la astronomía. Cuando empezó, el modelo celeste aceptado seguía siendo el construido mil trescientos años antes por el astrónomo griego Tolomeo de Alejandría. El universo de Tolomeo tenía a la Tierra como centro inmóvil, y la Luna, el Sol, los planetas y las estrellas giraban en torno a ella.

Tolomeo nació alrededor del año 100 d. C. y murió alrededor del año 170. Aunque escribió en griego, puede que fuera egipcio. Su salto a la fama se debió a su libro *Composición matemática,* en el que resumió el conocimiento astronómico de su época y que conocemos por su título árabe de *Almagesto* («El gran libro»). Su universo centrado en la Tierra era el modelo aceptado por la mayoría de los astrónomos en tiempos de Copérnico y estaba respaldado por la Iglesia. Pero era un modelo que se había vuelto cada vez menos fiable como guía de los movimientos de los planetas, y los intrincados cálculos que se necesitaban para que el sistema de Tolomeo tuviera sentido planteaban preguntas en las mentes de algunos astrónomos, que sentían que los movimientos de los cielos debían mostrar un modelo algo más simple y más elegante.

Éstas eran preguntas que se planteaba de forma natural un hombre joven de intelecto inquieto como Copérnico. Cuando terminó sus estudios en Italia, Copérnico volvió a la propiedad de su tío, donde siguió investigando el problema de los movimientos planetarios. No era astrónomo, en el sentido de alguien que estudia los cielos mediante su observación, sino un filósofo natural, alguien que reflexionaba profundamente sobre el mundo natural, pero que había extraído la materia prima de su pensamiento de la lectura y la reflexión, no de la observación y la experimentación. Fue la lectura de textos griegos anteriores a Tolomeo lo que le dio la idea de un universo cuyo centro era el Sol. Cuando murió su tío, en 1512, Copérnico volvió a Frauenburg; dos años después, hizo circular entre sus amigos un documento que llamó *Comentario corto* y que contenía sus reservas sobre las limitaciones del sistema tolomeico.

Antes de que Tolomeo escribiera el *Almagesto,* otros griegos ya habían subscrito un modelo en el que la Tierra y los planetas giraban en torno a un Sol central, pero no habían convertido sus ideas en un sistema completo como el de Tolomeo, y sus nombres se habían olvidado. Descontento con lo que consideraba un modelo defectuoso, Copérnico empezó a jugar con la idea de un sistema con el Sol como centro, aunque estaba tan condicionado por las ideas culturales convencionales que pensaba que la suya era ridícula. Pero cuanto más estudiaba la conducta de los planetas, más sentido parecían tener sus elucubraciones.

Existía un fenómeno, el movimiento «retrógrado» de los planetas Marte, Júpiter y Saturno, que para el modelo tolomeico necesitaba de una explicación especialmente enrevesada. Se trataba de la forma en que estos planetas, de vez en cuando, parecían detener su viaje contra el fondo de estrellas y retroceder durante cierto tiempo, antes de recuperar y seguir su movimiento hacia delante. Copérnico comprendió que eso era exactamente lo que uno esperaría ver si esos planetas girasen alrededor del Sol, y la Tierra, al ser su viaje más corto, los adelantara por el interior. Aunque complacido por la simplicidad de su modelo, temió al ridículo que podría conllevar una propuesta tan revolucionaria. Probablemente nunca la habría hecho pública si, en 1539, un joven matemático no hubiera llegado en su busca desde Alemania.

El admirador de Copérnico era un profesor de matemáticas de la Universidad de Wittenburg llamado Rheticus, que había leído su *Comentario corto* cuando había circulado un cuarto de un siglo antes.

Animado por el entusiasmo de aquel nuevo discípulo, y al descubrir que el propio Papa deseaba ver impresas sus ideas, Copérnico accedió a que Rheticus supervisara su publicación en un libro titulado *Sobre las revoluciones de las obras celestes,* que se publicó en 1543. Si tenemos que creer en la leyenda, las primeras copias llegaron del impresor el mismo día en que murió Copérnico.

El Sol

Nuestra estrella más cercana, el Sol, nos parece especial, pero en términos cósmicos es bastante normalita. Se trata de una estrella de tamaño medio, ni especialmente grande ni especialmente pequeña, un globo de gases calientes, sobre todo hidrógeno (el 75%, aproximadamente) y helio (el otro 25%), y sólo es una de los varios cientos de miles de millones de estrellas que forman la galaxia... nuestro universo local en forma de disco. Situada muy lejos del centro de ese disco, viaja a 241 kilómetros/150 millas por segundo; y aun así, tarda más de doscientos millones de años en dar una sola vuelta a la galaxia. La distancia media de la Tierra al Sol es de 150 millones de kilómetros/93 millones de millas, pero como la órbita de la Tierra alrededor del Sol tiene forma de elipse, no de círculo, la distancia real varía aproximadamente un 1% en cada extremo de esta figura. La luz del Sol tarda ocho minutos y veinte segundos en alcanzar la Tierra.

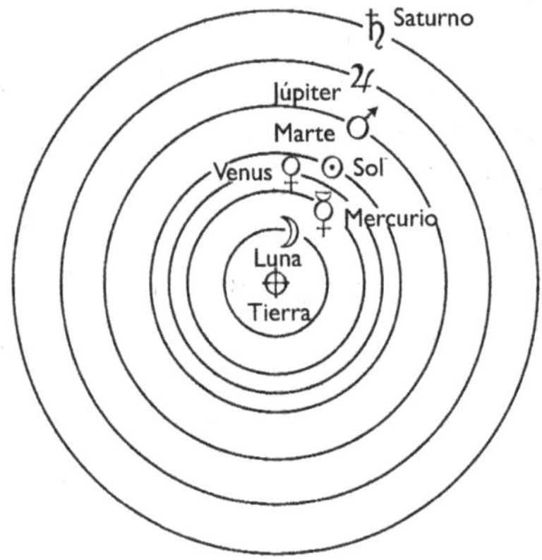

Figura 4. El sistema solar según Tolomeo (alrededor del año 140).

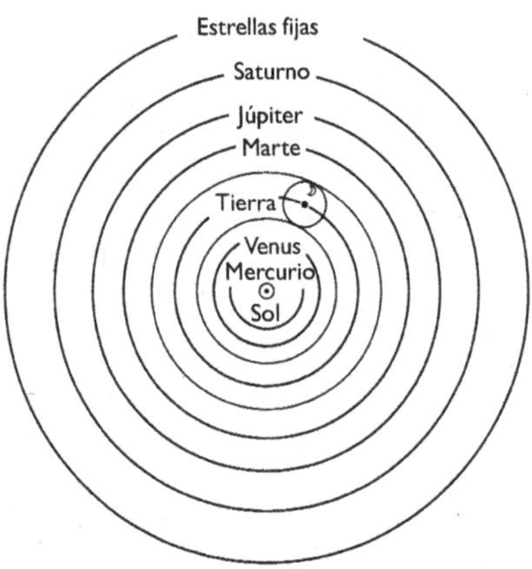

Figura 5. El sistema solar según Copérnico (1543).

Estadísticas vitales del Sol

Diámetro:	1.400.000 km/864.000 millas (100 veces el tamaño de la Tierra)
Volumen:	1.300.000 veces el de la Tierra
Masa:	330.000 veces la de la Tierra
Densidad media:*	1,4
Periodo de rotación:	25 días
Temperatura de la superficie (medida):	5.500° C/10.000° F
Temperatura central (calculada):	15.000.000° C/27.000.000° F

* La densidad del agua es 1.

El Sol está acompañado en su viaje por su séquito de planetas, los cuales forman...

La familia solar

	Diámetro (km)	Diámetro (millas)	Distancia media del Sol (millones) (km)	Distancia media del Sol (millones) (millas)	Periodo orbital (millones)
					(días)
Mercurio	4.900	3.000	58	36	88
Venus	12.100	7.500	108	67	225
Tierra	12.800	8.000	150	93	365
					(años)
Marte	6.800	4.200	228	142	2
Júpiter	143.000	88.800	779	484	12
Saturno	120.600	74.900	1.433	891	29
Urano	51.200	31.800	2.873	1.785	84
Neptuno	49.600	30.800	4.495	2.793	165
Plutón	2.400	1.500	5.870	3.647	248

Los asteroides

Los planetas son los hermanos mayores de la familia solar, pero tienen un enjambre de hermanitos y hermanitas —los asteroides—, que se mueven como patinadores por una ruta tranquila normalmente libre de tráfico, aunque de vez en cuando no logren apartarse a tiempo.

La mayoría de los asteroides están principalmente localizados en un cinturón que orbita entre Marte y Júpiter, pero algunos tienen órbitas incómodamente cercanas a la Tierra. A veces son simples pedazos de metal, o de piedra y metal (principalmente, hierro), pero la mayoría sólo son pedazos de roca. Se cree que son restos de material que no consiguió formar planetas. Ceres, el más grande, fue descubierto en 1801, y tiene un diámetro de 1.000 kilómetros/600 millas, un tercio del de la Luna. Existen aproximadamente unos 30 con diámetros superiores a los 150 kilómetros/100 millas.

La respuesta a la pregunta «¿cuántos asteroides hay?», depende de lo grande que tenga que ser un pedazo de roca para poder considerarlo un asteroide. Si no se es muy estricto, la respuesta sería «millones». Se ha numerado y dado nombre a más de 50.000, e incluso los más pequeños serían capaces de darle un buen susto a la Tierra, ya que un asteroide que mida 1,5 kilómetros/1 milla de anchura, entrando en la atmósfera terrestre a 80.000 kilómetros/50.000 millas por hora, provocaría una catástrofe... algo que ya ha ocurrido, y más de una vez, como muestran los registros geológicos.

No hay que preguntarse si un asteroide de tamaño regular se cruzará en el camino de la Tierra, sino cuándo. Afortunadamente no sucede a menudo, y cuando ocurra no lo oiremos venir. Ni siquiera lo veremos, a menos que estemos mirando en su dirección justo antes de que choque con nosotros, así que no hay de qué preocuparse.

El cinturón de Kuiper

El cinturón de asteroides situado entre Marte y Júpiter es motivo de estudio por parte de los astrónomos desde hace doscientos años, pero hasta unas décadas atrás no habíamos descubierto un grupo similar de objetos en las fronteras exteriores del sistema solar. Es el Cinturón de Kuiper, una región más allá de la órbita de Neptuno, sembrada por millones de lo que se cree que son pedazos de hielo, similares a cometas y no a asteroides de roca como en el cinturón interno. Los más grandes descubiertos miden aproximadamente 1.300 kilómetros/800 millas de diámetro. Algunos astrónomos piensan que el planeta Plutón, que tiene una órbita muy excéntrica y está compuesto principalmente de roca y hielo, es en realidad uno de los objetos del Cinturón de Kuiper; pero, de momento, al menos, la Unión Astronómica Internacional sigue clasificándolo como un planeta.

Meteoritos

Pregunta: ¿Cuándo un asteroide no es un asteroide? *Respuesta*: Cuando es un meteorito. Mientras un pedazo de roca o de hierro orbita en torno al Sol, lo llamamos asteroide. Si encontramos uno después de haber caído sobre un planeta o una luna, lo llamamos meteorito.

Los meteoritos pequeños son prácticamente frenados por la atmósfera de la Tierra y en ese proceso se vaporiza gran parte de su masa, pero unos cuantos caen sobre la Tierra todos los años y la superficie terrestre está llena de ese tipo de basura. Afortunadamente, ésta se encuentra principalmente recubierta de agua y de tierra vacías, así que raramente caen sobre algo importante: por ahora no hay datos que aseguren que alguien ha muerto o ha sido herido por un meteorito. Pero su potencial para causar daños es espectacular. Un meteorito de tamaño medio, no mucho más grande que una casa, viajando a 800 kilómetros/500 millas por minuto, causaría un impacto similar al de la bomba que destruyó Hiroshima... claro que impactos como ése suelen tener lugar por término medio una sola vez cada cinco mil años.

De vez en cuando, la Tierra se encuentra con uno grande. Existe un cráter sepultado de 200 kilómetros/120 millas de ancho en Chicxulub, en el Yucatán peninsular de México, que fue causado hace sesenta y cinco millones de años por un meteorito de aproximadamente 10 kilómetros/6 millas de anchura. La nube de escombros que llegó a levantar en todo el mundo tuvo que ver muy probablemente con la extinción de los dinosaurios.

A los más nerviosos les ayudará saber que hay menos oportunidades de que un meteorito le caiga encima mientras da un paseo matinal que en uno vespertino.

Cometas

Hay otra clase distinta de objetos orbitando alrededor del Sol: los cometas. Los cometas no son muy grandes, el mayor apenas tiene unas millas de longitud, y una gran parte son mucho más pequeños. La mayoría está compuesta principalmente por agua congelada y una mezcla de metano congelado, anhídrido carbónico, etc., pero eso no los convierte en inofensivos. Lo importante es la combinación de su velocidad y de su masa. Los cometas, que vienen principalmente de las fronteras del sistema solar, viajan a velocidades impresionantes; si la Tierra se encontrara con uno de ellos, podemos dar por sentado que nos daríamos cuenta. Sus órbitas son mucho más elípticas que las de los planetas, acercándose mucho al Sol para después alejarse. Algunos vuelven cada pocos años, pero otros se adentran tan profundamente en el espacio que desaparecen durante siglos.

En los días en que la astrología era un fin y la astronomía el medio para alcanzar ese fin, los cometas eran vistos con un temor supersticioso. Aparecían de la nada, con sus cabezas brillantes y sus colas, moviéndose lentamente por el cielo durante varias semanas. Realmente parecían heraldos de grandes acontecimientos.

Sólo cuando se acerca al Sol, un cometa presenta la apariencia con que suelen retratarlos los artistas. Bajo la influencia del calor solar se evapora parte de su sustancia, y el *viento solar* —una corriente de partículas cargadas que emite el Sol— aleja ese material evaporado del cuerpo central. Ése es el origen de la «cola» del cometa, que siempre parece alejarse del Sol cuando el cometa se acerca a él. Pero cuando el cometa se aleja, la cola también se aleja de él.

Se cree que la mayoría de los cometas de periodo corto (aquellos cuyo periodo de vida es de menos de doscientos años) se originan en una región situada más allá de Neptuno llamada el Cinturón de Kuiper, y que han sido desviados de sus órbitas por la acción de la gravedad de los planetas mayores. Los cometas de periodo largo se cree que tienen su origen en una región todavía más distante conocida como la Nube de Oort. Esta nube, que se encuentra más allá de la órbita de Plutón, contiene millones de ellos y algunos son sustantivos. De vez en cuando uno se ve afectado por la gravedad de un planeta, o quizá de una estrella cercana, y «cae» hacia el Sol. Por suerte, parece que ninguno lleva nuestro nombre grabado en él.

Meteoros y lluvia de meteoros

Los meteoros o «estrellas fugaces» son diferentes de los meteoritos. Son diminutos fragmentos de piedra o polvo que arden al entrar en la atmósfera superior a causa de la fricción. Aparecen en el cielo como rayas luminosas durante un segundo o menos. Algunos viajan en la estela de los cometas. Cuando la Tierra se cruza en su camino, hablamos de una lluvia de meteoros. Dicha lluvia no es tan espectacular como suena, pero algunas cuentan con varios meteoros por minuto. Estas lluvias regulares reciben su nombre de la constelación de la que parecen provenir. Las siguientes son las más conocidas:

Nombre de la lluvia	**Fecha (y pico)**
Cuadrántida	1 al 5 de enero (4 de enero)
Lírada	16 al 25 de abril (22 de abril)
Perséida	23 de julio al 22 de agosto (12 de agosto)
Oriónida	2 octubre al 4 de noviembre (21 de octubre)
Leónida	14 de noviembre al 21 de noviembre (17 de noviembre)
Gemínida	6 al 19 de diciembre (13 de diciembre)

Lo que hace posible la ciencia

Algunos hechos históricos nos son tan familiares que nunca nos preguntamos por qué, cuándo y dónde ocurrieron, y por qué no en algún otro momento o en algún otro lugar. La historia de la ciencia es una de esas cosas que se dan por supuestas, pero si nos detenemos a pensar en ello, en su corazón porta un enigma.

La ciencia griega fue única en el mundo antiguo. Los chinos crearon una gran civilización y su tecnología estuvo varios siglos por delante del resto del mundo en naves, armas y agricultura, caminos, puentes y cerraduras, papel e impresión... la lista de sus innovaciones técnicas es casi interminable; nunca se había visto nada igual, y nada comparable se verá hasta las revoluciones agrícola e industrial de la Europa moderna. Pero, cuanto más se ahonda en la ciencia china, más claro se ve que, como científicos, los chinos no jugaban en la misma liga. Incluso el historiador Joseph Needham, que abrió los ojos del mundo a los logros de la tecnología china, se confesó desconcertado por el fracaso de ésta para lograr progresos en ciencia similares a los de los griegos.

Ahora, consideremos a los romanos. También crearon una gran civilización y también tenían una tecnología magnífica. No inventaron el papel ni la pólvora, pero en lo referente a caminos y puentes, acueductos y baños de vapor, comunicaciones y administración de un gran imperio, igualan a los chinos. Pero centenares de años de civilización romana no produjeron nada digno de ser llamado progreso científico. Tenían esclavos griegos y acceso a toda la ciencia griega y, de haber sentido la necesidad, pudieron apoyarse en eso. Aún así, cuando los clásicos de la ciencia griega empezaron a ser traducidos al latín en el siglo XVI, para la mayoría de los textos los traductores tuvieron que recurrir a versiones árabes.

Los avances científicos, tal como nosotros los entendemos, sólo se han dado dos veces en la historia del mundo. Y entre el crepúsculo del mundo griego y el amanecer de la moderna era científica hubo un intervalo de mil quinientos años, durante los cuales se añadió muy poco al conocimiento científico mundial. ¿Por qué? No puede estar en los genes. Los griegos no eran más listos que los romanos o los chinos, ni los europeos que los aztecas o el pueblo de la Gran Zimbabue. Quizá la clave es la economía: la ciencia sólo puede prosperar en sociedades lo bastante ricas como para permitir que muchas personas dediquen su tiempo a pensar y hablar. Pero la riqueza, el ocio y la vida urbana no lo puede ser todo porque, en ese caso, la antigua Roma y la China clásica habrían sido verdaderas potencias científicas. La explicación debe ser tanto cultural como económica. Algunas sociedades se organizan en formas —y desarrollan hábitos de pensamiento— que hacen posible la ciencia; otras, igualmente prósperas, tienen organizaciones sociales y políticas, códigos de conducta, creencias y maneras de pensar que ahogan la ciencia. Las sociedades que sienten un respeto exagerado hacia el pasado no generan una actitud desafiante hacia las ideas aceptadas, que son las que producen un nuevo tipo de comprensión. Las sociedades en las que los sacerdotes tienen poder, pueden encarcelar o suprimir a aquellos que amenazan su monopolio de la explicación. Allí donde las libertades de expresión y de pensamiento están constreñidas, las mentes, al igual que los cuerpos, se pudren encadenadas.

La ciencia es una planta que necesita condiciones favorables. No puede crecer en el desierto, ni en cuartos oscuros. Crece bien en las ciudades (incluso en esos lugares similares a una ciudad llamados universidades), nutrida por gente con medios y tiempo para mimarla. Necesita luz y aire, y una tierra fecunda. En Europa, durante los siglos XVI y XVII, se dieron las condiciones adecuadas y la ciencia floreció de una forma exuberante.

Ciencia y tecnología

La expansión del conocimiento científico que tuvo lugar a principios del siglo XVII, se atribuye muy a menudo al redescubrimiento del saber antiguo que alumbró el fenómeno del Renacimiento. Pero cuanto más estudia uno esa explicación, menos correcta le parece. Entre Arquímedes y Eratóstenes hubo cuatrocientos años de especulación sobre el mundo natural, llevada a cabo por algunas de las mejores mentes que la ciencia haya conocido, pero no puede decirse que acumulasen un inmenso caudal de conocimientos sobre el funcionamiento del mundo natural. Si la ciencia entre los años 1600 y 2000 se hubiera movido al mismo ritmo, partiendo del conocimiento que poseían los griegos y usando sus mismas herramientas, no habríamos añadido mucho a los conocimientos que heredamos de ellos. El redescubrimiento del saber antiguo nos proporcionó una excelente plataforma de lanzamiento, por supuesto, pero se necesitó algo externo a la ciencia para situarla en órbita, algo que no tuvieron los griegos, los árabes o los chinos. Ese algo es una tecnología adecuada.

La tecnología se define en muchos diccionarios como la *ciencia aplicada*, pero no es más significativo definir la tecnología como ciencia aplicada que definir una gallina como un huevo aplicado. Las gallinas vienen de los huevos, pero los huevos también provienen de las gallinas. Es cierto que gran parte de la nueva tecnología surge de la aplicación de descubrimientos científicos, pero también es verdad que muchos de los descubrimientos científicos han sido a menudo el resultado de aplicar nuevas tecnologías. La ciencia y la tecnología son, simplemente, dos respuestas diferentes ante las fuerzas de la naturaleza. Mientras que la ciencia es el intento de la humanidad por *explicar* esas fuerzas, la tecnología es el intento de la humanidad por *explotar y aprovechar* esas fuerzas. Y el progreso en cualquiera de ellas puede ser fuente de progreso de la otra.

La revolución de la imprenta

De todas las innovaciones técnicas de la ciencia moderna, destaca una: la invención de la imprenta. O, mejor dicho, la invención de *la imprenta de tipos móviles,* ya que la impresión no era ninguna novedad. Los chinos habían estado imprimiendo libros desde hacía cientos de años, la novedad fue imprimirlos de forma masiva. En el siglo XV, la ciencia y la tecnología chinas eran equivalentes a las europeas, y la producción china de libros era incluso superior. Europa tenía manuscritos preciosos, pero se hacían a mano, escribiéndolos con plumas de ave y muchos de ellos, sobre piel de oveja. Los chinos tenían manuscritos preciosos *y* libros preciosos impresos en papel, algo que ellos habían inventado, pero sus libros eran muy costosos de producir. Se imprimían mediante moldes, y cada página requería su propio molde especialmente tallado para ella. Una vez preparados los moldes, podían producirse múltiples copias, pero el grabado de esos bloques con la intrincada escritura china y el subsiguiente entintado a mano eran unos procesos lentos. A finales del siglo XV, en Europa se reunió un cierto número de inventos anteriores que permitieron crear lo que actualmente llamamos imprenta. Fue éste, más que cualquier otro factor, el que aseguró que Europa fuera el lugar donde nació la ciencia moderna. Fue uno de los acontecimientos más significativos de la historia. Equiparándola a la revolución científica, la revolución agrícola y la revolución industrial, claramente es posible referirnos a la «revolución de la imprenta».

Los alfabetos y los tipos móviles

Una innovación que hizo posible la revolución de la imprenta —el alfabeto— ya tenía dos mil quinientos años de antigüedad. Esta idea inteligente, que posibilita expresar cualquier tipo de pensamiento y cualquier tipo de información utilizando aproximadamente 20 símbolos simples, tuvo su origen en el Mediterráneo oriental, alrededor del año 1000 a. C. Primero fue adoptado por los griegos y después, por los romanos. Hacia el año 1400, todos los idiomas europeos utilizaban distintas versiones de él como sistema de escritura.

Otra innovación clave fue la utilización del tipo móvil de metal fundido. Éste no fue un invento solamente europeo; los coreanos utilizaban tipos móviles desde hacía doscientos años y de ellos habían pasado a los chinos, pero el sistema nunca tuvo demasiado éxito en Extremo Oriente debido al coste del enorme número de símbolos que requerían. A los europeos les fue mucho más fácil aprovechar el tipo móvil porque el número de letras que utilizaban, y por tanto la inversión de capital, eran mucho menores que en los escritos en chino o en japonés. El tiempo y el coste de la composición de esos tipos también eran menores.

Con el alfabeto y el tipo móvil sólo se necesitaba otra innovación —la prensa de la imprenta— para provocar una revolución. No es sorprendente que esa revolución tuviera lugar en Europa, donde la gente había usado la prensa de tornillo para prensar aceitunas y uvas desde que la inventaran los romanos.

Todas estas contribuciones —papel, tinta fluida, alfabeto, tipo móvil y prensa de tornillo— fueron reunidas por fin en la ciudad alemana de Maguncia. El año era 1450, y el responsable fue un hábil obrero metalúrgico llamado Johannes Gutenberg.

Mercado para los libros

Gutenberg no era un científico y no se preocupaba por los avances del aprendizaje científico o de cualquier otro tipo de aprendizaje. Era un empresario que vio una oportunidad e intentó aprovecharla.

Durante el siglo XV, en Europa existía una demanda insatisfecha de palabra escrita. La mayor prosperidad había creado una nueva clase social a la que le sobraba dinero y que podía gastarlo en formas de entretenimiento. Cualquiera que pudiera proporcionarles algo que leer tenía un mercado predispuesto y ávido. La prosperidad también había creado una nueva clase de estudiantes ociosos. Entre los años 1400 y 1500, el número de universidades en Europa se incrementó de 20 a 70. Las iglesias ofrecían un mercado muy apetitoso para las Biblias y los libros de oraciones. La oportunidad estaba clara y Gutenberg fue sólo uno de los muchos participantes en la carrera para desarrollar un nuevo método de impresión, pero el primero en cruzar la meta. Hacia 1439 Gutenberg ya imprimía con una prensa de tipos móviles, aunque ninguno de estos primeros trabajos ha sobrevivido hasta nuestros días. Su nombre está hoy día inseparablemente asociado con la Biblia de Gutenberg, que fue impresa simultáneamente en seis prensas y publicada en 1456.

La invención de Gutenberg no lo hizo rico. Si en el siglo XV hubiera existido el actual registro moderno de patentes, hubiera podido ser el Bill Gates de su época, pero no recibió derechos de autor de los cientos de imprentas rivales que se aprovecharon de su invento. Y como llegó a pelearse con el socio que financió su propia operación, hasta perdió el control de su negocio. Pero siguió contando con el favor de su arzobispo, que lo hizo noble y se aseguró de que viviera sus últimos años con una cómoda seguridad.

Una vez Gutenberg mostró el camino, los libros se multiplicaron y los impresores exportaron sus habilidades a otros países. La primera imprenta italiana se fundó en 1464, París ya tenía imprentas en 1470 y Londres, en 1476. Hacia el año 1500, la imprenta se había extendido por todos los países europeos, excepto Rusia, y se imprimieron y vendieron unas 40.000 ediciones, totalizando unos ocho millones de libros. Esta explosión de oferta provocó a su vez una mayor explosión de la demanda. Nadie que estuviera en posición de aprender a leer podía permitirse el lujo de no hacerlo.

Microscopios y telescopios

Si la imprenta hizo posible la ciencia moderna, las tecnologías que permitieron su existencia fueron la del vidrio y el pulido de las lentes. Las lentes no eran nuevas, ya se utilizaban anteojos en Europa y en China desde el siglo XIII, pero estaban hechos de cuarzo, no de cristal. Para leer, el cuarzo era mejor que nada; pero para las aplicaciones científicas era inútil. Hasta que en el siglo XVI se desarrollaron las técnicas que permitieron conseguir un cristal lo bastante resistente y transparente, las lentes científicas eran impracticables. Cuando lo hicieron, dispusieron de dos poderosas herramientas nuevas: el microscopio y el telescopio. Y fueron los descubrimientos realizados gracias a estas herramientas los que impulsaron a la ciencia por el camino ascendente que ha seguido desde entonces.

El telescopio y el microscopio aparecieron hacia el año 1600. El inventor del microscopio compuesto —dos lentes de aumento usadas combinadamente— fue un holandés, Zacharias Janssen, que creó su primer instrumento alrededor del año 1590. Fue otro holandés, Anton van Leeuwenhoek, el que demostró al mundo de qué era capaz un microscopio de una sola lente. El telescopio también fue un invento holandés. Normalmente, la fama se la lleva un fabricante de anteojos llamado Hans Lippershey, que vivió en Middelburg, la capital de la provincia holandesa de Zelanda. Se dice que fue él, o su aprendiz, el que hizo el descubrimiento accidentalmente durante el otoño del año 1608, como resultado de mirar a través de las dos lentes del capitel de una iglesia cercana. Fue Lippershey quien tuvo la idea de meter las lentes dentro de un tubo, y vendió su invento al gobierno holandés, que reconoció su importancia militar e intentó mantenerlo en secreto, aunque no pudo guardarlo mucho tiempo. En la primavera siguiente, los telescopios ya se vendían como una novedad en los mercados callejeros de París; y en julio de 1609, le llegó la noticia a un matemático italiano de cuarenta y cinco años llamado Galileo Galilei.

Los experimentos de Galileo

Galileo nació en Pisa el 15 de febrero de 1564. Su padre era un matemático que quiso que su hijo estudiara medicina. Pero, tras escuchar una conferencia sobre geometría, Galileo leyó a Arquímedes y decidió dedicar su vida a las matemáticas.

A diferencia de sus contemporáneos, cuya forma habitual de responder a una pregunta era preguntar a su vez: «¿Qué decía Aristóteles?», Galileo creía en la experimentación, y su primer descubrimiento significativo lo hizo cuando tenía diecisiete años y estudiaba medicina. Durante un servicio en la catedral de Pisa, notó que una de las arañas que iluminaban la nave giraba sobre su cabeza. Observó que, de vez en cuando, una corriente de aire hacía que girase más ampliamente y, según parecía, con más rapidez. Utilizando su pulso como reloj, cronometró los balanceos y descubrió que, no importaba lo amplio que fuese el balanceo, el tiempo siempre era el mismo. Cuando siguió experimentando en casa, con un péndulo, descubrió que la duración del balanceo obedecía tan sólo a la longitud, independientemente de la amplitud.

Durante los primeros veinte años de su vida adulta, Galileo fue profesor de matemáticas, primero en la Universidad de Pisa y después en la Padua. Desarrolló interés por la mecánica, sobre todo por la caída de los cuerpos, un tema nada fácil de estudiar en una época en la que no existían relojes mecánicos, y pronto estableció una verdad importante: que la velocidad de caída era la misma para los objetos pesados que para los ligeros. Esto contradecía lo que había dicho Aristóteles y que se tomaba como un hecho desde entonces. Haciendo rodar unas bolas sobre un plano ligeramente inclinado, Galileo pudo reducir su velocidad de caída lo suficiente como para poder medir su velocidad, usando un reloj de agua o su propio pulso. Esto le permitió hacer tres descubrimientos más. El primero fue que el tiempo que tardaban las bolas en caer desde una altura dada no se veía afectado por el ángulo de inclinación del plano por el que caían. El segundo era que su velocidad de caída estaba sometida a una aceleración continua (lo cual volvía a contradecir a Aristóteles, que decía que la velocidad de caída era constante). Y lo más importante, descubrió que había una relación exacta entre la altura de la caída y la duración de la caída de las bolas. La distancia aumentaba proporcionalmente al cuadrado del tiempo transcurrido (por ejemplo, un cuerpo caía cuatro veces más distancia en seis segundos de lo que lo hacía en tres). Fue un descubrimiento que más tarde jugaría un papel importante, ayudando a Isaac Newton a formular su teoría de la gravitación universal.

Otro descubrimiento de Galileo fue que la trayectoria de un objeto —una bala de cañón, por ejemplo— estaba determinada por una combinación de su velocidad en caída libre y la fuerza impulsora que le había sido aplicada. Este descubrimiento tenía una aplicación obvia en la artillería, pero también era importante en el estudio de la astronomía. Una de las objeciones más persistentes a la teoría del movimiento planetario de Copérnico era que, si la Tierra estuviera realmente girando sobre su eje, todo lo que no estuviera clavado en el suelo, como las mesas, las sillas y las personas, se verían lanzadas al espacio por la acción de la fuerza centrífuga. Galileo pudo demostrar que esto no ocurría si el efecto de esa fuerza centrífuga era menor que el de la fuerza que provocaba que un objeto cayera de forma natural hacia el suelo. Su habilidad para refutar esta particular objeción no sólo ayudó a persuadirlo de la validez de la teoría de Copérnico, sino que más tarde también persuadió a muchos otros.

Galileo y el Papa

Cuando Galileo oyó hablar, en el año 1609, del telescopio de Lippershey, no sabía nada sobre la forma en que lo habían construido, pero en pocas semanas logró hacer uno de tres aumentos y diseño propio. Con esto puso en marcha una serie de acontecimientos que iban a tener una tremenda influencia en el curso futuro de su vida y en la historia de la ciencia. Antes de que pasara otro mes, ya tenía otro telescopio de diez aumentos. Con la ayuda de este sencillo instrumento, descubrió que la Vía Láctea estaba compuesta por una multitud de estrellas individuales. Vio las lunas de Júpiter orbitando en torno a su planeta madre, prueba positiva de que no todos los cuerpos celestes orbitaban alrededor de la Tierra, y contempló las manchas solares (lo que dañó sus ojos permanentemente), sirviéndose de ellas para medir la velocidad a la que el Sol giraba sobre su eje.

Como resultado de sus observaciones, sobre todo la de los satélites de Júpiter, se convenció de la solidez de la teoría copernicana respecto a que la Tierra y los planetas giraban alrededor del Sol, algo que no le atrajo precisamente las simpatías de los gobernantes eclesiásticos. En 1632, creyendo que el papa Urbano VIII no se ofendería por sus opiniones, las publicó en un libro titulado *Diálogo sobre los dos sistemas máximos del mundo*. Era una obra maestra; pero estuvo a punto de llevarlo a la hoguera.

Enfrentada a la Reforma, la Iglesia Católica era menos tolerante con los disidentes de lo que fuera en tiempos de Copérnico; cualquiera que viviera en un país católico y se atreviera a publicar ideas que minasen las enseñanzas de las Escrituras o la autoridad de la Iglesia, podía esperar una dura reacción. A ojos de la Iglesia, Galileo se había pasado de la raya y su ofensa no podía ser ignorada. Afirmar que el supuestamente perfecto Sol tenía manchas ya era bastante grave, pero defender la teoría copernicana era todavía peor. Y lo que realmente lo condenó fue la forma en que presentó su *Diálogo,* ya que puso el argumento anticopernicano en la boca de un personaje llamado Simplicio y el Papa estaba convencido de que era una insultante caricatura de él. Galileo, que por entonces tenía sesenta y nueve años de edad, fue acusado por la Inquisición y bajo tortura se retractó de que la Tierra girase alrededor del Sol. Pasó sus últimos ocho años bajo arresto domiciliario en su pequeña propiedad rural, estudiando temas poco controvertidos. En sus últimos cuatro años, su vista, ya dañada por el Sol, le falló y no pudo seguir observando las estrellas.

El astrónomo Tycho Brahe

Fue un hombre al que Galileo hubiera deseado explicar, más que a nadie, lo que vio aquella noche de 1609, cuando apuntó su primer telescopio hacia el cielo. Pero Brahe se había muerto ocho años antes, sin haber oído hablar nunca de aquel nuevo instrumento. Su nombre era Tyge (en latín, Tycho) Brahe, y quizá fue el mayor observador a simple vista que el mundo haya conocido nunca.

Tycho nació en 1546, en la propiedad familiar de Knudstrup, al sur de Suecia. A los trece años entró en la Universidad de Copenhague, donde estudió leyes y filosofía. Pero en 1560 presenció un eclipse de Sol, y este hecho lo persuadió para cambiar a las matemáticas y la astronomía. Como estudiante, ya mostró el carácter arrogante y discutidor que desplegaría durante toda su vida, incluso al tratar con patrocinadores reales. Cuando tenía diecinueve años, su temperamento lo arrastró a un duelo en el que perdió parte de la nariz; teniendo que llevar toda su vida un tapanarices de metal.

Después de seguir más estudios en Leipzig, Rostock y Augsburgo, Tycho volvió a la propiedad familiar donde su tío le dio permiso para construir un observatorio. En 1572 observó una nueva estrella en la constelación de Casiopea. Fue la primera «nova», o estrella nueva, jamás registrada en Europa, y que después sería conocida como «la estrella de Tycho». Ésta brilló refulgente durante un año y medio antes de apagarse. Por un tiempo, hasta eclipsó al planeta Venus.

Tycho anunció su descubrimiento en un libro titulado *La nueva estrella*, y en él presentó pruebas de que estaba mucho más lejos que la Luna, algo que se encontraba en contra de la creencia convencional acerca de la distancia a la que se encontraban las estrellas. Su propia suposición era que se hallaba a 5.000 millones de kilómetros/3.000 millones de millas de la Tierra, lo cual resultó ser una cifra enormemente subestimada. Pero, para los estándares de la época, era asombrosamente atrevida.

El descubrimiento de la nueva estrella cayó sobre el mundo científico como una bomba. En el siglo XVI, la ciencia todavía seguía los pasos de Aristóteles, asegurando que los cielos eran perfectos e inmutables. La prueba de que no era así, planteó la pregunta de qué otras cosas podían estar equivocadas. Ninguna pregunta científica podía contestarse de nuevo con las palabras confiadas de: «Aristóteles decía que...».

La estrella de Tycho lo hizo famoso. En 1576, el rey danés Federico XI le concedió la isla de Hven, cerca de Copenhague. Allí, Tycho construyó el observatorio mejor equipado de toda Europa. Durante los siguientes veinte años creó un catálogo en el que reunió las posiciones exactas de 777 estrellas, y que además contenía una serie inaudita de observaciones precisas sobre los movimientos planetarios. Sus argumentos sobre las estrellas más luminosas y las posiciones de los planetas eran correctos con una aproximación de un minuto de arco, un 1/30 de la amplitud de la Luna llena.

En 1588, a Federico le sucedió Christian IV, que fue menos tolerante con la conducta de Tycho. En 1597 recuperó su isla y anuló la pensión de Tycho, pero dos años más tarde Tycho encontró un nuevo mecenas en el emperador Rodolfo II, que le donó un castillo en las afueras de Praga. Trasladó la mayor parte de su equipo desde Hven a Praga, pero sólo vivió dos años más, y sus días de observación se habían acabado.

Aparte de su catálogo estelar, Tycho realizó muchas contribuciones a la astronomía. Fue el primer astrónomo que corrigió sus observaciones para tener en cuenta la refracción atmosférica; y su medición de la longitud del año fue exacta al segundo.

Kepler y sus leyes

Poco después de que Tycho se trasladara a Praga, en 1599, tuvo la suerte de conocer a un matemático alemán de veintinueve años llamado Johann Kepler. Tycho reconoció su talento y lo tomó como ayudante. Kepler encontró a Tycho tan exasperante como todos los demás y amenazó con abandonarlo muchas veces, pero, antes de que pudiera cumplir su amenaza, Tycho murió y Kepler fue nombrado astrónomo imperial en su lugar.

Además de buen matemático Kepler era profundamente religioso, y estaba convencido de que tenía que haber un principio subyacente que gobernase los movimientos celestiales. Inspirado por esa creencia, se puso a trabajar tratando de encontrar un sistema de ecuaciones que encajara con los movimientos de los planetas, tal como fueron revelados por las observaciones de Tycho.

Los astrónomos anteriores habían asumido que las órbitas de los planetas debían de ser circulares, y los primeros esfuerzos de Kepler se basaron en esa suposición. Pero llegó un momento en que, desesperado al no conseguir que encajaran las órbitas circulares, probó otras figuras geométricas y descubrió que las posiciones de los planetas y de sus lunas podían explicarse si sus órbitas fueran elípticas. Esto le permitió formular su primera ley:

1. Los planetas viajan en órbitas elípticas con el Sol como centro.

Nuevos estudios mostraron que los planetas se movían más deprisa en los momentos en que sus órbitas los acercaban al Sol, y que esta variación de velocidad estaba regida por una relación matemática a la que dio forma en una segunda ley:

2. El vector del radio de un planeta (una línea trazada desde el planeta hasta el Sol) traza áreas iguales en periodos de tiempo iguales.

El siguiente intento de Kepler consistió en establecer una relación entre la distancia de un planeta al Sol y el tiempo que tarda en completar su órbita, y descubrió que esta relación también podía describirse con una fórmula simple, que se convirtió en su tercera ley:

3. El cuadrado del periodo orbital de un planeta es proporcional al cubo de su distancia media al Sol.

Con esta tercera ley, Kepler puso un arma poderosa en manos de los astrónomos. Ya que la distancia de la Tierra al Sol y su periodo orbital eran conocidos con exactitud, uno sólo tenía que observar la duración del periodo orbital de un

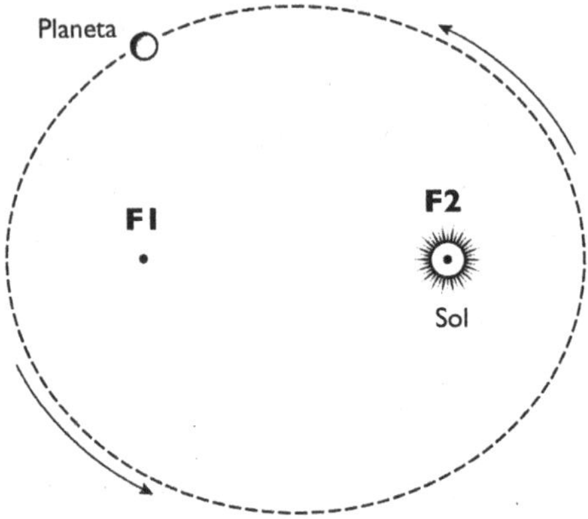

Figura 6. La primera ley de Kepler. Las órbitas de los planetas son elípticas, con el Sol como uno de los focos.

planeta para calcular la distancia precisa de ese planeta al Sol. La búsqueda de Kepler de unos principios subyacentes en los movimientos de los planetas consumió veinte años de su vida. El resultado fue un triunfo y cambió completamente la astronomía. Copérnico había diseñado una revolución y destronado a la Tierra como centro del universo. Pero hasta Copérnico había sido esclavo de la idea del círculo como el único camino concebible que podía seguir un cuerpo celeste y, en su universo, los planetas y las estrellas seguían pegados a una serie de esferas celestiales. Kepler barrió con todo eso. Sus planetas eran cuerpos que se movían libremente, siguiendo un curso a través del espacio, sin esferas de cristal que los separaran de las estrellas más lejanas. Y esos cursos eran elipses, cuyas formas venían determinadas por simples relaciones matemáticas.

Por muy inteligente, por muy atrevido especulador matemático que se creyera, una respuesta quedaba fuera de su alcance. Mientras estudiaba las distintas velocidades de los planetas en sus órbitas y la estricta relación entre la duración de esas órbitas y su distancia al Sol, se convenció de que la clave de ese movimiento era alguna especie de poder que emanaba del Sol, pero fue incapaz de averiguar cuál era ese poder y qué tenía que ver con las leyes que había descubierto. Se necesitaría un matemático todavía mejor, Isaac Newton, que nació doce años después de la muerte de Kepler, para terminar la tarea que este último empezara de forma tan brillante.

La circulación de la sangre

William Harvey nació en Folkestone, Kent, en 1578, y era el hijo mayor de un rico comerciante. Asistió a la Universidad de Cambridge, y desde allí fue a la de Padua, en Italia, donde estudió medicina bajo la dirección del anatomista Hieronymus Fabricius. La escuela médica de Padua era la mejor del mundo en el estudio de la anatomía, y los conocimientos que Harvey adquirió allí formarían los cimientos de sus logros posteriores.

Al volver a Inglaterra, Harvey se instaló como doctor. Tuvo tanto éxito que llegó a ser médico en la corte de Jaime I, y más tarde en la de Carlos I. Gracias a su trabajo, consiguió suficiente tiempo libre como para continuar con sus estudios de anatomía y dirigir un sistemático programa de investigación sobre el funcionamiento del corazón y de la sangre.

Harvey estableció que el corazón era un músculo que bombeaba la sangre mediante contracciones. Habiendo calculado que la cantidad de sangre bombeada por hora era mayor que el peso de todo el cuerpo, concluyó que posiblemente no podía fabricar sangre nueva y destruir la vieja a esa velocidad, así que la sangre que circulaba tenía que ser siempre la misma. Observó las válvulas unidireccionales que existían entre las cámaras superiores e inferiores del corazón, y las válvulas similares en las venas, y dedujo, correctamente, que la sangre de las venas sólo fluía hacia el corazón, pero no salía de él. Ató las arterias y vio que la sangre se amontonaba en el lado más cercano del corazón. Todos sus experimentos reforzaron su creencia de que, más que fluir del corazón a las extremidades y viceversa, la sangre circulaba por todo el cuerpo.

Harvey empezó a disertar sobre sus teorías en 1616, pero no fue hasta 1628, con cincuenta años de edad, cuando publicó (en latín) el libro que lo hizo famoso: *Sobre el movimiento del corazón y de la sangre en los animales*. Hoy día es aceptado como un clásico de la historia de la ciencia, pero cuando se publicó por primera vez no encontró mas que el ridículo. El problema era que, a pesar de los muchos años de laboriosas disecciones, Harvey no podía explicar cómo pasaba la sangre de las arterias a las venas. Sin un microscopio, era incapaz de ver los vasos sanguíneos más finos que nosotros llamamos «capilares».

El filósofo griego Galeno había especulado con que las arterias y las venas fueran sistemas estancos y que cada uno transportaba fluidos diferentes, y esta creencia se aceptó durante mil cuatrocientos años. Harvey lo puso en duda, sugiriendo que la sangre de las arterias fluía hasta las venas a través de vasos tan finos que eran prácticamente invisibles, pero sólo era una suposición y sus contemporáneos necesitaban pruebas concluyentes para rechazar las enseñanzas del gran Galeno. Éstos desdeñaron las nuevas ideas, y la reputación científica de Harvey y su práctica médica sufrieron como resultado de ello.

Con el paso de los años, la opinión cambió a su favor. Recuperó su reputación y vivió para ver cómo sus ideas lograban una aceptación general. Pero no fue hasta 1661, cuatro años después de su muerte, cuando el fisiólogo italiano Marcello Malpighi, de la Universidad de Bolonia, descubrió los capilares en los pulmones de una rana al mirar por un microscopio, y demostró que Harvey había tenido razón desde el principio.

A veces se dice que los verdaderos descubridores de la circulación de la sangre fueron un grupo de insignes anatomistas que precedieron a Harvey en Padua, o el médico árabe

Ibn al-Nafic al Quarashi en el siglo XIII o, incluso, los estudiosos chinos que escribieron sobre el tema cientos de años antes de que naciera Harvey. No se discute que la antigua ciencia china, a través de los escritores árabes, inspiró a los anatomistas del Renacimiento italiano y que éstos, a su vez, inspiraron las investigaciones de Harvey. Pero las teorías chinas eran un batiburrillo de válidas percepciones fisiológicas e ideas de misteriosas «esencias». Y aunque fueron sus predecesores italianos los que descubrieron las válvulas en las venas y el «circuito menor» de la sangre entre el corazón y los pulmones, fue Harvey el que explicó la función unidireccional de las válvulas y el importante «circuito mayor» que va del corazón hasta la vuelta al mismo. Harvey se merece las alabanzas que los historiadores ingleses de la ciencia han vertido sobre él aunque, al honrarlo, debamos recordar lo mucho que le debe a una gran universidad italiana y a la educación que allí recibió.

El corazón y su función

Aunque Harvey estableció el *hecho* de la circulación de la sangre, no descubrió su *función*. Pasarían treinta años antes de que otro médico inglés, Richard Lower, demostrara que la oscura sangre venosa se convierte en roja sangre arterial al contacto con el aire. Y sería un siglo más tarde cuando el químico francés Lavoisier identificara el elemento vital —el oxígeno— que es la clave del papel de la sangre en el metabolismo del cuerpo.

El corazón es el músculo más grande del cuerpo... y necesita serlo. Su trabajo y su vitalidad son fenomenales. Es la bomba más eficaz jamás creada. Cada minuto de cada día, a lo largo de toda una vida, dependiendo de lo que el cuerpo le pide, bombea y procesa entre 4 y 24 litros/8,5 y 51 pintas de sangre. No sólo hace circular esa enorme cantidad de sangre, sino que la recarga con el oxígeno esencial que necesitan todos los órganos del cuerpo para funcionar, el cerebro incluido. Y lo hace con sólo 5 litros/10,5 pintas aproximadamente de sangre en total.

La Royal Society

El periodo de historia inglesa situado entre los años 1660 y 1700 produjo uno de los mayores florecimientos jamás vistos en descubrimientos científicos, y parte del crédito pertenece a un hombre que ni siquiera era científico.

En 1660 fue creada la República Puritana, después de que la guerra civil inglesa acabara con la restauración de la monarquía bajo el reinado de Carlos II. Este Carlos era hijo de Carlos I, el rey que la República había decapitado. Se había pasado los quince años anteriores desterrado y estaba dispuesto a que no se repitiera la experiencia. Su principal preocupación, por consiguiente, fue evitar una amarga confrontación entre las distintas facciones religiosas en las que se habían visto envueltos sus antepasados. La necesidad política y su propio temperamento acomodaticio se combinaron para crear una atmósfera de tolerancia y libertad de pensamiento en la que florecieron las investigaciones científicas. En 1662 disfrutó del placer de dar su nombre a los estatutos que fundaron la Royal Society de Londres, que durante el siguiente medio siglo se convertiría en un manantial de descubrimientos científicos.

La Royal Society de Carlos II no fue la primera institución de su especie. Florencia tuvo su Accademia del Cimento (la Academia Experimental), a su vez sucesora de la Lyncean Society de la época de Galileo, que cerraría años después dejando a Italia sin nada comparable. La Académie des Sciencies de París había sido fundada cinco años antes, pero era una institución pública fundada por el estado. La Royal Society era distinta, se trataba de un club de caballeros no de una creación gubernamental. Tuvo sus orígenes en un grupo informal de hombres científicamente dispuestos (no, ninguna mujer... ¡Dios nos libre!), que habían estado reuniéndose y manteniendo correspondencia con científicos de todo el mundo desde 1645. A pesar de su fundación real, no se trataba de una institución pública y no disfrutaba de ninguna subvención gubernamental. Esto la convirtió en un vehículo perfecto para lo que, un siglo más tarde, se llamaría trabajo en equipo. En los cincuenta años que siguieron a su constitución, sus miembros no sólo forman un listado de todas las luminarias científicas de la nación —Newton, Hooke, Halley, Wren y el resto—, sino de muchos de los científicos más originales de toda Europa: hombres del calibre de Leeuwenhoek y Huygens, informaban de sus reflexiones mediante una correspondencia regular. En un foro y una atmósfera semejantes, no sorprende que la ciencia adquiriese un nuevo impulso.

El concepto newtoniano de la gravedad

En 1665 un brote de plaga aterrorizó a la ciudad de Londres, impulsando a todos aquellos que podían permitirse la huida a buscar refugio en el campo, y muchas instituciones públicas de Londres cerraron mientras duró la epidemia. Una de ellas fue la Universidad de Cambridge; y así fue como un estudiante de veintidós años llamado Isaac Newton se encontró de vuelta en la granja de su madre, en el condado de Lincolnshire. Newton se había matriculado en Cambridge un año después de que Carlos II asumiera el trono. Se graduó sin distinciones especiales, pero era un matemático extraordinario; y la actividad que emprendió en los siguientes dieciocho meses, en la tranquilidad de su hogar natal, formó la base del que puede considerarse como el mayor trabajo individual de toda la historia de la ciencia.

Como otros genios científicos —Darwin y Einstein entre ellos—, Newton no dio ninguna muestra de brillantez intelectual durante su juventud. Pero un tío carnal, que asistió al Trinity College de Cambridge, convenció a su madre de que el muchacho podía beneficiarse de una buena educación. Así consiguió una plaza para Newton en el Trinity, como alumno que pagaba su manutención trabajando como sirviente de otros estudiantes con mayores posibilidades económicas.

Aunque no se distinguió especialmente en los exámenes, Newton ya había hecho algún trabajo original en matemáticas. En los meses que siguieron a su vuelta a casa, desarrolló lo que conocemos como teorema binario e hizo considerables progresos en la invención de los cálculos diferencial e integral. Al mismo tiempo investigaba la óptica *(véase la página 87)*. Como si esto no bastara para mantener ocupada su mente, trabajó simultáneamente en la mecánica celeste, el estudio de los movimientos de los cuerpos celestes.

Newton se encaminó hacia una de las objeciones habituales de la gente que rechazaba la idea de una Tierra rotatoria: si la Tierra girase sobre sí misma, ¿por qué la fuerza centrífuga no lanza los objetos al espacio? La respuesta de Newton fue que, como demostraba el comportamiento de los objetos al caer, existía una fuerza todavía más fuerte que los atraía hacia la Tierra. Observando la caída de un péndulo largo, pudo calcular la aceleración descendente hacia la superficie de la Tierra. Cuando calculó el valor de la fuerza centrífuga que opera en la superficie de la Tierra, vio que sólo era 1/300 de esa aceleración descendente.

A continuación consideró el problema de la Luna y por qué ésta no salía despedida en dirección al espacio, y dedujo que debía de existir una fuerza de atracción similar que afectaba lo bastante a la Luna como para mantenerla en su órbita. Cuando redujo esa fuerza de atracción a la equivalente según la distancia lunar con una regla cuadrada inversa, descubrió que encajaba «bastante bien» (según sus propias palabras) con su cálculo de la fuerza centrífuga generada por el movimiento de la Luna alrededor de la Tierra. En otras palabras, que la atracción de la Tierra bastaba para equilibrar la tendencia de la Luna a salir disparada hacia el espacio. Newton dijo que había elaborado su teoría reflexionando tras ver cómo caía una manzana en el huerto de su madre. No tenemos pruebas de que esto fuera verdad, y bien puede ser que recurriera a esa simple anécdota. Peor todavía —dada su incapacidad patológica para conceder algún mérito de sus descubrimientos a otros científicos—, bien pudo ser una táctica para callarlos. Pero es una buena anécdota, así que podemos concederle el beneficio de la duda.

Cualquiera que fuera su origen, la inspiración fue notable. Lo que Newton hizo fue descubrir un principio capaz de unir en una sola ley la conducta de objetos terrestres como las manzanas y objetos celestes como la Luna. Para conseguirlo tuvo que rechazar algunas de las ideas de Aristóteles: que la Tierra y los cielos eran dominios separados gobernados por reglas diferentes. También tuvo que emplear un concepto que parecía más mágico que científico, el concepto de *una fuerza que actuaba a distancia,* de una fuerza invisible capaz de mantener a la Luna en órbita alrededor de la Tierra y, por deducción, a un planeta distante en órbita alrededor del Sol. Ahora, acostumbrados como estamos a la idea de una fuerza gravitatoria que impregna todo el espacio, nos es difícil apreciar lo revolucionario de tal idea.

Pero Newton hizo mucho más que pensar en la *idea* de una fuerza de atracción gravitatoria que actúa a distancias inmensas: demostró matemáticamente la existencia de dicha fuerza. Y dio forma a sus profundas conclusiones con argumentos tan sencillos que cualquier persona educada podía entenderlos. El poeta Alexander Pope resumió los logros de Newton en un poema que, aunque familiar, es difícil de mejorar por lo que se refiere a la descripción del impacto que las leyes de Newton tuvieron en sus contemporáneos:

Nature and nature's laws lay hid in night.
*God said «let Newton be», and all was light.**

* La naturaleza y sus leyes yacían escondidas en la oscuridad. / Dijo Dios: «¡Que Newton sea!», y todo se iluminó. *(N. del T.)*

La gravitación universal

La teoría de Newton se construyó sobre los cimientos erigidos por los científicos que lo precedieron, en particular Kepler y Galileo. Kepler estableció la naturaleza de las órbitas de los planetas en torno al Sol y la fórmula matemática que las describía, y Galileo descubrió las matemáticas de los cuerpos en caída. El logro de Newton respecto a la gravedad fue doble. Descubrió el principio subyacente bajo las leyes de Kepler y la mecánica de Galileo, y proporcionó una prueba matemática de que las leyes de Kepler no eran casos especiales que sólo podían aplicarse a un grupo concreto de planetas, sino la consecuencia inevitable de una fuerza que operaba en todo el universo.

Su ley de la gravitación universal puede ser plasmada en una afirmación simple:

> La atracción gravitatoria entre dos cuerpos es:
> a) directamente proporcional al producto de sus masas,
> b) inversamente proporcional al cuadrado de la distancia que los separa.

Este corto enunciado nos ha proporcionado una comprensión incomparable de los procesos naturales. Nos ha permitido explicar las mareas, pesar las estrellas y caminar por la Luna.

Los *Principia* de Newton

Newton estableció las bases de su teoría gravitacional cuando tenía veinticinco años, pero tardaría veinte más en publicar el libro que lo daría a conocer al mundo. Volvió a Cambridge en 1667 y dos años después fue nombrado profesor de matemáticas. El puesto tenía muy poco que ver con la enseñanza; lo cual fue toda una suerte, ya que era un conferenciante muy poco inspirado. La teoría de Newton puede resumirse en las

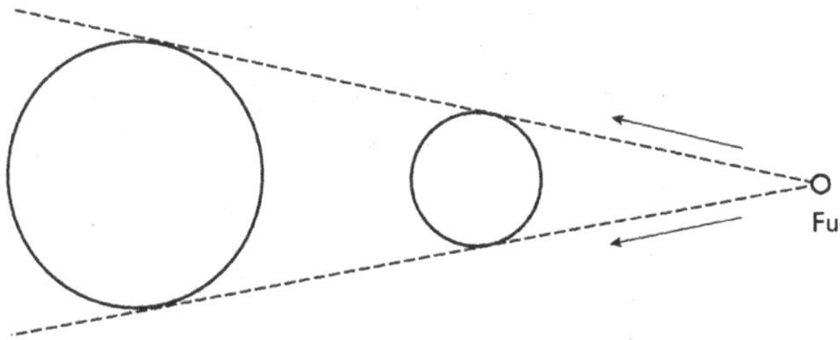

Figura 7. La Ley del cuadrado inverso de Newton. La fuerza gravitatoria ejercida por cualquier cuerpo se difunde, como la luz, así que, al doble de distancia su área se multiplica por cuatro y su fuerza se reduce a un cuarto de lo que era en la distancia más corta.

24 palabras citadas anteriormente, pero sus detalles, y el libro en que la expuso, convenció a todo el mundo, excepto a un puñado de los mejores intelectos de su tiempo. Un lector supuestamente aristocrático ofreció un premio de 500 libras (unas 72.000 euros en dinero de hoy día) a cualquiera que pudiera explicarla.

El motivo de que Newton mantuviera su trabajo oculto durante casi veinte años no está claro. Es cierto que nunca estuvo muy interesado en comunicar los resultados de sus investigaciones al mundo, él mismo confesó que investigaba para su propia satisfacción y no para alcanzar la fama, pero se alegró de ser elegido miembro de la Royal Society en 1672 y no perdió tiempo en comunicar a sus socios algunos de sus descubrimientos en el campo de la óptica.

Tenía otros intereses que atraían su atención, incluida la alquimia y algunas extrañas investigaciones sobre el significado oculto de ciertos pasajes bíblicos. Pero cuesta creer que, de haber estado seguro de la solidez de su teoría gravitatoria durante esos años, se hubiera mostrado reticente a disfrutar de la gloria de ser su descubridor. Aunque fue un gran hombre, hasta su mejor amigo —en caso de haber tenido alguno— hubiera dudado en llamarlo una buena persona. Tenía una vena antipática, vindicativa, y un carácter que no toleraba menos que tener la verdad indiscutible. Parece que parte de su hermetismo es atribuible a la inseguridad generada por una discrepancia entre sus cálculos y las fuerzas reales observadas.

Cualesquiera que fueran sus razones, fue la presión de otros miembros de la Royal Society la que le hizo retomar el tema hasta que incluyó un tratamiento completo de su teoría gravitacional en el libro *Principios matemáticos de la filosofía natural*, publicado en 1687. Como era normal en aquellos días, estaba escrito en latín y todavía hoy día se conoce como «los *Principia* de Newton». Se tardarían otros cinco años en adoptar la palabra inglesa «gravedad» para describir su misteriosa fuerza universal. Y no fue hasta 1729, cuarenta y dos años después de su publicación y dos años después de la muerte de Newton, que el libro apareció en su propia lengua.

Newton y la gatera

Einstein consideraba a Newton como el científico más grande que jamás hubiera existido, así que será mejor que nos lo creamos. Es reconfortante saber que incluso su colosal intelecto no siempre lo llevó a la solución más fácil. Cierta vez abrió un agujero en la puerta para que su gata pudiera entrar y salir de casa sin perturbar su concentración... y cuando la gata tuvo gatitos, hizo otros agujeros más pequeños para ellos.

Masa y peso

Algo que Newton dejó claro en sus trabajos es la diferencia entre *masa* y *peso*. La masa es la cantidad de materia de un cuerpo, y el peso es la medida del efecto de la gravedad sobre esa materia. Astronautas con una masa de 70 kilos/150 libras tendrán la misma tanto en la superficie de la Tierra como en la de la Luna. Pero mientras que su peso en la Tierra será de 70 kilos/150 libras, su peso en la Luna será de sólo 14 kilos/30 libras. Y mientras estén en órbita, pueden no pesar absolutamente nada. Pero necesitan tener cuidado en cómo se pesan. Si utilizan una báscula de baño no habrá ningún problema, las básculas de baño miden el peso. Pero si cometen el error de pesarse en una balanza, con ellos en un platillo y 70 kilos/150 libras de peso en el otro, el resultado será el mismo en la Luna que en su casa. Las básculas miden la masa.

El cometa de Edmund Halley

Dado el limitado interés de Newton por comunicar sus descubrimientos a sus compañeros científicos, es seguro decir que, de haber sido por él, los *Principia* no se hubieran escrito. Que *sí* se escribieran y se publicaran, se debe a uno de los pocos hombres que consiguieron ser amigos de ese genio quisquilloso y paranoico.

Edmund Halley era un joven que asistía a la Universidad de Oxford: llegó con un telescopio de 7 metros/24 pies de largo, pero se marchó sin un título. A pesar de eso mantuvo correspondencia con John Flamsteed, astrónomo real, sobre algunos errores en las tablas astronómicas publicadas hasta la fecha. Flamsteed se había comprometido a crear un catálogo mejorado de las estrellas que pueden verse sobre el hemisferio norte, y Halley concibió la idea de producir un catálogo similar del hemisferio sur. Por consiguiente, abandonó sus estudios y navegó hasta Santa Elena, gracias al dinero de su padre, como encargado de un estudio astronómico. A su vuelta a Londres, con sólo veintiún años, fue elegido miembro de la Royal Society.

Halley fue un científico de primera línea, con muchos logros en su haber. Compiló el primer mapamundi marino para demostrar la variación magnética. Fue la primera persona en establecer que algunas estrellas tenían *movimiento propio*. Lo consiguió comparando la posición de tres estrellas el mismo día —Sirio, Proción y Arturo—, con las posiciones anotadas en el pasado por Tolomeo y Tycho Brahe. Concluyó que las diferencias descubiertas por él eran resultado del movimiento de las estrellas en cuestión... una suposición que no se vería refrendada por pruebas experimentales hasta casi dos siglos después.

El gran servicio de Halley a la ciencia fue persuadir a Newton para que escribiera sus *Principios*, pero su inmortalidad la aseguró algo que sucedió después de su muerte. En 1682, cuando tenía veinticinco años, presenció el paso de un gran cometa. Esto lo impulsó a estudiar otros cometas notables del pasado, y se sorprendió de las similitudes del cometa de 1682 con otros registros de 1456, 1531 y 1607. En 1705 publicó un escrito sugiriendo que éstas eran visitas anteriores de un mismo cometa, que orbitaba en torno al Sol en periodos de aproximadamente setenta y cinco años. Ahora esto puede parecer obvio, pero en 1705, sólo ocho años después de la publicación de los *Principia*, a muchos les pareció bastante improbable. Halley predijo que el cometa volvería en 1758.

Vivió ochenta y cinco años, pero no bastó para probar su hipótesis. En 1758, dieciséis años después de su muerte, llegó su cometa. Fue un acontecimiento sensacional: la primera demostración del poder de predicción de las leyes newtonianas y la mayoría de edad de la ciencia de la mecánica celeste.

El cometa de Halley, como se conoce hoy día, nunca ha fallado a la cita. Su última aparición fue en 1986, y los astrónomos confían en que su próxima visita será en 2061. No resultará muy impresionante porque el cometa no pasará especialmente cerca de la Tierra, pero su paso en 2137 promete ser un espectáculo brillante.

Actualmente, el cometa se encuentra a mitad de camino de su viaje al exterior del sistema. En 2003, cuando se encontraba aproximadamente a 4.000 millones de kilómetros/2.500 millones de millas, fue captado por el Very Large Telescope (el VLT) de Paranal, Chile. Con su núcleo de 10 kilómetros/6 millas, y un albedo (la luz que refleja del Sol) de sólo un 4%, era mil millones de veces menos luminoso que la estrella menos luminosa que pueda verse a simple vista. Tal es la potencia de los telescopios modernos.

Los colores de la luz

Durante los dieciocho meses que pasó en la granja de su madre, Newton dirigió cierto número de investigaciones sobre el comportamiento de la luz. Éstas le llevaron a sospechar que la luz solar estaba compuesta de diferentes tipos de luz. Sabiendo que un prisma de cristal (un pedazo de cristal con sección triangular) era capaz de desviar los rayos de luz, decidió ver si un prisma similar podía provocar la separación de los tipos de luz que estaba buscando. No era la primera persona que investigaba el efecto de un prisma sobre la luz del Sol. Pero otros experimentadores sólo se habían interesado en la desviación y habían concentrado los rayos desviados en una superficie plana cercana al prisma, con lo que sólo habían observado una pequeña mancha de luz blanca. Newton tuvo la inspiración de enfocar la luz filtrada por *su* prisma en una pared situada a 7 metros/22 pies de distancia, y fue recompensado con una banda de luz que mostraba todos los colores del arco iris.

Newton comprendió que eso no demostraba que los colores estuvieran contenidos en la luz antes de que ésta entrara en el prisma, ya que podían haberse creado dentro del propio prisma. Por consiguiente, colocó una lente en el sendero de la luz que emergía del prisma para enfocar el rayo en un único punto. Cuando lo hizo, descubrió que los colores se habían vuelto a integrar en una luz blanca. De ahí sacó tres conclusiones:

1. Que la luz solar era una mezcla de luces de siete colores diferentes.
2. Que el índice de refracción —el efecto de distorsión— del cristal era mayor para unos colores que para otros.
3. Que el aumento de la refracción era progresivo en el espectro lumínico.

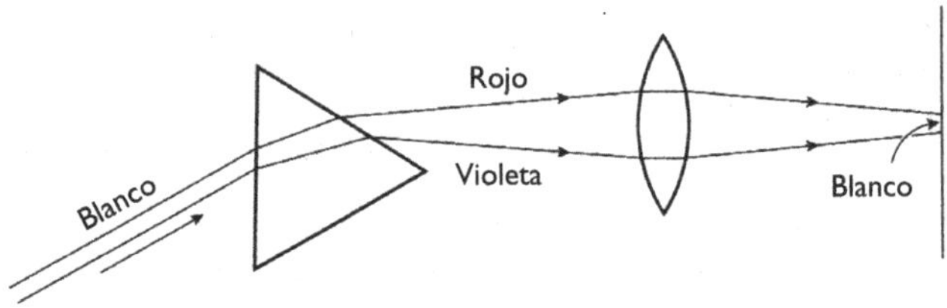

Figura 8. El experimento de Newton con la luz del Sol. Cuando la luz del Sol atraviesa un prisma de cristal, el distinto ángulo de refracción de las varias longitudes de onda lo divide en los colores que la constituyen. Cuando éstos son vueltos a enfocar gracias a una lente, se restituye la luz blanca original.

Newton no fue la primera persona en observar que un objeto de cristal puede dispersar la luz blanca en un abanico de colores; éste era un fenómeno familiar casi desde la invención del cristal. Pero los observadores anteriores habían asumido que la luz se transformaba al pasar a través del cristal; el logro de Newton fue demostrar que los colores eran inherentes a la propia luz. Fue un descubrimiento que en su tiempo no tuvo ninguna aplicación práctica, pero proporcionó la base para una técnica científica —la espectroscopia— que más tarde revolucionaría la práctica de la astronomía.

El arco iris

Lo significativo del experimento de Newton con su prisma fue que demostró por primera vez que los colores del arco iris estaban contenidos en la luz solar, no que ésta se transformara. El arco iris en sí mismo ya había sido explicado antes de que Newton naciera.

El arco iris es causado por la refracción de luz del Sol al atravesar las gotas de agua, bien sea cuando llueve o cuando caen por una catarata. Cada gotita de agua actúa como un prisma. La luz solar provinente de la espalda del espectador se refleja en la pared más lejana de la gota y emerge como una banda de colores que se separan al pasar a través de las paredes de la gota. Los colores individuales que forman el arco iris provienen de gotas cuyas distintas posiciones en el cielo causan que muestren una parte diferente del espectro a los ojos del espectador. El arco es parte de un círculo de luz refractada, con un centro directamente opuesto a la posición del Sol en el cielo. La parte del círculo visible depende de lo bajo que se encuentre el Sol y de lo alto que se halle el observador. A veces puede verse un segundo arco iris con los colores invertidos. Este segundo arco iris es causado por la luz que choca contra otras gotas en un ángulo más agudo y que toma una dirección diferente en su interior.

El espectro electromagnético

Ahora sabemos que el espectro de Newton sólo es una parte —la parte visible— de un espectro mucho más amplio de radiación electromagnética, la mayoría de la cual es invisible al ojo humano:

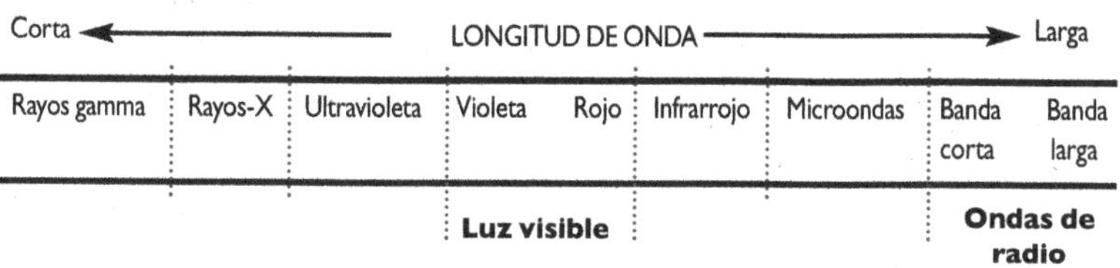

Figura 9. El espectro de la radiación electromagnética.

Cómo vemos los colores

Los colores forman parte de nuestra experiencia cotidiana —al menos para aquellos que no somos ciegos a ellos—, así que es difícil de creer que sólo existan dentro de nuestras cabezas. Cuando hablamos de que algo es azul, verde o amarillo, no estamos describiendo un hecho de la naturaleza, sólo estamos dando nombre a una sensación que experimentamos, como lo hacemos cuando describimos algo como «más bien caliente» o «muy frío». El espectro de luz visible es parte de una escala continua de radiación electromagnética de longitudes de onda variables. La retina del ojo humano contiene aproximadamente unos seis millones de células sensibles a la luz llamadas «conos», que responden a unas longitudes de onda de la luz muy específicas. Unos dos tercios son «conos rojos», que registran la luz de una estrecha banda que llamamos zona roja del espectro; sólo un tercio son «conos verdes», y el resto —un simple 2%— son «conos azules». El cerebro define el color de cualquier objeto comparando la intensidad de los mensajes recibidos por los tres tipos de células. Por esa razón percibimos esos tres colores como «colores primarios», y otras sensaciones, que mezclan un tanto por ciento de estos, son llamadas «colores secundarios».

Como el color es una sensación mental, no un hecho físico, el ojo puede ser engañado para «ver» lo que uno se siente tentado en llamar colores naturales, y que en realidad están creados por longitudes de onda completamente diferentes. El ejemplo más llamativo de este tipo de engaño es el color de la televisión. Un imagen televisiva está compuesta por los colores magenta, amarillo y cian. Las longitudes de onda de estos colores son bastante diferentes de las de los colores primarios —rojo, verde y azul—, pero el mecanismo cerebral que tiende a «promediar» esas distintas longitudes registra una imagen del color más aproximado al que registraría el ojo si se encontrase en la posición de la lente de la cámara.

Los distintos tipos de luz

Si sales a la calle en un día soleado, no tienes ninguna duda de que la luz del Sol llega de un lugar caliente. La fuente de la luz solar, y la de la mayoría de la luz en todo el universo, es *incandescente,* una luz que emiten las sustancias calientes.

Newton lo tenía claro, como también lo había tenido claro Aristóteles. Cuando los contemporáneos de Newton, sentados bajo el sol del mediodía, reflexionaban sobre la importancia de su regla del cuadrado inversamente proporcional y sobre la enorme distancia que separaba la Tierra del Sol, comprendieron que el Sol debía ser muy, muy caliente. Pero, por lo que respecta a qué sustancia puede ser tan caliente y durante un periodo de tiempo tan largo, no sabían más que los antiguos egipcios. Tendrían que pasar dos siglos antes de que se descubriera que el fuego del Sol estaba alimentado por un proceso desconocido en la Tierra.

La incandescencia es la fuente de luz más importante en la Tierra, pero no es la única. También existe la luz emitida por las sustancias frías, y se llama luminiscencia. La tenemos de cuatro tipos:

1. *Bioluminiscencia:* Es la luz que emiten criaturas como las luciérnagas. La fuente es una reacción química que se produce en el interior del cuerpo de estos animales.
2. *Fosforescencia:* Una descarga gradual de energía previamente almacenada por sustancias como las pinturas fosforescentes. La energía de la luz del Sol es absorbida, y después liberada gradualmente. Dicha liberación es un proceso continuo, pero en la oscuridad se vuelve visible.
3. *Fluorescencia:* Es la descarga rápida, en forma de luz visible, de la energía absorbida de la luz ultravioleta. Como los materiales fluorescentes obtienen su energía de la luz ultravioleta, pueden brillar en la oscuridad.
4. *Triboluminiscencia:* Una forma de luz que se libera brevemente cuando se aplastan algunos tipos de cristales.

La velocidad de la luz

Una pregunta que se hizo Galileo, pero que no pudo contestar era: «¿Tiene la luz una velocidad finita?». Aristóteles había dicho que no, y si lo había dicho Aristóteles, eso bastaba para la mayor parte de los astrónomos del siglo XVII. Para intentar averiguar si Aristóteles tenía razón, Galileo experimentó con unas señales luminosas situadas en dos colinas. Él se situó en una de las colinas y en la otra colocó a un ayudante, con instrucciones de devolver una señal que le hiciera el propio Galileo. La idea era que el retraso en repetir su propia señal le indicaría el tiempo empleado por la luz en viajar una distancia doble. La idea era ingeniosa, pero el retraso era tan ínfimo que podía ser fácilmente atribuido a una reacción tardía por parte de Galileo o de su ayudante. En 1672, un astrónomo danés llamado Ole (Olaus) Roemer, equipado únicamente con un telescopio, logró el éxito allí donde Galileo fallara.

Roemer era hijo de un armador y nació en Aarhus, la segunda ciudad de Dinamarca, en 1644. Estudió astronomía en Copenhague, y en 1671, cuando tenía veintisiete años, fue invitado a trabajar en París como ayudante del astrónomo francés Jean Picard. Se quedó en la capital francesa hasta 1681, momento en que volvió a su Dinamarca natal como astrónomo real.

Picard, que era profesor de astronomía en el Collège francés, haría la primera medición precisa de la circunferencia de la Tierra usando el mismo método de Eratóstenes, pero basándose en la inclinación de una estrella no en la del Sol. El uso de una estrella, que para nosotros es un simple puntito de luz, a diferencia del Sol, permitió una mayor exactitud. Y fue la medición de Picard la que, a su vez, permitió a Newton confirmar la validez de los cálculos subyacentes a su teoría de la gravitación universal.

Picard había supervisado la reunión —que llevó a cabo materialmente otro de sus ayudantes, el italiano Giovanni Cassini— de una serie de observaciones sobre los movimientos de los satélites de Júpiter. Esto hizo teóricamente posible prever con exactitud cuándo un satélite sería eclipsado al pasar por detrás de un planeta. Roemer notó una pauta en estas observaciones. Cuando la Tierra y Júpiter se encontraban al mismo lado del Sol —es decir, cuando más cerca estaban— los eclipses tendían a anticiparse a los cálculos, pero cuando la Tierra y Júpiter se encontraban en lados opuestos del Sol, los eclipses siempre se retrasaban.

En un momento de inspiración, Roemer supuso que las diferencias eran debidas al tiempo que tardaba la luz en viajar a través del espacio y llegar hasta nosotros. Cuando la Tierra y Júpiter están al mismo lado del Sol, sólo los separan 650 millones de kilómetros/400 millones de millas; cuando se encuentran en lados opuestos del Sol, los separan casi 950 millones de kilómetros/600 millones de millas. Roemer concluyó que la diferencia temporal entre las observaciones prematuras y las tardías era el tiempo que tardaba la luz del Sol que reflejaba la superficie de los satélites jupiterinos en recorrer esos 300 millones de kilómetros/200 millones de millas. Aplicando este razonamiento, calculó que la velocidad de la luz era de 220.000 kilómetros/140.000 millas por segundo. Anunció su resultado en 1676, durante una reunión de la Academia de Ciencias de París. Aunque no causó un gran impacto en sus contemporáneos, algunos eminentes hombres de ciencia —incluidos Picard, Huygens y Newton— se sintieron inclinados a apoyar sus cálculos. Mediciones más recientes han establecido que la velocidad correcta es de 300.000 kilómetros/186.300 millas por segundo, convirtiendo la estimación de Roemer en un 25% por debajo de la velocidad real. Esto no pone en cuestión su lógica o su aritmética, ya que sus cálculos se basaban en las estimaciones contemporáneas del tamaño de la órbita de la Tierra. Si hubiera podido manejar el tamaño real, sus cálculos hubieran dado la respuesta correcta.

Cualquiera que sienta la tentación de pensar que la tecnología siempre es la ciencia aplicada y nunca al revés, debería considerar que esta prueba de la naturaleza finita de la velocidad de la luz —un descubrimiento vital en el progreso de la física y de la cosmología en el siglo XX— no habría sido posible sin la invención del telescopio.

Retroceder en el tiempo

La demostración de que la velocidad de la luz es finita enfrentó a la humanidad con un hecho nuevo: que cuando miramos al espacio, estamos retrocediendo en el tiempo. Cuando miramos la Luna, estamos viéndola tal como era hace un segundo y medio. Cuando miramos el Sol, lo vemos tal como era hace ocho minutos. Cuando miramos la estrella más cercana, la vemos tal como era hace cuatro años. Cuando miramos la gran nebulosa de Andrómeda —la galaxia más cercana a la nuestra— estamos viéndola tal como era hace dos millones de años. Y cuando miramos la galaxia visible más lejana, estamos viéndola tal como fue cuando el universo era joven, hace apenas diez mil millones de años.

Velocidad de escape

Cuando la tripulación del *Apolo 11* aterrizó en la Luna, en 1969, una de las primeras cosas que hizo fue desplegar la bandera de las barras y las estrellas. No hubiera estado mal que lo último que hicieran fuera escribir en el polvo lunar las palabras «Isaac Newton estuvo aquí». El viaje por el espacio *es realmente* ciencia aplicada; y su tecnología se basa en dos conceptos centrales de la teoría planetaria de Newton: la velocidad de escape y la inercia.

Si se dispara una flecha hacia el cielo, la altura máxima que ésta alcance depende de la velocidad con la que se proyecta. Desde el momento en que abandona el arco, la gravedad de la Tierra empieza a reducir su velocidad, y deja de ascender cuando el tirón de la gravedad supera su propia velocidad ascendente. Lo mismo le ocurre a una nave espacial, que es como una flecha disparada a las estrellas. Pero, mientras que una flecha siempre termina regresando a la Tierra, una nave espacial tiene otra opción. No porque tenga combustible ilimitado, sino porque es capaz de alcanzar una velocidad que permite que cualquier objeto pueda escapar para siempre de la atracción del planeta desde el que se proyecta. El valor de esta *velocidad de escape* difiere para cada planeta.

La fuerza de gravedad en la superficie de un planeta depende de dos cosas: de la masa del planeta y de la distancia hasta su centro. Según la ley del cuadrado inverso de Newton, a medida que un objeto se aleja de la superficie de un planeta, la atracción gravitatoria es menor. Un objeto situado en la superficie de la Tierra se encuentra a 6.400 kilómetros/4.000 millas del centro de la Tierra. Y a 6.400 kilómetros/4.000 millas sobre el nivel del mar, la fuerza de la gravedad es un 75% menor. (Doblar la distancia del centro de la Tierra reduce la fuerza de la gravedad a sólo un cuarto de la de la superficie). A una altura de 32.000 kilómetros/20.000 millas, es sólo un 1/25 (un 4%) de la del nivel del mar. Como la fuerza de la gravedad disminuye a medida que uno se aleja de la Tierra, se puede calcular una velocidad de lanzamiento que asegure que esa gravedad nunca podrá retener una nave espacial. En la superficie de la Tierra, esta *velocidad de escape* es 11 kilómetros/7 millas por segundo.

El concepto de velocidad de escape suele entenderse muy mal. En la práctica, no es necesario que una nave sea lanzada a esa velocidad. De hecho, como queda claro si nos tomamos un momento para reflexionar, en teoría, una nave espacial sólo necesita recibir un impulso suave y sostenido que le permita ascender despacio hasta poder escapar de la gravedad. El problema es que ese viaje sería muy largo y resultaría muy costoso en combustible, suponiendo que no se quedara sin él. Lo que ocurre en la práctica, es que la nave incrementa gradualmente su aceleración durante cinco minutos aproximadamente hasta que llega, digamos, a una altura de 1.600 kilómetros/1.000 millas. A esa altura, habiendo conseguido una velocidad de escape de 6 kilómetros/4 millas por segundo, entra en una órbita circular desde la cual encarar su planeada trayectoria.

Otro concepto mal comprendido del viaje espacial es la *inercia,* que no es lo mismo que la velocidad. La inercia es la masa multiplicada por la velocidad. Si dos camiones idénticos descienden por una pendiente a 80 kilómetros/50 millas por hora, el camión con más carga tendrá una mayor inercia y necesitará frenar más violentamente para detenerse. Si no frenan, el camión con mayor inercia demostrará la mayor energía contenida en su velocidad por el daño que se hará a sí mismo y a lo que sea con lo que choque, un árbol o un muro. Empleando el mismo razonamiento, para que una nave espacial muy cargada alcance su velocidad de escape necesita más energía que una vacía.

Los primeros ingenieros espaciales pasaron mucho tiempo pensando cómo escapar de un círculo vicioso en el que una mayor aceleración necesitaba más combustible, lo que hacía necesaria una nave más grande y por tanto más pesada, que a su vez necesitaría más energía, que a su vez necesitaría más combustible, y así sucesivamente. Fue este dilema el que dictó un diseño que hiciera posible el desprendimiento sucesivo de grandes secciones del vehículo una vez agotado su combustible.

Las buenas noticias para los proyectistas de la primera misión lunar fueron que la velocidad de escape de la Luna es mucho menor que la de la Tierra. Aunque la superficie de la Luna está mucho más cerca de su centro que la de la Tierra, la masa de la Luna es sólo de 1/80 de la de la Tierra. Como resultado, la fuerza de la gravedad es mucho menor en la Luna. Al igual que los exploradores lunares eran capaces de saltar mucho más alto de lo que podían hacerlo en casa, a pesar de su pesados trajes, su módulo lunar necesitaba una velocidad mucho menor para despegar de la Luna de la que la nave madre necesitó para despegar de la Tierra. Lo contrario es cierto en los planetas mayores. La fuerza de la gravedad en la superficie de Júpiter es 2 1/2 veces mayor que en la Tierra, y la velocidad de escape es de 60 kilómetros/37 millas por segundo.

Despegando de la Luna

Pregunta: Si la velocidad de escape de la Tierra es de 11 kilómetros/7 millas por segundo, la masa de la Luna es 1/80 de la de la Tierra, y el radio de la Luna es 1/4 del de la Tierra, ¿cuál es la velocidad de escape de la Luna?

Respuesta: La masa de la Luna haría que su atracción gravitatoria fuera 1/80 de la de la Tierra. Pero el hecho de que su radio sea 1/4 del de la Tierra haría que la fuerza de la gravedad en su superficie fuera 16 veces mayor que en la de la Tierra. Por consiguiente, la fuerza de la gravedad en la Luna será 1/80 multiplicado por 16, lo cual nos da 1/5 de la de la Tierra. Esto significa que la velocidad de escape de la Luna será de 1/5 de 11 kilómetros/7 millas, es decir 2,4 kilómetros/1,5 millas por segundo.

Calcular órbitas

Una de las primeras lecciones que aprende un cazador es que resulta inútil apuntar con su arma a un ciervo a pleno galope, porque cuando la bala llegue al lugar donde se encontraba el ciervo en el momento de dispararle, éste ya se hallará a varios metros de distancia. Por el mismo motivo, es inútil apuntar una nave espacial directamente a la Luna; cuando llegase allí, la Luna ya no estaría. La ciencia del viaje espacial es, a este respecto, la ciencia de un cazador: tienes que apuntar al lugar donde supones que estará el blanco móvil cuando tu proyectil llegue hasta él.

Pero viajar por el espacio es más difícil que disparar contra un ciervo corriendo desde el porche de tu casa. Y en este caso, resulta que el porche también se mueve. Antes de que comience la cuenta atrás, la nave espacial ya se está moviendo muy deprisa, como todo lo que se encuentra en la superficie de la Tierra, girando a 1.600 kilómetros/1.000 millas por hora. También se mueve a 80.000 kilómetros/50.000 millas

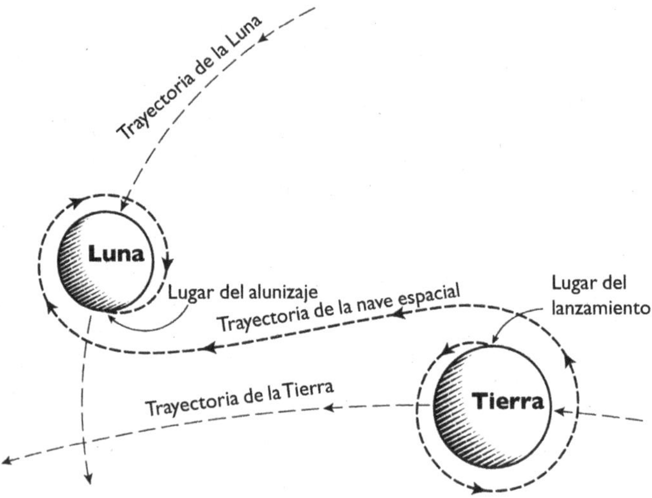

Figura 10. Ilustración simplificada de un viaje a la Luna. El dibujo muestra los principios involucrados en el viaje, no un viaje real.

por hora en la órbita terrestre en torno al Sol. Los astronautas no tienen ningún problema en abordar la nave espacial porque ésta se mueve en la misma dirección y a la misma velocidad que ellos, pero sí es un problema para el que ha programado el vuelo. A diferencia del cazador, no puede apuntar su proyectil directamente al lugar donde espera que se encuentre la Luna en un momento dado, sino que tiene que incorporar el movimiento que la nave comparte con la superficie de la Tierra en una trayectoria de vuelo capaz de lograr una cita en el punto en el que la Luna estará cuando haya realizado esa travesía. La solución a su problema es una espiral exterior que combine el movimiento de la Tierra y el movimiento ascendente de la nave, y que la nave seguirá hasta que caiga en brazos de la gravedad lunar y realice una espiral interior hasta su lugar de alunizaje. Éste es el tipo de cálculo para el que sirve un ordenador.

Tipos de inercia

La inercia de un camión colina abajo es una *inercia lineal*. La inercia de sistemas como la Tierra o la Luna es una *inercia angular*. Todo movimiento sigue una regla llamada la *conservación de la inercia*, que señala que la inercia puede ser transferida, pero no destruida. Si una bola de billar golpea a otra, la inercia total de las dos bolas tras la colisión ha de ser igual a la que tenía la primera bola antes del choque. Es el mismo principio que dicta que la órbita de la Luna debe aumentar mientras que la de la Tierra disminuye para que se conserve la inercia angular del sistema formado por las dos.

Huygens y el reloj de péndulo

Entre la publicación del libro de Copérnico en 1543 y la muerte de Galileo en 1642, la física y la astronomía avanzaron enormemente. Pero, a mitad del siglo XVII, ambas ciencias se vieron enfrentadas a un problema que amenazaba con frenar sus avances. El problema era de medida: la medida del tiempo. Galileo había hecho un trabajo notable usando relojes de agua y el latido de su pulso, pero los relojes de agua no eran precisamente instrumentos de precisión, y el latido del corazón humano era inútil para medir el tiempo transcurrido. Relojes mecánicos de algún tipo ya se utilizaban desde el siglo XIV; pero básicamente medían horas, no minutos... y, por supuesto, tampoco segundos. A menudo eran inexactos, incluso dentro de sus limitadas capacidades, y se desviaban hasta media hora en el transcurso de un solo día. El hombre que encontró la solución al problema y le dio a la ciencia una de sus herramientas más importantes, fue un físico y astrónomo holandés llamado Christiaan Huygens.

Huygens, que era catorce años mayor que Newton, nació en La Haya en 1629. Era el hijo de un oficial del estado mayor del gobierno holandés, y se esperaba que terminaría convirtiéndose en diplomático. Se pasó dos años estudiando matemáticas y leyes en la Universidad de Leiden, seguidos por dos años más estudiando leyes en la Universidad de Breda. Pero su primer amor siempre fueron las matemáticas; y cuando tenía veinte años abandonó sus ambiciones diplomáticas y, con la bendición de su padre y su apoyo financiero, decidió consagrarse a la ciencia. Durante los siguientes diecisiete años, investigó calladamente en la paz y la seguridad de su casa familiar. Cuando tenía veintiséis años, descubrió un sistema para pulir lentes que producía imágenes de una calidad muy superior a la obtenida previamente. Incorporó sus lentes a un telescopio de diseño propio con el que realizó varios descubrimientos, incluida la gran nebulosa de Orión, los anillos que rodean el planeta Saturno y un satélite del mismo planeta al que llamó Titán.

El mayor logro de Huygens fue la invención del reloj de péndulo. No fue el primero que pensó en utilizar el balanceo de un péndulo para regular el movimiento de un reloj, ya que Galileo había notado la regularidad con la que batía un péndulo; antes de morir, incluso llegó a realizar diseños de un posible reloj mecánico controlado por un péndulo. Otros científicos intentaron seguir los pasos de Galileo sin éxito, fue Huygens el que hizo el descubrimiento crucial cuando reconoció que, para que un péndulo se moviera con una exactitud total, el arco que trazaba no necesitaba ser un arco circular, sino de una forma ligeramente diferente: una «curva cicloidal». Encajando piezas de diseño propio al fulcro de un péndulo, fue capaz de hacer que describiera el arco necesario, y pudo transferir la exactitud y consistencia de sus péndulos de pesas al mecanismo de sus relojes. Publicó los detalles del mecanismo en 1658, en su libro *El reloj;* pero su gran trabajo fue el tratado que tituló *Las oscilaciones de los péndulos,* aparecido en 1673. Este libro, que trata con detalle las matemáticas implicadas en el movimiento de los péndulos, concluyó con un conjunto de teoremas sobre la fuerza centrífuga en un movimiento circular, que ayudó a Newton en la formulación de su teoría de la gravitación universal.

Huygens y Newton

Huygens fue quizá el más grande de los muchos científicos cuyo trabajo se vio ensombrecido por el de Newton. Fue especialmente desafortunado en el tema de la conducta de la luz, ya que no consiguió que sus ideas encontraran eco demostrando la futilidad de tener razón en un momento equivocado.

La teoría de Huygens sobre la naturaleza de la luz se fundamentó en los descubrimientos realizados mientras trabajaba en la construcción de telescopios. En su *Tratado de la luz,* compuesto en 1678 pero publicado en 1690, expresó la opinión de que la luz se comprendía mejor como una serie de ondas, y esta teoría le permitió aportar pruebas de las leyes fundamentales de la óptica. También le permitía explicar la refracción de la luz y predecir que la luz viajaba más despacio a través de materiales densos, una predicción que se confirmó un siglo después. Pero cuando se publicó la *Óptica* de Newton en 1704, la reputación de éste era tan grande que cualquier opinión contraria a la suya no tenía ni la más mínima oportunidad de ser tenida en cuenta, y la teoría de las partículas de luz formó parte de la sabiduría convencional durante todo un siglo. No sería hasta los primeros años del siglo XIX cuando los experimentos de laboratorio revelarían las limitaciones de la teoría de partículas de Newton y los científicos comprenderían la fuerza de la interpretación alternativa de Huygens para explicar fenómenos que la teoría de Newton no contemplaba.

Ahora sabemos que, *a veces,* la luz es mejor entendida como un chorro de partículas, tal como propuso Newton. Pero, probablemente, hay más contextos en los que se comprende mejor en la forma que Huygens proponía, como una serie de ondas que surgen de una fuente. Cualquiera que desee comprender de verdad la luz debe estar dispuesto a cambiar de un punto de vista al otro, según lo requiera la situación.

Leeuwenhoek y sus lentes

El título de primer microscopista está unido al nombre del fisiólogo italiano Marcello Malpighi, que descubrió los capilares en 1661, demostrando la validez de la teoría de Harvey sobre la circulación de la sangre *(véase la página 78)*. Pero fue un holandés, Anton Leeuwenhoek, quien demostró en el siglo XVII de lo que era capaz un microscopio.

Leeuwenhoek nació en 1632, sólo tres años después de Huygens, en Delft, un pueblo donde pasó toda su vida. Era dueño de una tienda de paños, y entró en contacto con las lentes debido a su negocio, ya que utilizaba lupas para examinar cuidadosamente sus telas. También era conserje del ayuntamiento de Delft, y esas dos fuentes de ingresos le permitieron dedicarse a su afición de la fabricación de lentes, una afición que se convirtió en la obsesión de su vida. Cuando murió, había creado 419 lentes.

Leeuwenhoek fue un observador, no un teórico, pero como observador no tenía rival. Abrió los ojos de sus contemporáneos a la enorme diversidad de la vida. Fue el primero en describir los diversos tipos de plancton existentes en el agua, descubrió el grupo de criaturas unicelulares que llamamos infusorios, e incluso descubrió y describió las bacterias, unas formas de vida tan pequeñas que pasarían otros cien años antes de que alguien fuera capaz de añadir algo útil a lo que él ya había dicho.

Construyó su primer microscopio en 1660. Sus instrumentos eran microscopios *simples,* de una sola lente. Básicamente eran lupas potentes y consistían en una lente pequeña, muy convexa, situada en el centro de una placa de metal. Las tenía que sostener con una mano y le cansaban mucho los ojos. Pero sus lentes eran tan nítidas y estaban pulidas con tanta habilidad, que su poder de resolución superaba con mucho el de los microscopios compuestos utilizados por sus contemporáneos y producían imágenes libres de los colores distorsionados (aberración cromática) que generaban los demás. No obstante, dejando aparte a sus insignes contemporáneos, ha sido bastante ignorado, ya que no sabía latín y no leía en ningún otro idioma que no fuera su holandés nativo.

A pesar de su origen humilde, Leeuwenhoek se convirtió en miembro por correspondencia de la Royal Society de Londres, y fue gracias a esta correspondencia unilateral (escribió casi 400 cartas, todas en holandés) como se conoció su trabajo fuera de su país. En la última de estas cartas, legó a la Royal Society 26 de sus mejores instrumentos, para que sus miembros pudieran explorar ese nuevo mundo por sí mismos.

En 1677, Leeuwenhoek fue la primera persona en describir los espermatozoides. Fue uno de los acontecimientos más importantes en la historia de la biología, pero a corto término hizo poco por la comprensión de la concepción. Se sabía desde hacía miles de años que los humanos, como todas las criaturas sexuales, se concebían como consecuencia de un intercambio sexual, pero la mecánica de la concepción seguía siendo tan misteriosa en el siglo XVII como lo había sido en el siglo XVII a. C. Aunque Leeuwenhoek describió los espermatozoides en detalle, tanto sus contemporáneos como él siguieron creyendo que la función de la hembra era meramente alojar y nutrir la diminuta semilla proporcionada por el macho. No sería hasta 1827, cuando el embriólogo germano-ruso Von Baer descubrió el óvulo en el ovario mamífero y empezó a desentrañar el misterio de cómo se conciben los seres humanos.

Leeuwenhock se volvió tan famoso, que reyes y reinas interrumpían sus viajes para detenerse en su tienda y mirar a través de sus lentes. Hoy día todavía sobrevive una de ellas, que amplia 270 veces y permite observar detalles de sólo 1/1.000 de milímetro/1/125 de pulgada de diámetro. Con esos maravillosos instrumentos demostró la existencia de un mundo de vida microscópica jamás soñado, y puso los cimientos de varias ramas importantes de lo que más tarde sería la ciencia de la biología. No comenzó sus investigaciones hasta que tuvo cuarenta años, pero vivió cincuenta más, y estudió sus diminutas criaturas hasta el final.

Newton y su época

En la historia de la ciencia, el siglo XVII es el siglo de Newton. Es como el Sol, que eclipsa todas las demás estrellas de los cielos. Pero entre sus contemporáneos hubo otros muchos grandes científicos que, sin su competencia, habrían brillado extraordinariamente, y existieron ciertas áreas científicas —biología, química, ciencias terrestres...— a las que Newton no hizo ninguna contribución.

No disminuye su ingente aportación decir que no hubiera podido producir un cuerpo comparable de trabajo si hubiera trabajado en esas otras áreas, o en física y astronomía cien años antes... o después. Fue capaz de llegar tan lejos porque, en sus propias palabras, «se aupó sobre los hombros de gigantes». Fue capaz de llegar a su síntesis porque, tanto en astronomía como en física, se habían producido tantos descubrimientos anteriores que se acumularon los suficientes como para hacer posible dicha síntesis.

Hubo otras ciencias que a mitad del siglo XVII apenas lograron despegar. La biología había sido inventada por Aristóteles, pero en los siglos siguientes apenas se añadió nada a la comprensión de la humanidad sobre el proceso de la vida. La química y las ciencias terrestres (geología, oceanología y meteorología) todavía eran libros cerrados.

La alquimia y la química

Si el joven Newton no hizo progresos en el campo de la química, no fue porque no lo intentase. Es que simplemente, como la mayoría de los investigadores de su tiempo, estaba cazando fantasmas. Lo que estudiaba no era realmente química, al menos no en el sentido que nosotros le damos a esa palabra, sino alquimia: una actividad antigua, que se estudiaba con la esperanza de poder dominar los elementos de la naturaleza y transmutar los elementos «base» en elementos «nobles». Su sueño era «la piedra filosofal», algo capaz de convertir metales comunes en oro. Cuando era estudiante, Newton construyó un laboratorio en sus aposentos universitarios donde realizaba experimentos de transmutación y, más tarde, fue uno de los especuladores incautos que manifestaron su interés por la «receta secreta» de cierta compañía londinense, a la que se incorporó con el objetivo confesado de multiplicar su oro.

El problema con la alquimia era que no comprendía la estructura de la materia ni la forma en la que diversas sustancias se relacionan entre sí. Durante los cientos de años en los que se practicó, es indudable que añadió algo a la comprensión de los materiales que se encuentran en la naturaleza, pero la cantidad de esfuerzo que se empleó era absolutamente desproporcionada en relación al pequeño cuerpo de conocimientos conseguido. La alquimia era un callejón sin salida. Tuvo que ser un contemporáneo de Newton —otro miembro de ese club de caballeros llamado Royal Society— el que rescatara a la alquimia de ese callejón sin salida y señalara el rumbo de la química moderna.

Los experimentos de Boyle

Robert Boyle fue un aristócrata nacido en Waterford, Irlanda, en 1627. Séptimo hijo varón, y decimocuarto en total, del rico primer conde inglés de Cork. En 1641, a los catorce años, Robert se encontraba en Florencia con su tutor cuando oyó hablar de la muerte de Galileo. Esto lo llevó a estudiar su trabajo, y el resultado fue un interés permanente por la ciencia. Cuando volvió a Inglaterra en 1644 se estableció en Dorset, pero pasaba mucho tiempo en la casa londinense de su hermana, donde frecuentó al grupo de científicos que más tarde formaría el núcleo de la Royal Society. En 1654 se trasladó a Oxford y se instaló allí catorce años, durante los que dirigió muchos de los experimentos que labraron su reputación.

Algunos historiadores británicos se han referido a Boyle como «el padre de la química», pero eso es llevar el orgullo nacional demasiado lejos. (Dado el trabajo en equipo que suponen los descubrimientos científicos, es dudoso que nadie deba llamarse «el padre» de nada. Pero si a alguien le pertenece el título de «padre de la química» es al francés Lavoisier, que vivió un siglo después.) Boyle no creó la química moderna, lo que hizo fue liberar a la química de parte del peso muerto que arrastraba del pasado y aclarar el camino para lo que llegaría después, sentando el principio de que los hechos químicos deben ser establecidos mediante experimentos, no por simples especulaciones de salón.

Los experimentos de Boyle, que llevó a cabo con la ayuda de ayudantes a sueldo, fueron muchos y variados. Usando la bomba de aire recientemente inventada, fue el primero en demostrar la aseveración de Galileo de que, en el vacío, una pluma y un trozo de plomo caen a la misma velocidad, y también estableció que el sonido no se transmite en el vacío. Su descubrimiento más importante gracias a la bomba de aire fue el principio (aún conocido como *Ley de Boyle* en los países de habla inglesa) de que el volumen ocupado por un gas es inversamente proporcional a la presión con la que este gas se comprime.Es decir, que si se dobla la presión, el volumen se divide por dos, y así sucesivamente; y también que, si se elimina la presión, el aire «recupera» (su propia palabra) su volumen original. Habiendo establecido que el aire era comprimible, Boyle se convenció de que éste estaba compuesto de pequeñas partículas separadas por espacio vacío. Todas estas ideas se publicaron en un libro con un título muy largo, que suele llamarse *La elasticidad del aire* y que jugó un papel significativo para establecer la idea de la naturaleza atómica de la materia. El libro más importante de Boyle, *El químico escéptico*, se publicó en 1661, y al año siguiente Boyle se convirtió en miembro fundador de la Royal Society. Fue en este libro donde apuntó la idea de que todas las sustancias podían ser divididas en ácidos, álcalis o neutros mediante el uso de lo que llamamos *indicadores*.

Elementos químicos

Quizá la contribución más significativa de Boyle al desarrollo de lo que más tarde sería la ciencia química fue su concepto del *elemento* químico. La propia palabra no era nueva. Los griegos, siguiendo al filósofo Empédocles, la utilizaban para describir lo que consideraban las cuatro sustancias fundamentales del universo: la tierra, el aire, el fuego y el agua. Aunque estos elementos no contenían un concepto científico en el sentido moderno, sino que eran más bien esencias místicas incluidas en toda materia viviente y no viviente, y que formaron la base del pensamiento humano sobre los procesos naturales durante dos mil años.

La idea de Boyle de un elemento químico era muy diferente. Para él, un elemento era una sustancia que no podía ser descompuesta en otras sustancias. Un elemento podía combinarse con otro y formar un *compuesto;* y un compuesto podía separarse en sus elementos constituyentes. Pero la prueba de lo que era o no era un elemento debía decidirse mediante un experimento práctico, no sólo por deducción. Éste era un punto de vista moderno; y ayudó a crear el universo mental en el que habitarían los químicos posteriores. Pero hasta el propio Boyle fue incapaz de superar la influencia de tantos siglos de alquimia, ya que siguió creyendo en la posibilidad de transformar los metales comunes en oro. Y no rechazó los elementos antiguos... sólo quiso someterlos a la investigación experimental.

Descubrir los elementos

Mientras los científicos empezaban a adoptar esta nueva forma de pensar, los antiguos «elementos» eran abandonados poco a poco, y el término comenzó a ser utilizado tal como lo hacemos hoy. Pero la lista de sustancias a las que podía aplicarse el término en su sentido moderno era breve. A finales del siglo XVII, y en ese sentido moderno de la palabra, sólo se reconocían 14 elementos. Nueve de ellos eran metales que se conocían desde la antigüedad: oro, plata, cobre, plomo, zinc, estaño, hierro, mercurio y antimonio. Dos eran elementos no metálicos, también conocidos por los antiguos: carbono y azufre. Dos más eran metales descubiertos en el siglo XVI: bismuto (en Europa) y platino (en Sudamérica). A estos trece, se agregó un nuevo elemento no metálico —el fósforo— descubierto en la orina por el propio Boyle en 1680.

Aunque es cierto que estos 14 elementos se habían identificado a finales del siglo XVI, no lo es que fueron reconocidos como elementos en el sentido moderno del término. Cuando los químicos actuales hablan de elementos, utilizan la palabra en el sentido de ingredientes básicos de los que están compuestos los materiales del mundo. Para ellos, el aire es un *compuesto* de dos elementos —oxígeno y nitrógeno—, con pequeñas cantidades de otros gases. Uno de ellos, el anhídrido carbónico es considerado un compuesto de dos elementos, carbono y oxígeno. Esta visión de la química como una colección de recetas, usando un pequeño número de ingredientes básicos, era absolutamente ajena a los filósofos naturalistas del siglo XVII. Aunque reconocían el cobre, el oro y el azufre como «elementos», para ellos también lo era el aire... y no estaban muy seguros acerca del fuego. A diferencia de los astrónomos, que jugueteaban iluminados por el sol de la mecánica newtoniana, los químicos del siglo XVII todavía se movían en la oscuridad, buscando una luz que les iluminase el camino. Tardarían cien años más en encontrar *su* Newton particular y conseguir que la química adquiriera el lugar que le corresponde entre las ciencias naturales.

La química invisible

La razón de que la química tardara tanto en hacer su propia revolución se debió al sujeto de su materia. Las pruebas que los astrónomos necesitaban las tenían ante sus ojos. Incluso *sin* la ayuda de un telescopio, Tycho Brahe fue capaz de acumular datos sobre los planetas que más tarde permitieron a Kepler deducir sus leyes de los movimientos planetarios. *Con* su ayuda, Galileo pudo observar los movimientos de los satélites de Júpiter. Y cuando utilizó su plano inclinado para experimentar con las leyes que rigen la caída de los cuerpos, se sirvió nuevamente de sus ojos para llegar a una verdad subyacente. Cuando Newton combinó las leyes de Galileo y de Kepler para formular su ley de la gravitación universal, aplicó el poder de *su* mente a las pruebas que veían *sus* ojos.

Los químicos no tenían tanta suerte: los hechos en química eran invisibles. Incluso el microscopio, que abrió nuevos mundos a los biólogos, le servía de muy poco a la química; revelaba estructuras desconocidas hasta ese momento y extrañas nuevas formas de vida, pero no ofrecía ninguna pista sobre la naturaleza de los materiales que las componían. Era perfectamente razonable, si uno se dejaba guiar por las apariencias, tratar el agua como un elemento igual que el oro o el azufre. Observando el agua no hay manera de saber que es una combinación de dos gases o, mirando el aire, que es la mezcla de uno de esos gases y de un tercero; no importa que el gas común a los dos, al aire y al agua, esconda el secreto del fuego. Se necesitó un siglo de experimentos, del tipo defendido por Boyle, para que la química pasara de ser una investigación mágica a una ciencia respetable. Y gran parte de ese tiempo se dedicó a perseguir una quimera: la búsqueda de un «elemento» —el flogisto— que no existía.

El peligro de las falsas hipótesis

Los que no han estudiado el proceso del descubrimiento científico suponen muy a menudo que el método científico consiste en reunir hechos y formar una hipótesis que explique esos hechos. Si puede explicar otros hechos y apoyar otras predicciones, se promueve al estatus de teoría, que después puede ser expresada en forma de ley física. Esta ley se aceptará como válida hasta que sea refutada o modificada, como resultado de nuevos descubrimientos. De hecho, cuando los grandes científicos buscan hechos o realizan experimentos, normalmente están buscando pruebas que apoyen o refuten hipótesis que ya tienen esbozadas en sus mentes. Si no tuvieran los elementos necesarios para formular una hipótesis, no sabrían dónde mirar o qué buscar.

Un buen ejemplo del verdadero proceso de un descubrimiento científico es la forma en que Charles Darwin llegó a su teoría de la evolución mediante la selección natural. No pasó veinte años reuniendo datos sobre el mundo natural y después buscó una hipótesis que los explicara. Las similitudes entre distintas aves de varias islas de las Galápagos y las similitudes entre formas de vida pasadas y presentes en Sudamérica, le sugirieron que eran el resultado de un proceso evolutivo. *Después*, pasó esos veinte años reuniendo todas las pruebas posibles que apoyasen su hipótesis inicial.

Este enfoque ha sido fuente de algunos de los descubrimientos más importantes en la historia de la ciencia. Desgraciadamente, si una hipótesis es a la vez errónea y ampliamente apoyada, puede dar como resultado mucho esfuerzo desperdiciado que, en lugar de hacer avanzar la ciencia, bien puede hacerla retroceder. Esto es lo que le pasó a la química en el siglo XVIII.

Flogisto, el elemento que nunca existió

Una preocupación central de la química en el siglo XVIII era el proceso de combustión. Cuando las sustancias se calentaban hasta el punto de incandescencia, los científicos vieron que emitían algo —vapores o humo—, y lo interpretaron como una *pérdida* de la sustancia original. Ese «algo» que supuestamente se perdía en el proceso de combustión se llamó *flo-*

gisto, una palabra acuñada en 1697 por el químico alemán Ernst Stahl. Pero qué era exactamente ese flogisto seguía siendo materia de debate. Para algunos, era un elemento en sí mismo; para otros, era una esencia contenida en los materiales combustibles, sin la cual la combustión era imposible.

El concepto del flogisto dio lugar a algunas anomalías. Si fuera un componente de los materiales combustibles, al perderse durante la combustión, los residuos tenían que pesar menos de lo que pesaban las sustancias antes de quemarse, y ése era el caso de algunas, como la madera. Pero ciertos metales, cuando se calentaban, se convertían en una sustancia blanda llamada calx; en estos casos, el residuo pesaba más que el metal original. Esta anomalía fue ignorada por muchos defensores de la teoría del flogisto. Otros la racionalizaban sugiriendo que el flogisto tenía un peso *negativo,* provocando que el residuo pesase más cuando el flogisto se había consumido.

Mirando retrospectivamente, cuando la mayoría de las personas educadas hoy día comprende el papel del oxígeno en la combustión y todos los estudiantes de química saben que la combustión es un proceso de cambio químico, cuyo resultado no produce pérdidas o ganancias significativas de masa, es fácil sentirse superior a aquellos tempranos buscadores de la verdad. Pero eran personas capaces, y sus razonamientos tenían sentido bajo la luz del limitado conocimiento que poseían.

Benjamin Franklin, científico

Benjamin Franklin, venerado padre fundador de la nación estadounidense, es también considerado como el primer científico de Estados Unidos. Nació en Boston, en 1706, y era hijo de un fabricante de velas de Banbury, Inglaterra, que había emigrado para escapar de la persecución religiosa. Decimoquinto hijo de un total de diecisiete, sólo cursó dos años de estudios. Cuando tenía diez, su padre se llevó a Benjamin a su negocio, pero al descubrir que no le gustaba y temiendo que pudiera embarcarse como marinero, lo dejó como aprendiz en el taller de uno de sus hijos mayores, que era impresor. Esto permitió que Benjamin tuviera acceso a los libros y, gracias a ellos, consiguió forjarse una educación.

Cuando tenía dieciocho años, viajó de Filadelfia a Londres, con la expectativa de unas cartas de recomendación que finalmente no dieron resultado. Sin embargo, encontró trabajo de impresor. Siendo todavía adolescente, los libros que imprimía y sus propios escritos lo pusieron en contacto con algunas de las figuras literarias del momento. Cuando tenía veinte años volvió a Filadelfia para trabajar en la tienda de un amigo. Muy poco después volvió a dedicarse a la impresión y, en 1730, cuando tenía veinticuatro años, contrajo matrimonio con una novia anterior, Deborah, que se había casado mientras él estaba en Londres, pero a la que había abandonado su marido. Fue una unión que duró hasta su muerte, cuarenta y cuatro años después.

La naturaleza del rayo

Franklin se interesó por la ciencia en esa época. Durante el resto de su vida, aunque comprometido con la escritura, la edición, la política y la diplomacia, se mantuvo al tanto de los últimos descubrimientos gracias al contacto con otros científicos y a sus propios experimentos. En 1743 fundó la primera sociedad científica estadounidense, la American Philosophic Society. También encontró tiempo para desarrollar unas cuantas invenciones notables, incluidos los pararrayos, las lentes bifocales y la estufa de Franklin.

Franklin estaba particularmente interesado en la electricidad y en el magnetismo, que en aquellos momentos se comprendían muy poco. En 1745, un físico holandés llamado Pieter van Musschenbroek, que vivió en la ciudad de Leiden (o

Leyden), inventó un dispositivo de almacenamiento eléctrico que se conoció como «la botella de Leiden»; y sería la experiencia de Franklin con este ingenio la que inspiró su experimento más famoso. Las botellas de Leiden, al ser tocadas, producían una chispa y una descarga eléctrica. Sospechando que el rayo era una forma de electricidad similar a la chispa de la botella de Leiden, Franklin decidió intentar capturar la electricidad de un rayo en una de sus botellas. Un día de 1752, conectó un alambre a una cometa de la cual pendía un hilo de seda atado a una llave. Hizo volar su cometa hacia un nubarrón y, cuando colocó su mano cerca de la llave, una chispa saltó entre ambas. Después consiguió cargar la botella con la energía del rayo, a través de la llave, al igual que podía haberla cargado con una máquina generadora de chispas. Fue una emocionante demostración de que el rayo y la humilde chispa de la botella eran el mismo fenómeno. Cuando informó sobre su experimento creó sensación, y como recompensa fue admitido como miembro en la Royal Society de Londres. Pero tuvo mucha suerte: las dos personas siguientes en intentar el mismo experimento terminaron electrocutadas.

En el transcurso de su larga carrera hizo muchos descubrimientos e importantes contribuciones al desarrollo del estudio sobre la electricidad. En 1785, a la edad de setenta y nueve años, volvió de Europa a Filadelfia, donde fue elegido presidente de Pensilvania. Murió en 1790, abrumado de honores científicos y títulos de diversas universidades de Europa y Estados Unidos. Veinte mil personas asistieron a su funeral en Filadelfia. Había hecho buen uso de sus dos años de escuela.

Antoine Lavoisier

Tendría que pasar un siglo desde que Robert Boyle publicara *El químico escéptico*, antes de que la química adquiriera el lenguaje y los conceptos que necesitaba para transformarse en una ciencia respetable. Muchos científicos capaces ayudaron con su trabajo a esa transformación, pero hay uno que destaca sobre los demás. Se llamaba Antoine Laurent Lavoisier, y no es exagerado llamarlo, como hacen algunas personas, «el Newton de la química».

Lavoisier nació en París el 26 de agosto de 1743. Su padre era un abogado acomodado. Sus primeros pasos se dirigieron al mundo del derecho, e incluso obtuvo las calificaciones necesarias para practicar la abogacía, pero, como resultado de escuchar unas conferencias del astrónomo Lacaille, desarrolló un entusiasmo por la ciencia. Su primer interés se centró en la geología y realizó un trabajo loable en ese campo, pero pronto se dedicó a la química, que se convirtió en la pasión de su vida. En 1766, cuando sólo tenía veintitrés años, fue recompensado con la Medalla de Oro de la Academia Francesa de Ciencias por un ensayo sobre la mejor forma de iluminar una gran ciudad.

A diferencia de otros científicos de su tiempo —Cavendish, por ejemplo—, Lavoisier no era un tímido investigador de laboratorio, sino que llevó una vida pública muy ocupada y fue precisamente esa implicación en los asuntos públicos lo que provocaría su caída. Cuando tenía veinticinco años, en 1768, invirtió una gran suma de dinero en la Ferme Générale, una operación privada para recaudar impuestos alentada por el gobierno francés. Tres años después, se casó con la hija, de catorce años, de uno de los ejecutivos de la Ferme. Fue un matrimonio concertado, pero durante muchos años resultó feliz y productivo. Su esposa, Anne-Marie, era tan inteligente como hermosa y, en sus primeros años juntos, nunca fueron tan felices como cuando trabajaban en el laboratorio. Con el paso de los años, y con su marido pasando demasiado tiempo ausente debido a los negocios, Anne-Marie encontró consuelo en los brazos de uno de sus amigos; no obstante, siguieron manteniendo una relación cordial.

La intención de Lavoisier al invertir en la Ferme, era conseguir unos ingresos fiables de los que poder vivir mientras proseguía con sus investigaciones científicas. En este aspecto, tuvo éxito. Los ingresos, derivados principalmente de los impuestos que pagaban los pobres, fueron enormes y le permitieron construir un excelente laboratorio privado —posiblemente el mejor del mundo—, que se convirtió en un lugar de encuentro tanto para los principales científicos franceses como para las celebridades que visitaban el país, Benjamin Franklin y Thomas Jefferson, por ejemplo. En este sentido, Lavoisier fue capaz de estar al tanto de las especulaciones y los descubrimientos de los principales científicos del momento. En cuanto se enteraba de una nueva idea o de un experimento interesante, Anne-Marie y él se embarcaban en nuevas investigaciones propias. No obstante, no siempre fue lo bastante rápido en reconocer el trabajo de otros o la contribución que hicieron los demás a sus descubrimientos, y esto lo condujo a amargas disputas con sus compañeros, que creían que sus trabajos no recibían un apropiado reconocimiento.

Joseph Priestley

Uno de los hombres a los que Lavoisier enfureció con su actitud desdeñosa fue el químico inglés y político radical Joseph Priestley. Éste, que era diez años mayor que Lavoisier, provenía de un ambiente muy distinto. Nació en Birstal, cerca de Leeds, en 1733. Era hijo de un ministro unitarista y él mismo llegó a serlo, y su religión lo inhabilitaba para recibir una educación universitaria. Tras dejar la escuela, consiguió dominar varios idiomas de forma autodidacta, incluidos el hebreo y el árabe. En 1766, cuando tenía treinta y tres años, conoció a Benjamin Franklin, que se encontraba en Inglaterra como representante de las colonias estadounidenses, y fue esa amistad la que lo condujo a una carrera científica. En poco tiempo publicó una historia sobre la investigación eléctrica, a la que siguió una historia de la óptica.

Un año después de conocer a Franklin, Priestley fue designado ministro de una capilla contigua a una cervecería en Leeds, y Priestley se sintió fascinado por el proceso de fabricación de la cerveza. La fermentación del grano produce un gas que sabemos que es anhídrido carbónico. Priestley estudió el gas, dándose cuenta de que era más pesado que el aire y capaz de extinguir una llama. Lo disolvió en agua, y descubrió que le daba un sabor agradable. Había descubierto el agua de soda; y fue recompensado por su descubrimiento con la Medalla Copley de la Royal Society.

Priestley se interesó particularmente en los gases, y siguió experimentando hasta descubrir algunos más. Cuando empezó sus investigaciones, sólo se conocían tres gases: el aire, el anhídrido carbónico y el hidrógeno (recientemente descubierto por Cavendish, y bautizado por Lavoisier). Priestley consiguió aislar varios más, incluido el amoníaco, el óxido nitroso (el gas de la risa) y el cloruro de hidrógeno. En 1772, como consecuencia de estos descubrimientos, se convirtió en miembro de la Academia Francesa de Ciencias, y obtuvo un empleo cómodo como compañero y bibliotecario de un aristócrata inglés, lord Shelbourne. Dos años después, hizo su descubrimiento más importante: usó una lente para calentar en un tubo la sustancia roja conocida como óxido de mercurio. El mercurio metálico se depositó, y en la parte alta del tubo encontraron un gas de notables propiedades. Cuando acercaron una vela a este gas, ardió con mucha más luminosidad que la propia llama de la vela, y cuando expusieron un ratón al gas, éste se puso particularmente vivaz.

Desgraciadamente, Priestley era un devoto del concepto del flogisto e incapaz de apreciar adecuadamente la importancia de su descubrimiento. La gente que creía en la existencia del flogisto —la esencia del calor— era consciente de que una vela colocada en un recipiente sellado, se apagaba pronto. Ellos lo interpretaban como una prueba de que el aire del recipiente se había saturado con el flogisto de la vela, era incapaz de recibir más y la combustión ya no era posible. Aplicando este razonamiento, Priestley concluyó que su gas era aire que contenía poco flogisto o ninguno, y por consiguiente se sentía «hambriento» del flogisto de la vela. Por tanto, llamó a su nuevo gas «aire deflogistizado».

En octubre de 1774, Priestley cenó en París con Lavoisier y le comunicó su descubrimiento. Lavoisier procedió a organizar sus propios experimentos. Tras una extensa correspondencia con Priestley, presentó un informe a la Academia en el que aseguraba que el factor clave en la combustión era el «aire puro» de Priestley, pero sin mencionar a Priestley para nada. Éste, comprensiblemente, se disgustó muchísimo. Por entonces, Lavoisier ya había establecido que el azufre *ganaba* peso al quemarse, en lugar de perderlo.

En los años siguientes, hizo una sucesión de descubrimientos revolucionarios como resultado de su insistencia en la importancia de la precisión de las medidas. En 1779, subrayó su creencia en que el «aire puro» de Priestley no sólo era un gas por derecho propio, sino un elemento al que llamó *oxígeno*. Con la ayuda de su compañero académico Pierre Laplace, dirigió una serie de experimentos con animales vivos, cuyos resultados demostraron que la respiración era una forma de combustión en la que las criaturas vivientes tomaban oxígeno del aire para quemar el «combustible» que ingerían con su comida.

En 1786 publicó en los *Procedimientos* de la Academia su abandono de la teoría del flogisto, que había desencaminado a químicos durante tanto tiempo. Su lista de «puntos clave» incluía dos que realmente vehiculaban su mensaje:

1. Existe una verdadera combustión... pero sólo mientras el cuerpo combustible esté rodeado y en contacto con el oxígeno; la combustión no puede tener lugar en cualquier otro tipo de aire o en el vacío, y los cuerpos ardientes que se zambullan en cualquiera de estos dos casos se extinguirán tan ciertamente como si se sumergieran en agua.

2. En toda combustión se produce un aumento de peso en el cuerpo quemado; y este aumento es exactamente igual al peso del aire absorbido.

Incluso un científico tan importante como Lavoisier no podía esperar que consiguiera desterrar completamente el sistema de pensamiento en el que había crecido, y hasta el fin de sus días quedaron residuos de ese viejo pensamiento en sus escrituras. Su teoría de los ácidos contenía muchos puntos que tuvieron que corregirse más tarde, como también su teoría sobre el calor. Pero los químicos que llegaron tras él heredaron una ciencia completamente transformada gracias a su trabajo.

La contribución de Lavoisier

Por importantes que fueran los descubrimientos de Lavoisier, sólo fueron una parte de su contribución al establecimiento de la química como disciplina científica. De la misma importancia fue la lección que enseñó: que las conclusiones sólo podían alcanzarse mediante un experimento cuidadosamente preparado y una exacta medición. En su laboratorio, el árbitro de la verdad científica era el equilibrio químico. También le dio a la química una serie de conceptos que demostrarían ser inmensamente productivos en el siglo posterior. Fue él, más que Boyle, quien trazó la distinción entre un elemento y un compuesto en el sentido moderno de los términos. De esa forma, hizo posible que los químicos empezaran a adjudicar números a los procesos químicos. Gracias a estos conceptos y a los precisos métodos de análisis de los que fue pionero, el siglo XIX se convirtió en una edad de oro de la química.

Pero fue un siglo que él no llegó a ver. Cuando estalló la revolución francesa en 1789, los odiados impuestos sobre los granjeros fueron obvios blancos del Terror que siguió. Y Lavoisier había tenido la desgracia adicional de ganarse un enemigo más, un científico ambicioso que una vez tratara con desdén. Su nombre era Jean-Paul Marat, uno de los protagonistas más vigorosos del Terror. Cuando llegó el momento de saldar cuentas, ni siquiera la reputación de Lavoisier como científico pudo salvarlo. En la mañana del 8 de mayo de1794, a los cincuenta y tres años, y en su cumbre intelectual, fue juzgado y sentenciado a muerte. Cuando pidió que la ejecución de la sentencia se suspendiera un par de semanas para poder completar algunos trabajos científicos, el juez le respondió: «La revolución no necesita científicos». Unas horas después, en lo que ahora es la Plaza de la Concordia, caminó hasta la guillotina con calma y aire digno. Uno de sus contemporáneos científicos, el matemático y astrónomo Joseph-Louis Lagrange comentó: «Sólo tardaron un instante en cortarle la cabeza, pero puede que Francia no produzca otra como la suya en todo un siglo».

Midiendo la longitud

A mediados del siglo XVIII, la navegación marítima era cuestión de «apuntar y acertar». Las cartas marítimas eran poco fiables y determinar la posición de un barco en un mapa era más difícil cuanto más tiempo permanecía en ruta.

En teoría, una posición en el mar puede calcularse trazando unas coordenadas; es decir, unas líneas que se cruzan en el punto deseado. Una de las líneas, la latitud, era relativamente fácil de trazar. La latitud de una nave o de una piedra es su distancia en grados al norte o al sur del ecuador. Esto se determina fácilmente en un día soleado usando un sextante a mediodía para medir el ángulo entre el Sol y el horizonte, y ajustando el ángulo correspondiente al ecuador el día en cuestión según unas tablas impresas.

Desgraciadamente, la latitud por sí misma no sirve de mucho. El capitán de un barco situado en pleno Atlántico y al que le dijeran que se encontraba a 42 grados norte del ecuador sólo sabía que se encontraba en alguna parte entre el cabo Finisterre y el cabo Cod. Necesitaba la latitud y la longitud. La longitud es la distancia, también medida en grados este u oeste, a un punto de referencia de la superficie terrestre. Sin un método científico para establecer la longitud, los marineros tenían que confiar en «la estimación», un proceso mediante el cual se apreciaba cuánta distancia se había recorrido en un día y en qué dirección, marcando ambos datos en el mapa. Era un método fiable si sólo había transcurrido un día después de zarpar del puerto, pero tras veinte días de navegación por el océano, resultaba mucho menos exacto.

El problema para determinar la longitud había atraído la atención de algunas de las mejores mentes europeas. Galileo, Huygens y Newton se habían enfrentado a él, pero sin obtener una respuesta. En 1714, el gobierno británico ofreció un premio de 20.000 libras (su equivalente hoy día sería 1.440.000 euros) a cualquiera que propusiera una solución aceptable.

Entre las personas que compitieron por el premio se encontraba el astrónomo británico real, Nevil Maskelyne, que estaba seguro de encontrar la solución en lo que se llamaba «el método de la distancia lunar». Pero quien resolvió el problema no era ni matemático ni astrónomo, sino un relojero llamado John Harrison.

El tiempo es distancia

La razón de que un relojero pudiera conseguir que los mares fueran seguros para los marineros era una simple relación entre el tiempo y la distancia. La Tierra realiza un giro completo sobre su eje cada veinticuatro horas. Cada línea de latitud es un círculo de 360 grados, igual que la ruta que traza el Sol por el cielo. El Sol recorre los 360 grados del cielo una vez cada veinticuatro horas, eso significa que viaja 15 grados ha-

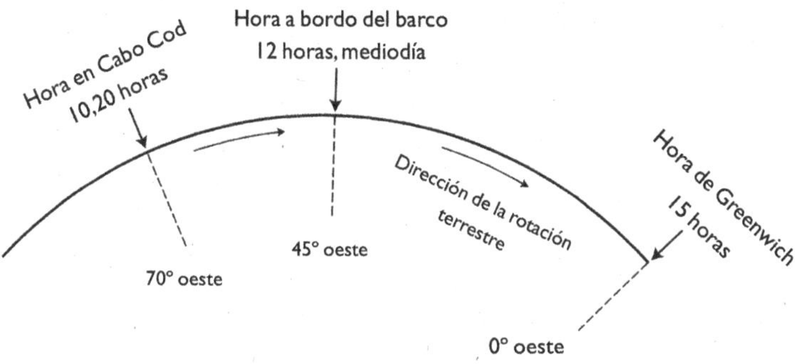

Figura 11. La relación entre el tiempo y la longitud. Si son las 15 horas en Greenwich cuando es mediodía a bordo del barco, éste debe estar a 3 x 15° = 45° al oeste de Greenwich.

cia el oeste cada hora. Y el sol, a mediodía, está directamente sobre nuestras cabezas. Cuando haya pasado una hora, el sol estará directamente sobre otro lugar (llamémoslo B), 15 grados al oeste del primero (llamémoslo A), donde se encontraba una hora antes. Si cuando es mediodía en B, sabemos que es la una en A, también sabemos que estamos 15 grados al oeste de A.

No era difícil establecer cuándo estaba el sol a su máxima altura, por definición el mediodía local. El problema consistía en saber qué hora exacta sería en un punto de referencia particular, por ejemplo, el Observatorio Real de Greenwich. Para saberlo, un barco tenía que llevar permanentemente cronómetros ajustados a la hora de Greenwich, y necesitaban mantenerlos sincronizados durante muchos meses, en cualquier clima, sin importar el estado del mar. Éste era el desafío al que se enfrentó Harrison. En 1759, tras casi medio siglo de inspirada habilidad, Harrison creó un cronómetro que reunía esos exigentes requisitos.

Gracias a los cronómetros de Harrison, a los capitanes de barcos les fue posible situar su posición con exactitud, y esto ayudó a trazar mapas más precisos. Pero Maskelyne intentó que Harrison no se llevara el premio prometido, que nunca se ganó. Se necesitó apelar al rey —y un acta del Parlamento— para que le dieran una recompensa a Harrison por los servicios prestados a su país y al mundo.

Pesar la Tierra (Primera parte)

La maniobra de Maskelyne contra Harrison se recuerda ahora en contra suya. Pero en su posición de astrónomo real estaba involucrado en una empresa científica que lo situó bajo una luz favorable.

Un siglo después de la publicación de los *Principia* de Newton, todavía quedaba sin realizar un experimento sugerido en el libro: aunque Newton había establecido la existencia de la fuerza de la gravedad, no había podido darle un valor concreto. Todos los cálculos involucrados en la gravedad estaban basados en la atracción *relativa* entre objetos de masas diferentes. El valor que permitiría establecer la fuerza *absoluta* de la gravedad en cualquier situación dada —la constante gravitatoria— era desconocido. Newton sugirió que si se suspendía una plomada junto a una montaña, la gravedad de la montaña la empujaría ligeramente fuera de la vertical, y la desviación podría ser lo bastante grande como para ser mensurable. Si así fuera, la desviación permitiría calcular las masas relativas de la montaña y de la Tierra, y si la masa de la montaña podía ser calculada con una exactitud razonable, entonces sería posible llegar hasta el valor de la masa de la Tierra y, por consiguiente, a la constante de la gravitación. Dado que se conocía el volumen de la Tierra, eso también haría posible determinar la densidad media de la Tierra.

El problema era encontrar una montaña adecuada. Para estimar su masa, tendríamos que saber su densidad media. Y si también había que estimar su volumen, cualquier error se multiplicaría hasta un grado inaceptable. Así que la montaña necesitaría tener una forma regular para estar bastante seguro de su volumen. A sugerencia de Maskelyne, la Royal Society se lanzó a buscar una montaña conveniente. La tarea le fue asignada a un amigo superviviente de Maskelyne llamado Charles Mason (el Mason de la línea Mason-Dixon), que regresó informando que había encontrado una montaña hermosamente proporcionada llamada Schiehallion, en las highlands escocesas, que parecía ideal para su propósito. El estudio de la montaña fue supervisado por el propio Maskelyne, que en 1774 pasó cuatro meses en un campamento al pie de la mole. Los cálculos se delegaron en un joven matemático llamado Charles Hutton, que dio la primera cifra científicamente calculada de la masa terrestre: 5×10^{21} toneladas métricas (5.000.000.000.000.000.000.000 toneladas).

El cálculo de la masa terrestre era un acontecimiento excitante por sí mismo, pero la importancia del resultado fue inmensamente mayor. Como la teoría de Newton ya había establecido las masas *relativas* de la Tierra, del Sol, de la Luna y de todos los planetas, ahora era posible calcular sus masas *reales*. Sólo ciento sesenta y cinco años después de que Galileo apuntase su primer telescopio a los cielos, todo el sistema solar había sido pesado y medido. La astronomía había alcanzado su mayoría de edad.

Pesar la Tierra (Segunda parte)

Maskelyne se sintió justificadamente contento con el resultado de su campaña para calcular la masa de la Tierra, pero otros estaban menos satisfechos. El cálculo sólo había sido posible basándose en suposiciones. La forma delimitada de la montaña y la cuidadosa medición de sus dimensiones aportaban cierta seguridad sobre la estimación de su volumen, pero para llegar a la cifra clave del cálculo —la masa de la montaña— había sido necesario hacer una estimación de su densidad basándose en el tipo de roca que la componía. Si esa estimación resultaba ser incorrecta, la respuesta final también lo sería. La estimación de Hutton de 5.000 trillones de toneladas sólo era una aproximación útil; pero los científicos pronto empezaron a buscar una forma de conseguir una cifra más exacta. En 1798, otro inglés obtuvo esa medida exacta que todo el mundo estaba buscando... y lo consiguió sin salir de su casa.

Henry Cavendish nació en 1731, en la ciudad francesa de Niza, donde vivía su madre por motivos de salud. Ella murió cuando él tenía dos años. Cavendish se educó en Inglaterra y pasó cuatro años en la Universidad de Cambridge, pero no consiguió ningún título, ya que era demasiado tímido para enfrentarse a los examinadores. El ser nieto de dos duques y heredar cierta fortuna de una tía lo convirtió en uno de los hombres más ricos de su tiempo. También fue uno de los más recluidos. Vivía solo, evitaba a sus visitantes y pedía las comidas dejando una nota para su ama de llaves. Llevaba una vida sencilla y nunca le importó el dinero. En cierta ocasión, su banquero le comentó que poseía en su cuenta corriente el equivalente a 7 millones de euros, y le sugirió que él podría invertirlo para conseguirle el máximo interés. Cavendish le respondió que si volvía a molestarlo, se llevaría su dinero a otro banco.

Cavendish heredó de su padre el interés por la ciencia, y fue su pasión durante sesenta años. No le preocupaba la fama y publicó poco, por lo que muchos de sus descubrimientos no se conocieron hasta después de su muerte. Su nombre se conmemoró en el Laboratorio Cavendish de Cambridge y en el famoso «Experimento Cavendish» que él mismo dirigió. Éste había sido concebido por su amigo John Michell, clérigo y geólogo perspicaz, que también diseñó el aparato, pero que murió antes de poder realizar el experimento. Cavendish adquirió su equipo, y lo instaló en una de sus casas londinenses.

El aparato era sencillo. Consistía en 2 bolas metálicas, de 30 centímetros/12 pulgadas de diámetro, suspendidas de un caballete de acero; y 2 bolas más pequeñas de 5 centímetros/2 pulgadas de diámetro, suspendidas cerca de las primeras y conectadas entre sí por un fino cable de cobre. Constituía lo que técnicamente se llama una báscula de torsión. Estaba diseñado para medir el movimiento de torsión creado en el alambre por la atracción gravitatoria que ejercían las bolas más grandes sobre las más pequeñas mientras se movían sobre unas poleas que las mantenían suspendidas.

Para que la proximidad de los investigadores no perturbase el ajuste del equipo, el experimento se dirigió por control remoto. Cavendish utilizó un telescopio, montado fuera del cuarto, para leer la escala graduada minuciosamente que medía el movimiento (una centésima de pulgada) y que se iluminaba mediante un estrecho haz de luz dirigido desde fuera del cuarto.

La gravedad es una fuerza débil, y las mediciones que Cavendish se proponía realizar eran tan sutiles que casi desafiaban la credulidad. Pero tanto su aparato como él estaban muy capacitados para la tarea, y finalmente propuso que la densidad de la Tierra era de 5,48 veces la densidad del agua. Resultaba un 20% mayor que lo obtenido en el experimento de Schiehallion, y dentro del 1% de margen de error que se acepta hoy día. Tras su muerte se descubrió que había cometido un error en sus cálculos, sin el cual el resultado habría llevado a un 1,5% de error sobre el valor correcto, pero dado que la atracción que ejercían unas bolas sobre las otras era únicamente de 1/50.000.000 parte de la que la Tierra ejercía sobre ellas, se le puede perdonar la inexactitud.

Las especulaciones de Michell

John Michell, el diseñador del experimento que ahora lleva el nombre de su amigo Cavendish, era un hombre notable. Antes de aceptar el cargo de rector de la parroquia de Yorkshire, en Thornhill, había sido profesor de geología en la Universidad de Cambridge. A pesar de su traslado a Yorkshire, mantuvo el interés por la ciencia y sus especulaciones se extendieron a otros temas además de las ciencias terrestres, que habían sido su especialidad oficial. Su especulación más llamativa estaba contenida en un escrito que Cavendish leyó en su nombre durante una reunión de la Royal Society en 1783. En este escrito, Michell consideraba las implicaciones de la velocidad finita de la luz en el contexto de la teoría gravitatoria de Newton.

Todo cuerpo celestial tiene su propia *velocidad de escape,* la velocidad que debe tener un objeto para escapar de la influencia gravitatoria de ese cuerpo *(véase la página 97).* Para cualquier distancia dada del centro de gravedad, la velocidad de escape es directamente proporcional a la masa del cuerpo dado. Si la luz también está sujeta a la fuerza de la gravedad, es teóricamente posible que exista un cuerpo cuya masa sea tan enorme, que su velocidad de escape exceda la propia velocidad de la luz. Un cuerpo así sería invisible por definición, dado que la luz no podría escapar de él. Michell no sólo sugirió la posibilidad de que tal cuerpo existiera, sino que hizo cálculos para deducir qué tamaño debería tener. Suponiendo que tuviera una densidad similar a la del Sol, calculó que si su diámetro fuera más de 500 veces el del Sol, su velocidad de escape excedería la de la luz y sería invisible. En lenguaje moderno, sería un «agujero negro».

El escrito de Michell consideraba que, aunque no pudiéramos ver un cuerpo así, podíamos conocer su existencia. La respuesta que dio al problema tenía sus raíces en la teoría de Newton. Si un agujero negro tuviera un compañero visible que orbitase en torno a él, gracias al movimiento de ese compañero sería posible, no sólo deducir la existencia del agujero negro, sino también calcular su masa. Es sorprendente pensar que, doscientos años antes de que se aceptase la existencia de los agujeros negros, un clérigo de Yorkshire ya estuviera seguro de su existencia y que incluso sugiriera cómo podían pesarse.

En 1755, la ciudad portuguesa de Lisboa fue devastada por uno de los terremotos más destructivos de la historia moderna. Michell sugirió que el terremoto se había originado bajo el mar, y especuló que el epicentro de tales terremotos podía determinarse anotando el tiempo en que empezaron a notarse los temblores en ubicaciones distintas. Esto se ha convertido en una práctica normal en el siglo XX y, hoy día, Michell es reconocido como «el padre de la sismología».

¿Están lejos las estrellas?

En 1784, Michell presentó un argumento en favor de la propuesta de que las estrellas estaban a años-luz de la Tierra. Pasarían cincuenta y cuatro años antes de que el astrónomo alemán Friedrich Wilhelm Bessel demostrara la veracidad de la suposición de Michell, haciendo la primera medición de la distancia a una estrella.

Linneo y su sistema

Algunos de los avances más importantes en ciencia son el resultado de reestructurar los hechos en un orden distinto. La reordenación que trazó el camino para dos siglos de avances en el campo de la biología fue obra de un doctor sueco, Karl von Linné, más conocido para la ciencia por su nombre latino de Linneo.

Linneo nació en Räshult, al sur de Suecia, en 1707. Desde su edad más temprana sintió amor por las plantas, un amor que compartió con su padre, pastor de su ciudad. Estudió medicina en Upsala, pero a los veinticinco años ya estaba dando clases de botánica. En 1732 lideró una expedición universitaria a Laponia, en el curso de la cual recogió especímenes de cientos de plantas hasta entonces desconocidas.

En 1735, tras más viajes por Inglaterra y otros países de Europa Occidental, publicó el libro que aseguraría su fama inmortal. Se tituló *El sistema de la naturaleza,* y proponía una manera muy diferente a la que se había utilizado hasta entonces para clasificar las plantas y los animales. Muchos naturalistas, de Aristóteles en adelante, habían intentado clasificar las formas de vida, pero todos los sistemas se basaban sobre todo en rasgos superficiales, como el color de la flores, o en características de conducta, como «criaturas que nadan». Linneo basó su clasificación en las características compartidas de naturaleza fundamental.

Así, por ejemplo, ratones y ballenas se clasificaron como mamíferos, y las plantas con flores se separaron de las que no las tienen. Un rasgo importante de su sistema fue el concepto de «nicho», mediante el que grandes grupos se subdividieron en categorías más definidas. Así, los vertebrados se subdividieron en mamíferos, reptiles, aves, etc., y a su vez, los mamíferos fueron subdivididos en carnívoros, insectívoros, y así sucesivamente.

El sistema de Linneo abarcaba todo el mundo viviente, pero procedía de su estudio de las plantas, y a través de ese estudio desarrolló una preocupación por el sexo que impregna todo su trabajo. Algunos pasajes de sus descripciones de las partes físicas de las plantas y de sus métodos de reproducción, más parecen extraídos de una novela romántica que de un tratado científico. Pero era una preocupación con buenas razones científicas tras ella; le permitió transformar el estudio de la botánica e inventar, de hecho, la moderna ciencia de la biología.

Aparte de las subdivisiones en grupos y subgrupos, otro punto clave en el enfoque de Linneo fue la adopción de un *sistema binomial,* donde cada especie se identificaba por su nombre en latín y el nombre en latín del grupo inmediato al que pertenecía la especie. Así, los leones eran *Felis leo,* y los gatos monteses eran *Felis silvestris,* ambos pertenecientes al género *Felis* (felinos). Ésta sigue siendo la base de la nomenclatura biológica, y es privilegio del primero que describa una nueva especie decidir el nombre compuesto por el que deba ser conocida.

La primera edición de *El sistema de la naturaleza* fue un folleto de 7 páginas. Hacia la décima edición, la pasión de Linneo por la clasificación (o taxonomía, para ser exactos) lo había convertido en un libro de 2.500 páginas. Su criterio por dividir y subdividir el mundo viviente fue más fundamental que el que emplearon sus predecesores, y su sistema ha resistido el paso del tiempo. Pero, según las normas de los que llegaron después, también sería culpable —al menos en un grado pequeño— de dejarse engañar por diferencias superficiales, y desde entonces su sistema ha tenido que ser afinado.

Cuando los biólogos posteriores revisaron sus categorías, reordenándolas para dar más énfasis a las relaciones familiares, descubrieron una ironía contenida en su trabajo. Linneo nunca utilizó la categoría de «familia» y no creía en la evolución. Aunque más tarde su posición se volvería menos rígida, nunca abandonó su creencia de que cada género animal y vegetal representaba una creación original y procedía de una idea distinta en la mente de Dios. Pero el «nicho» de su sistema se prestaba a ser ilustrado en forma de árboles genealógicos, y éstos sugerían inevitablemente parentescos compartidos. Cuando murió en 1778, sus cuarenta años de devoción a la causa de la taxonomía fueron los cimientos sobre los que Charles Darwin construiría su teoría de la evolución mediante la selección natural.

Clasificar las especies

El sistema de clasificación de Linneo solamente reconocía cuatro categorías: clase, orden, género y especie. Al creer en la persistencia de las especies desde su creación original, su sistema estaba diseñado como una ayuda para identificarlas, no para construir árboles genealógicos. Por consiguiente, para él eran inútiles categorías superiores como división o reino. El propio Linneo, clasificado según la versión actual de su sistema, se describiría como sigue:

Reino:	Animal
División, o filo, o tipo:	Cordado
Subdivisión:	Vertebrado
Clase:	Mamífero
Orden:	Primate
Familia:	Homínido
Género:	*Homo*
Especie:	*Homo sapiens*

Esto nos dice que era un animal, con columna vertebral y médula espinal, que era mamífero, que pertenecía al mismo orden de los simios y los monos, de la misma familia de humanoides extinguidos como el *Homo erectus*, y que era miembro de la misma especie de todos los humanos que han caminado sobre la Tierra en los últimos cien mil años.

La asombrosa diversidad de la vida

El sistema que inventó Linneo ha tenido que enfrentarse a una diversidad mucho mayor de lo que él hubiera podido imaginar. Tras su muerte, los biólogos han descrito más de un millón de especies diferentes, y no hay duda de que un número todavía mayor espera ser descubierto. Y todo eso considerando simplemente las especies *vivas*. Las extinguidas aumentarían el total varias veces. Al biólogo británico J. B. S. Haldane se le preguntó una vez qué le había enseñado su estudio de la naturaleza sobre el Todopoderoso. Y él contestó que Dios parecía tener «una afición desmesurada por los escarabajos». Fue una respuesta de la que hoy día no tendría que renegar, ya que de las 750.000 especies conocidas de insectos, 330.000 son escarabajos.

La lista actual de especies vivas registrada por el World Resources Institute es la que sigue:

	Número de especies* (redondeado)
Vertebrados	
Mamíferos	4.000
Aves	9.000
Reptiles	6.000
Anfibios	4.000
Peces	19.000
Invertebrados	
Artrópodos (arañas, cangrejos..., incl. 750.000 insectos)	870.000
Equinodermos (erizos de mar)	6.000
Moluscos (mariscos)	50.000
Anélidos (gusanos segmentados)	12.000
Platelmintos (gusanos planos)	12.000
Nematelmintos (lombrices intestinales)	12.000
Celentéreos (medusas, corales)	9.000
Poríferos (esponjas)	5.000
Plantas	250.000
Hongos	7.000
Protistas (algas, etc.)	8.000
Procariotas (bacterias)	5.000
Archaea (formas unicelulares)	no listadas

* Cada año se identifican unas 30.000 nuevas especies.

El género *Homo*

Aunque Linneo, según su propio sistema, pertenece al género *Homo* separado del resto de los demás primates, ésta fue una separación que sin duda hubiera preferido evitar. En el prólogo a su libro *Los animales de Suecia*, que se publicó en 1746, dijo: «Todavía no he encontrado ninguna característica que le permita al hombre distinguirse del simio en términos científicos».

Pero, ¡ay!, al final le fallaron sus convicciones. Como muchos naturalistas respetables de los siglos XVIII y XIX, dejó que los dogmas religiosos lo influenciasen. En la última versión de su clasificación le dio al *Homo sapiens* un género propio, un honor que la especie no merecía. Si diseñáramos la clasificación hoy día, ese honor se eliminaría.

El calendario gregoriano

En el año 46 a. C., el dictador Julio César, que se había casado con una mujer romana de buena familia, sobresaltó a algunas de las personas más influyentes de Roma al preparar una suntuosa bienvenida a su amante, la reina Cleopatra de Egipto, además de concederle una villa para que la ocupase durante toda su visita, que duró hasta el asesinato de César dos años después. Todo eso, sin duda, animó la conspiración que provocó su muerte. Pero, una consecuencia más duradera de su flirteo egipcio fue la reforma del calendario, recomendada por un astrónomo egipcio llamado Sosigenes, que lo acompañó a su regreso a Roma.

El calendario juliano que César introdujo y al que dio su nombre, se mantuvo a todo lo largo y ancho de Europa hasta mil seiscientos años después de su muerte. Por desgracia, no era tan exacto como podía serlo, y hacia el siglo VIII d. C. empezaba a causar inquietud porque daba problemas para fijar la fiesta cristiana de Pascua. Durante los siguientes ochocientos años, el asunto de la reforma del calendario sería uno de los temas más debatidos por la cristiandad.

El problema era que el calendario juliano asumía que la longitud del año era de 365,25 días, mientras que en realidad sólo consta de 365,242 días. Así que a finales del siglo XVI, el calendario cristiano estaba desfasado. Por razones en las que no nos extenderemos aquí, el error acumulado era de diez días. En 1582, el papa Gregorio XIII persuadió a varios estados europeos de que aceptasen lo que más tarde se conocería como el calendario gregoriano. Para cuadrar las fechas con el antiguo calendario, se eliminaron diez días.

El calendario juliano había considerado un promedio de 365,25 días, añadiendo un día extra cada cuatro años. El gregoriano hizo un pequeño cambio a esta regla: se añadiría un día extra si el año era divisible por 4, pero no si era divisible por 100... a menos que también fuera divisible por 400.

La mayoría de los países europeos adoptó el nuevo calendario muy rápidamente. Los obispos ingleses, renuentes a aceptar el liderazgo del Papa, exigieron nuevas discusiones que, muy al estilo inglés, continuaron durante ciento setenta años. Cuando los ingleses (y escoceses e irlandeses) entraron en razón, tuvieron que anular once días. Al miércoles 2 de septiembre de 1752 le siguió el jueves 14 de septiembre. No todos se sintieron felices. Creyendo que les habían robado parte de sus vidas, los protestantes adoptaron el eslogan: «Devolvednos nuestros once días». Pero, una vez plantada la semilla, la expansión de ese calendario por el Imperio Británico aseguró su adopción en todo el mundo. El Imperio Ruso, sin embargo, se mantuvo al margen hasta después de la Revolución de 1917.

Cambiando el calendario

Varios países adoptaron el calendario gregoriano casi inmediatamente, pero, como muestra la siguiente tabla, otros tardaron bastante en hacer el cambio:

	Fecha de adopción	
Italia, España, Portugal, Polonia	1582	5-14 de octubre
Francia	1582	10-19 de diciembre
Alemania (católica)	1583	varias fechas
Alemania (protestante)	1700	19-28 de febrero
Inglaterra (y colonias), Escocia, Irlanda	1752	3-13 de septiembre

	Fecha de adopción	
Alaska (que había sido parte de Rusia)	1867	
Japón	1873*	
China	1912*	
Unión Soviética	1918	1-13 de febrero
Grecia	1924	10-22 de marzo
Turquía	1926	19-31 de diciembre

* Estos países no usaban el calendario juliano.

La viruela y las vacunas

En el siglo XVIII, la viruela era una enfermedad temible. En algunos brotes llegó a matar a una de cada tres personas que la contrajeron, y los que sobrevivían quedaban a menudo ciegos u horriblemente desfigurados. Desde hacía mucho tiempo se sabía que los que habían sufrido un ataque moderado de la enfermedad se volvían inmunes a ella. Tanto los turcos como los chinos habían descubierto que era posible proteger a las personas de la viruela inoculándolas con el pus de las heridas de otras víctimas, y la práctica se había extendido a casi toda Europa. Pero no era un sistema muy satisfactorio. Aunque la gravedad de un ataque se veía reducida a menudo por una inoculación previa, el procedimiento también extendía la enfermedad a los no infectados. El hombre que descubrió cómo aplicar con seguridad esa inoculación para tratar la viruela fue un doctor inglés llamado Edward Jenner.

Jenner nació en Gloucestershire, en 1749. Su padre era clérigo, pero su madre y éste murieron cuando era niño, y Jenner quedó al cuidado de un hermano mayor. Cuando tenía trece años fue aprendiz de un cirujano, y a los veintiuno se marchó a Londres como alumno del anatomista John Hunter, el médico más prestigioso de Inglaterra. Maestro y alumno no sólo compartieron oficio, sino también un interés por todas las ramas de la ciencia en general y por la historia natural en particular. Jenner se convirtió en favorito de la sociedad londinense y fue contratado por sir Joseph Banks para catalogar los especimenes traídos en el primer viaje del capitán James Cook.

Una vez volvió a Gloucestershire como doctor, Jenner se interesó por las vacunas. Las mujeres lecheras eran conocidas por su fuerte complexión, y las personas de campo lo atribuían a que no solían contraer la viruela por haber sido infectadas con la vacuna. Esto llevó a Jenner a considerar la posibilidad de inocular la vacuna como protección contra la viruela. Otros ya lo habían intentado con resultados poco afortunados, pero las investigaciones de Jenner revelaron que existían dos tipos de vacunas y sólo una parecía otorgar inmunidad contra la viruela. También se persuadió de que, para conseguir la inmunidad, las vacunas tenían que ser inoculadas en un momento exacto del progreso de la enfermedad.

Las vacunas era raras en Gloucestershire, y hasta 1796 no se presentó una oportunidad para experimentar cuanto tenía en mente. En ese año se topó con una lechera llamada Sarah Nelmes, que había contraído la viruela de su vaca Blossom. Utilizando un cortaplumas, Jenner extrajo pus de las heridas de Sarah e inoculó a un niño de ocho años que no había tenido la viruela ni había sido vacunado contra ella. Con gran riesgo para el niño y muy poco para su propia reputación, no sólo vacunó al chico, sino que lo expuso a la enfermedad en varias ocasiones. No obtuvo ninguna respuesta adversa, y en 1798 repitió el experimento con otro éxito completo. Sólo entonces se sintió seguro para publicar los detalles de sus experimentos. Se convirtió en una figura famosa y recibió dos sustanciales premios en metálico de una nación agradecida. Tras alguna oposición, se preparó un programa mediante el que se vacunaron millones de personas («vacuna» era una palabra derivada del término latín del que también proviene «vaca»), y, en pocos años, las muertes por viruela habían descendido dos terceras partes. El último caso registrado de viruela en el mundo se produjo en 1978 y, poco después, la Organización Mundial de la Salud declaró que la enfermedad había sido completamente erradicada. Gracias a la curiosidad científica de Jenner y a su suerte de jugador, uno de los mayores azotes de la humanidad fue borrado de la faz de la Tierra.

John Goodricke

Los gigantes de la ciencia —Newton, Faraday, Einstein, etc.— tienden a acaparar los focos en el escenario, dejando a otros en la oscuridad; así que iluminemos un poco a John Goodricke. Éste murió en 1786, a los veintiún años, con logros notables en su haber y una promesa que nunca pudo cumplir.

Goodricke, hijo de un diplomático inglés y su esposa holandesa, nació en Groningen, Países Bajos, en 1764. Cuando tenía cinco años, un ataque de escarlatina lo dejó sordo, pero sus padres lo enviaron a una escuela especial de Edimburgo donde aprendió a leer los labios y desarrolló su capacidad de habla. Mientras asistía a otra escuela especial cerca de York, se convirtió en un perspicaz astrónomo aficionado. En 1782, cuando tenía dieciocho años, realizó una inspirada suposición sobre el secreto de una estrella.

La segunda estrella más luminosa de la constelación de Perseo se llama Algol, un nombre árabe que significa «la cabeza del ogro». Todos habían notado algo raro en ella, es lo que los astrónomos llaman una estrella *variable*. Cada tres días, su luz disminuye de repente tres cuartas partes y permanece oscura durante diez horas antes de recuperar su brillo original. Los griegos no supieron qué decir sobre ella, quizá era una excepción en lo que se suponía un universo perfecto e inmutable. Los astrónomos conocían esa estrella desde 1670 por lo menos, pero seguía siendo un misterio. Goodricke estudió la estrella y descubrió que las fluctuaciones en su brillo eran absolutamente regulares, con un periodo de sesenta y ocho horas y cuarenta y nueve minutos. Para explicarlas, aventuró una especulación atrevida: sugirió que Algol tenía una compañera invisible que orbitaba a su alrededor y que su brillo disminuía cuando esa compañera pasaba entre Algol y la Tierra, tapando la mayor parte de su luz. En la primavera de 1783, cuando sólo tenía dieciocho años, Goodricke presentó un escrito con sus especulaciones a la Royal Society. En abril de 1786, con veintiún años, fue admitido como miembro de la sociedad y recompensado con la codiciada Medalla Copley. Cuatro días después moría de pulmonía.

En 1890, ciento cuatro años después de la muerte de Goodricke, el astrónomo alemán Hermann Vogel, dirigió su espectroscopio hacia Algol y, a partir de su espectro, estableció que la explicación de Goodricke era correcta. Algol era una *binaria eclipsada:* una estrella luminosa oscurecida periódicamente por una compañera oscura que orbitaba en torno a ella. En un mundo justo, tendría que llamarse la estrella de Goodricke.

Luz y sonido

La luz y el sonido tienen mucho en común. Los dos transportan información de acontecimientos distantes hasta unos órganos que han evolucionado para captar un tipo particular de mensaje. Ambos muestran una estructura ondular y ambos tienen espectro. Ambos se distorsionan cuando pasan de un medio a otro y se dispersan de acuerdo a la ley del cuadrado inverso de Newton. Un hombre sentado a 1 metro/4 pies de un aparato de televisión puede exasperarse por las quejas de su esposa de que se está perdiendo todos los chistes, pero si resulta que ella está sentada a 1,5 metros/6 pies de distancia, el volumen del sonido que llega hasta sus oídos será menos de la mitad del que llega hasta su marido, y su queja puede ser razonable. Pero los dos fenómenos también presentan diferencias fundamentales. La luz es como un mensaje atado a una flecha y el sonido es como un mensaje llevado por un equipo de relevistas; se trata de una perturbación que se extiende a través de un material como resultado de la colisión entre las moléculas de que se compone ese material. Si no hay otra molécula que pase el mensaje, éste no llega a su destino. Por eso, el sonido no puede viajar a través del vacío, pero a la luz le encanta.

La luz viaja mucho más rápido que el sonido. La velocidad de la luz en el vacío es de unos asombrosos 300.000 kilómetros/186.300 millas por segundo. La velocidad del sonido a través del aire es de 340 metros/1.100 pies por segundo. Esto hace fácil rastrear la distancia a la que nos encontramos de una tormenta, contando el intervalo entre los rayos y los truenos que se asocian con ellos. Si el retraso es de cinco segundos, el rayo se encuentra a 1,7 kilómetros/ 1 milla de distancia.

La cambiante velocidad de la luz y el sonido

Los dos, la luz y el sonido, viajan a distintas velocidades cuando se mueven de un medio a otro. Los datos de la luz son los siguientes:

Medio	Velocidad (km/segundo)	Velocidad (millas/segundo)	Índice de refracción*
Vacío	300.000	186.300	1,00
Aire	299.500	186.000	1,00
Agua	225.000	140.000	1,33
Cristal (promedio)	185.000	115.000	1,60

* La cifra por la cual la luz es refractada en su paso a través de un material particular.

A diferencia de la luz, el sonido viaja más rápidamente a través de materiales densos:

Medio	Velocidad (m/segundo)	Velocidad (pies/segundo)
Vacío	nada	nada
Aire (a O° C/32 °F)	330	1.090
Agua (a O° C/32 °F)	1.280	4.210
Madera (roble)	3.850	12.360
Acero	5.060	16.600

El aire que respiramos

La composición de la atmósfera baja (hasta los 15 kilómetros/10 millas de altura) es notablemente consistente en todo el globo; está compuesta básicamente de cuatro partes de nitrógeno por una de oxígeno. La composición del aire seco (sin contener vapor de agua) es:

Nitrógeno	78,1%
Oxígeno	20,9%
Argón	0,9%
Anhídrido carbónico	0,03%*
Otros	0,07%

* La proporción de anhídrido carbónico del aire es menor en las zonas costeras y alrededor de los polos. En las zonas urbanas e industriales también varía según el consumo de combustibles fósiles.

Aire y altitud

Aunque la composición del aire es muy parecida en toda la atmósfera baja, la cantidad de aire disminuye mucho a medida que uno gana altitud. El propio peso de la atmósfera comprime el aire en los niveles más bajos, haciéndolo más denso. En los niveles superiores hay mucho menos aire en un mismo volumen. La siguiente tabla ilustra la rápida caída de la densidad del aire debido a la altura:

Altura (metros/pies)	Densidad del aire
0	100%
1.000/3.200	90%
2.000/6.400	80%
4.000/12.800	67%
8.000/25.600	43%

Ocho mil metros es la altura de las montañas más altas del Himalaya. Podría pensarse que, dado que el aire a esa altura es la mitad de denso que a nivel del mar y contiene la misma proporción de oxígeno, la supervivencia a esa altura sería tan fácil como respirar dos veces más deprisa. Pero la fisiología de la respiración y la circulación de oxígeno es una materia compleja, y un montañero no aclimatado —obligado a respirar aire a 8.000 metros/25.600 pies— no duraría mucho.

Conservar el calor

Otra lección que aprenden los montañeros por las bravas es la importancia de abrigarse cuando hace viento. Aunque la temperatura externa sea baja, normalmente es posible mantenerse cálido si se utiliza la ropa adecuada y el aire permanece inmóvil. Si uno se enfrenta a temperaturas bajas y a un viento fuerte es un problema diferente. En estas circunstancias entra en juego la *sensación térmica,* y ésta es asesina.

Si no hay viento, el calor del cuerpo crea una especie de manta aislante del aire que lo rodea. Esto disminuye la diferencia de temperatura entre la piel y el aire circundante, y reduce el índice de pérdida de calor. Pero cuando la temperatura circundante es más baja que la de la piel, cualquier flujo de aire incrementa la pérdida de calor. Contrariamente a lo que podría esperarse, el efecto es particularmente marcado con vientos moderados. Esto sucede porque el viento que sopla a 20 millas por hora, se mueve sobre la piel al doble de velocidad que uno de 10 millas por hora, mientras que uno que sople a 60 millas por hora se mueve sobre la piel sólo a 1,5 veces la velocidad de uno de 40 millas por hora.

Los meteorólogos emplean el factor de sensación térmica para indicar la temperatura efectiva creada por una combinación de viento y baja temperatura. La capacidad de amenaza que tienen vientos aun modestos en condiciones frías se muestra en las siguiente tablas:

Temperatura efectiva creada por la sensación térmica

Velocidad del viento (km/hora)	**Temperatura ambiente (°C)**			
	5	-10	-20	-30
10	2	-12	-28	-40
50	-2	-17	-35	-48
100	-4	-20	-40	-54

Velocidad del viento (millas/hora)	**Temperatura ambiente (°F)**			
	40	20	0	-20
5	36	13	-11	-34
30	28	1	-26	-53
60	25	-4	-33	-62

Velocidad del viento

Las montañas pueden ser lugares ventosos. La mayor velocidad del viento jamás registrada fue en el monte Washington, en New Hampshire, el 12 de abril de 1934. Se registraron 371 kilómetros/ 231 millas por hora. Es un huracán de *fuerza 3.*

Atmósferas planetarias

El hecho de que tengamos aire para respirar se debe a la gravedad. El concepto de *velocidad de escape* (*véase la página 94)* que rige la capacidad de una nave espacial para abandonar la Tierra, gobierna la conducta de todo lo que podría ser lanzado al espacio, gases incluidos. La velocidad de las moléculas individuales en un gas dado varía, pero cada gas tiene un promedio característico de velocidad molecular. Simplificando mucho, cuanto más ligero es el gas, más rápida es la velocidad media de sus moléculas. Por consiguiente, la composición de la atmósfera de un planeta depende de dos factores:

1. La cantidad de los diversos gases generados en la superficie de los planetas en un momento dado.
2. La velocidad de escape a varios niveles de la atmósfera del planeta.

En el caso de la Tierra, la velocidad media de las moléculas de oxígeno y nitrógeno en la atmósfera es significativamente más baja que la velocidad de escape, 11 kilómetros/ 7 millas por segundo, así que sólo una ínfima proporción de estos gases, la que se encuentra en las capas más altas de la atmósfera, se pierde en el espacio. Sólo se necesita que a nivel de superficie exista una producción modesta de estos gases para guardar la proporción equilibrada de la atmósfera. El hidrógeno y el helio, mucho más ligeros, tienen velocidades moleculares mucho más altas, y por eso se encuentran en cantidades muy pequeñas. Esto tiene un marcado contraste con lo que sucede en planetas gigantes como Júpiter y Saturno, cuyas atmósferas están compuestas principalmente por estos elementos.

Si la velocidad molecular de un gas es significativamente mayor que la velocidad de escape de un planeta en cuestión, ese gas desaparecerá rápidamente en el espacio. Un planeta con una velocidad de escape baja es improbable que tenga gases ligeros en su atmósfera y hasta es posible que no tenga atmósfera en absoluto. Ésta es la razón de que prácticamente no exista atmósfera en Marte, y ninguna en absoluto en la Luna. Puede que la tuvieran en algún momento, pero, de ser así, hace mucho que desapareció en el espacio.

La alta atmósfera o atmósfera superior

El aire tenue de la cima del Everest sigue siendo, científicamente hablando, parte de la atmósfera inferior. Los científicos llaman a esta región de aproximadamente 16 kilómetros/10 millas de altura, unas dos veces la altura del Everest, la *troposfera*. Aquí es donde encontramos las nubes y donde se genera el clima.

La capa siguiente es la *estratosfera*. Se extiende aproximadamente desde los 16 kilómetros/10 millas a los 50 kilómetros/30 millas de la superficie. Cuando uno viaja a través de la estratosfera, la temperatura aumenta un poco como resultado del calor liberado por el proceso en el que la luz ultravioleta genera una variedad del oxígeno llamada ozono.

Por encima de la estratosfera, de los 50 kilómetros/30 millas aproximadamente a los 80 kilómetros/50 millas, se halla la *mesosfera*, donde la temperatura se enfría debido a la altitud. En este nivel, la atmósfera es extremadamente tenue, pero todavía existen suficientes moléculas para ofrecer cierta resistencia a un objeto que se mueva a través de ella, y es aquí donde arden y se consumen la mayoría de los meteoros.

También es en este nivel donde cristales de hielo forman las nubes más altas, las nubes luminosas que vemos cuando oscurece, iluminadas por el sol invisible bajo el horizonte.

Sobre la mesosfera existen unas capas delgadas que forman la *ionosfera*. Es en estas capas donde se reflejan las ondas radiofónicas largas, y hacen posible que los oyentes situados en la superficie terrestre reciban las transmisiones AM más allá del horizonte óptico. Por encima de estas capas está la *termosfera*, que se extiende aproximadamente hasta los 500 kilómetros/300 millas. Más allá de la termosfera, hasta una altura de varios miles de kilómetros, tenemos la *exosfera*. Aquí, la atmósfera es tan tenue que en la Tierra la llamaríamos vacío. Es una región de campos magnéticos y partículas de alta energía; las estaciones espaciales hacen bien en quedarse por debajo de ella. Desde el punto de vista de los físicos, sigue siendo parte de la atmósfera terrestre; pero para el resto de nosotros es simplemente «el espacio».

Dalton y el átomo

Hoy día estamos tan acostumbrados al concepto del átomo como ladrillo básico con lo que todo está construido en el universo —nosotros incluidos—, que es difícil imaginar una conversación en la que su existencia no se dé por sabida. Pero, hace poco más de doscientos años, la simple mención de que se creía en algo así podía considerarse una fantasía. El hombre que le dio respetabilidad al átomo fue un químico inglés llamado John Dalton.

Dalton nació en 1766, en el pueblo de Eaglesfield, condado de Cumberland. Era un cuáquero —hijo de un tejedor— y dejó la escuela a los once años para ejercer de maestro en una escuela cuáquera. Su primer interés científico fue la meteorología, que empezó a estudiar al cumplir veinte años, mediante instrumentos diseñados por él mismo. En 1793 publicó un libro titulado *Observaciones meteorológicas y ensayos,* que fue uno de los primeros de esa especialidad. Mantuvo su interés por el tema durante más de cincuenta años, haciendo observaciones sobre el clima —unas 200.000 en total— hasta el día en que murió. En 1794 fue la primera persona que describió la ceguera a los colores, un asunto sobre el que estaba muy calificado, dado que él mismo padecía ese defecto.

Se necesitó un pequeño paso adelante para pasar de pensar en el clima a pensar en el aire; y otro de pensar en el aire a pensar en las propiedades de los gases en general. Pronto llegó al convencimiento de que todos los gases estaban compuestos de partículas diminutas, invisibles, y tardó poco en llegar a conclusiones similares sobre los líquidos y los sólidos.

El químico francés Joseph Louis Proust había demostrado, en 1799, que el carbonato de cobre contenía los siguiente elementos: cobre, carbono y oxígeno en proporciones de 5:1:4, y que estas proporciones eran aplicables tanto si se obtenía en el laboratorio como si se encontraba en la naturaleza. Más tarde estableció que lo mismo podía aplicarse a otros compuestos, y dio cuerpo a este principio en una declaración que se convertiría en la *Ley de las proporciones múltiples.*

Dalton comprendió que tal ley sería inevitable si:

1. Los elementos estaban compuestos por partículas diminutas.
2. Todas las partículas de un elemento tenían la misma masa.
3. Las partículas de elementos diferentes tenían masas diferentes.
4. La combinación de elementos tenía lugar a nivel de partículas individuales.

Más adelante conjeturó que los elementos combinados en proporciones diferentes formaban compuestos diferentes. Esto lo llevó a sospechar que el metano y el etileno eran compuestos en los que el nitrógeno y el carbono se combinaban en proporciones diferentes; y que lo mismo sucedía con el monóxido de carbono y el anhídrido carbónico. Plasmó esta conclusión en una redefinición de la ley de Proust, que llamó *Ley de las proporciones múltiples*.

Dalton comprendió que sus partículas se parecían a los *átomos* que el filósofo griego Demócrito había sugerido mucho tiempo atrás, que constituían los ladrillos de la naturaleza. Por consiguiente, adoptó la palabra de Demócrito para describir sus propias partículas. Pero no tiene ninguna deuda contraída con su predecesor griego; el átomo de Demócrito era un concepto puramente filosófico, sin apoyo teórico o experimental.

En 1808, Dalton reunió sus ideas en un libro titulado *Nuevo sistema de filosofía química*. En pocos años, su concepto de la combinación química como la unión de átomos de varios elementos en proporciones fijas, mediante un proceso susceptible de ser medido con precisión, se convirtió en un punto de vista compartido por la mayoría de los químicos. Empezaba a parecer que la química podía, al fin, encontrar su lugar entre las ciencias exactas.

La naturaleza modesta de Dalton y sus creencias cuáqueras le impidieron aceptar muchos de los honores que gobiernos y sociedades deseaban concederle. Pero aceptó un título honorífico de la Universidad de Oxford. Su vestido ceremonial fue de color escarlata... un color que se supone que un cuáquero no debía llevar. Pero su ceguera a los colores lo salvó: para él, su traje era gris.

La pila galvánica

En 1791, Luigi Galvani, profesor de anatomía y obstetricia en la Universidad de Bolonia, publicó un escrito en el que describía un experimento que involucraba a las ranas. Recontó cómo, cuando dejó una rana sobre una mesa donde se encontraba un aparato eléctrico, las patas de la rana se contrajeron bruscamente. También describió cómo se le contrajeron las patas bruscamente cuando la colocaron sobre una superficie metálica durante una tormenta o cuando tocaban las patas simultáneamente con instrumentos de diferentes metales. Concluyó que había presenciado una descarga de «electricidad animal», de electricidad almacenada en el cuerpo de la rana.

Galvani envió una copia de su escrito a su amigo Alessandro Volta, profesor de física en la Universidad de Pavía, pidiéndole apoyo. Pero la amistad fue puesta a prueba cuando Volta insistió, en diversos escritos publicados durante 1792 y 1793, que la contracción fue causada por una corriente eléctrica externa y que, en el caso de los instrumentos, la electricidad había sido generada por una reacción entre los dos metales. Para apoyar su teoría, Volta experimentó con varias combinaciones de metales para ver si eran capaces de generar una corriente eléctrica. Puso su lengua en los terminales para evaluar la potencia de la corriente generada, y eso le sugirió que la saliva de su boca contribuía al efecto producido. Experimentó con placas de diversos metales en un variado surtido de líquidos. En 1800 creó la «pila voltaica», la primera pila húmeda del mundo que funcionó, y que consistía en discos alternos de plata y zinc, separados por cartones empapados en salmuera.

En 1801, Volta fue invitado a París para que le mostrase su dispositivo a Napoleón, y éste quedó tan impresionado que lo nombró conde y miembro de la Legión de Honor.

Electroquímica

En marzo de 1800, Volta envió una carta a sir Joseph Banks, presidente de la Royal Society, con un boceto de su nuevo invento. Las noticias de esa carta llegaron a oídos de un ingeniero, reconvertido en escritor científico popular, llamado William Nicholson, que rápidamente se puso a construir una pila voltaica propia. En uno de los primeros experimentos con su nuevo aparato, sumergió los cables en agua y descubrió que, mientras fluyera la corriente, del líquido se desprendían burbujas de gas. Se trataba de burbujas de dos gases, hidrógeno y oxígeno, y Nicholson comprendió que había invertido el proceso demostrado por Cavendish diecisiete años antes, en el que produjo agua quemando hidrógeno en presencia de oxígeno. En lenguaje moderno hizo «agua electrolizada»: se trató de la primera demostración de que una corriente eléctrica podía provocar una reacción química.

Nicholson era editor de una revista sobre química y no perdió tiempo en publicar un resumen de su descubrimiento, que fue conocido por el mundo antes de que Volta anunciase siquiera su propio invento. La demostración de Nicholson de la posibilidad de provocar reacciones químicas por medio de una corriente eléctrica, combinada con la demostración de Volta de la generación de una corriente eléctrica por medios químicos, marcó el nacimiento de la electroquímica.

Humphry Davy

A primeros del siglo XIX, la calle Albemarle, cerca del Piccadilly londinense, se convirtió en la primera calle de un solo sentido de la ciudad. La decisión fue, en parte, por el atasco de carruajes de caballos que se formaba siempre que la Institución Real organizaba una de sus conferencias científicas. La Institución Real —de carácter privado y altruista— fue creada en 1800 por un rico científico aficionado y espía a tiempo parcial llamado Benjamin Thompson, conde de Rumford. Su objetivo era ofrecer unas instalaciones para la educación y la investigación científicas, y para la difusión del conocimiento científico. Rumford cedió a la Institución Real unos locales preciosos en la calle Albemarle, incluida una sala de conferencias muy elegante, que aún hoy día sigue cumpliendo la misma función. Poco después se fue a París, donde se convirtió en amante de la viuda de Lavoisier. Pero, antes de partir, tomó la inspirada decisión de invitar a que un joven de Cornualles llamado Humphry Davy se convirtiera en conferenciante de la institución.

Davy nació en Penzance, Cornualles, en 1778. Era hijo de un escultor en madera y se había procurado una educación autodidacta. Cuando tenía diecinueve años, leyó el *Tratado elemental* de Lavoisier, y eso lo condujo a amar la química durante toda su vida. Cuando Rumford invitó a Davy a disertar en la Institución Real, éste trabajaba como superintendente médico en un balneario de moda de Bristol. Un año después, el profesor de química murió y Davy fue designado en su lugar. Por esa época era un joven de veintitrés años, guapo, de pelo rizado y ya conferenciante extraordinario. Era tal la expectación que despertaban sus conferencias, que provocaron problemas de tráfico en la calle. Lo atractivo de sus actuaciones públicas se refleja en el comentario de una dama de alta cuna: «Esos ojos están hechos para algo más que para escudriñar crisoles».

Cuando descubrió el trabajo de Volta y de Nicholson, Davy se sintió apasionadamente interesado por la electrólisis. Muchos científicos de la época sospechaban que sustancias comunes como el magnesio, la potasa y la sosa contenían elementos metálicos todavía no identificados. Davy construyó una poderosa pila con más de 250 placas de metal e hizo pasar corriente eléctrica a través de soluciones de todas esas sustancias. De la potasa obtuvo un metal previamente desconocido, que estalló en llamas al entrar en contacto con el agua. Lo llamó potasio. Una semana después, obtuvo otro de la sosa y lo llamó sodio. Al año siguiente consiguió aislar cuatro nuevos elementos más: el bario, el estroncio, el calcio y el magnesio.

El logro de Davy aislando el potasio hizo que la sociedad londinense entrara en un frenesí de adoración hacia el héroe. El entusiasmo por sus conferencias era tal, que las entradas cambiaban de manos por 20 libras, más de 1.400 euros de hoy día. En 1815 coronó su carrera con la invención de la lámpara de Davy, que hizo posible que los mineros trabajaran con seguridad en presencia de un gas mortal y explosivo, el grisú. Acabó sus días rico y famoso, presidiendo la Royal Society, y considerado como un tesoro nacional. Sólo una cosa estropeaba su felicidad: los celos de Michael Faraday, que fue su mayor descubrimiento y su sucesor en la Institución Real.

¿Cuántos años tiene la Tierra?

A principios del siglo XIX, la geología estaba a la vanguardia de la ciencia. Mientras aumentaba la comprensión sobre la composición de las rocas y se descubrían más y más fósiles, la pregunta sobre la verdadera edad de la Tierra se convertía en un debate feroz. La edad de seiscientos mil años extraída del estudio de los textos bíblicos empezó a parecer cada vez más inverosímil, y los científicos tuvieron que considerar la posibilidad de que la historia de la Tierra se remontase mucho más de lo que habían supuesto previamente. Pero una de las estimaciones más sorprendentes fue planteada por un hombre que no era en absoluto un geólogo, sino un matemático.

Jean-Baptiste Joseph Fourier nació en Auxerre, Francia, en 1768. Era hijo de un sastre, pero se quedó huérfano a los ocho años. Jugó un pequeño papel en la Revolución Francesa, y escapó por poco de la guillotina. Ambicionaba ser oficial de artillería, pero era incapaz de conseguirlo por culpa de su humilde nacimiento. Sin embargo, gracias a la influencia de su obispo, pudo asistir a la academia militar de Auxerre y, durante su graduación, le fue ofrecido un puesto en el cuerpo docente. Cuando L'École Normale se fundó en París, en 1895, se hizo conferenciante, y su éxito en ese puesto lo llevó a ser designado profesor de análisis en la Escuela Politécnica.

En 1798 acompañó a Napoleón a Egipto, y fue nombrado gobernador de una parte del país. Cuando cayó Napoleón,

Fourier no sólo sobrevivió, sino que recibió honores de la restaurada dinastía borbónica. En 1822 fue secretario de la Academia de Ciencias, junto al anatomista Cuvier.

El interés particular de Fourier era la forma en que el calor fluía de un cuerpo a otro. Éste era un tema complejo y poco entendido, que involucraba no sólo la diferencia de temperatura entre los dos cuerpos, sino su forma y composición. Fourier puso sus excepcionales habilidades matemáticas en movimiento para resolver el problema, y en 1807 publicó lo que ahora se conoce como el teorema de Fourier. Este trabajo le reportó una fama instantánea y Napoleón, como reconocimiento, lo nombró barón en 1808.

Lo que Fourier demostró fue que una fluctuación periódica compleja, en la que una situación vuelve regularmente a su condición anterior, podía interrumpirse en una serie de fluctuaciones simples, sobreimpuestas, que podrían recombinarse para dar la periodicidad originalmente observada; y que ese proceso podía resumirse en forma de secuencia matemática.

En 1822 publicó su *Teoría analítica del calor,* que es una de las obras maestras de la ciencia del siglo XIX. En ella, aplicaba sus descubrimientos matemáticos al tema que siempre le había fascinado: la transferencia de calor de un cuerpo a otro. Un problema en el que fijó su atención, era cuánto tiempo tardó la Tierra en enfriarse hasta alcanzar su temperatura actual. Sus cálculos implicaban que la edad de la Tierra era del orden de unos cien millones de años. Y resulta que esa cifra es únicamente la mitad de lo aceptado hoy, pero, por aquel entonces, era mucho mayor que la que defendían sus contemporáneos, algunos de los cuales seguían intentando digerir los setenta y cinco mil años que había avanzado osadamente el naturalista francés Buffon ochenta años antes.

El teorema de Fourier sentó los cimientos de una nueva rama de las matemáticas llamada *análisis armónico,* que tiene aplicaciones en una amplia gama de situaciones donde los procesos complejos necesitan dividirse en componentes que puedan ser modelados y, su resultado, proyectado en el futuro. Se utiliza en los análisis de ondas sonoras y armónicos musicales, en el estudio de las estrellas variables y la competición entre las especies animales, y en el estudio de los cambios climáticos a largo plazo: en cualquier parte, de hecho, donde se presentan fenómenos de un carácter periódico y ondulado.

Fourier y el efecto invernadero

El término «efecto invernadero» nos parece moderno; pero en realidad tiene casi doscientos años y fue acuñado por Fourier.

Tras publicar la *Teoría analítica del calor,* con su estudio sobre el proceso de enfriamiento de la Tierra, Fourier volvió su atención a los gases atmosféricos y a la transferencia de calor que tiene lugar dentro y a través de ellos. Nos dio una explicación de por qué las variaciones de temperatura entre el día y la noche eran tan pequeñas, y consideró el proceso mediante el cual se pudo llegar a un clima en el que la vida animal, incluidos los seres humanos, pudieron desarrollarse.

Lo que Fourier propuso era que la atmósfera de la Tierra actuó como una manta aislante, reduciendo la diferencia entre las temperaturas del día y de la noche, y la velocidad a la que se disipaba el calor en el espacio durante la noche. La atmósfera también ejercía el mismo efecto al reducir la diferencia de temperaturas entre el verano y el invierno. Esto fue lo que llamó «efecto invernadero».

Fourier también creó un «efecto invernadero» personal. Desarrolló una morbosa preocupación hacia el mantenimiento de su temperatura corporal. Mantuvo su casa sobrecalentada y sudaba bajo capa tras capa de ropa aislante. Si eso hubiera podido servir para prolongar su vida nunca lo sabremos, ya que murió al caerse por una escalera cuando tenía sesenta y dos años.

Berzelio y los símbolos químicos

El consejo: «Abandona mientras vayas ganando», se aplica tanto a la ciencia como a cualquier otra área de la actividad humana. Y han existido algunos científicos eminentes que habrían sido mejor recordados si lo hubieran seguido. Los jóvenes que amplían los límites de sus disciplinas, al llegar a su vejez se convierten en ocasiones en un obstáculo para las mismas. Igual ocurriría con las mujeres, sin duda, si tuvieran las mismas oportunidades de estudiar y trabajar.

En las décadas de 1830 y 1840, el sueco Jöns Jacob Berzelio dominó el mundo de la química como un coloso, por usar la frase de Shakespeare. Su reputación fue tan grande, que todo lo que dijera iba a misa. Si se equivocaba, algo que sucedía a menudo, significaba un retroceso para la ciencia. Cuando murió en 1848, sus jóvenes contemporáneos se quitaron un peso de encima. Y eso que, de joven, Berzelio había sido todo un innovador. Fue uno de los que pusieron los cimientos de la química moderna, y con treinta años la dotó de un lenguaje que los químicos siguen utilizando desde entonces.

Nació en Väversunda Sörgard, cerca de Linköping, al sur de Suecia, en 1779. Su padre, clérigo, murió cuando Berzelio tenía cuatro años y su madre, cuando tenía ocho, pero tuvo la buena fortuna de tener otro clérigo como padrastro, que lo animó a proseguir su educación. No obstante, su padrastro no era muy generoso en cuestiones monetarias, y los años que estuvo estudiando química y medicina en la Universidad de Upsala fueron años de penalidades, que atemperó convirtiéndose en tutor de algunos estudiantes privados. En 1802 se graduó en medicina, y fue nombrado profesor auxiliar de botánica y farmacia en Estocolmo. Más tarde se convertiría en profesor de química en el Instituto Carolina de Química y Cirugía de la misma ciudad.

Berzelio era seguidor de la teoría atómica de Dalton. En 1807, cuando tenía veintiocho años, se embarcó en un masivo programa de investigación, dedicado a explorar la constitución de compuestos químicos y estableció los pesos atómicos de los elementos que los componían. Durante los diez años siguientes analizó más de 2.000 compuestos, y en 1818 publicó una tabla sorprendentemente certera de pesos atómicos, mostrando las proporciones en las que se combinan los elementos, tabla que mejoró en una segunda versión publicada en 1826. No obstante, incluso esta segunda tabla fallaba por una confusión, ya que Berzelio nunca tuvo clara la diferencia entre átomos y moléculas.

En el momento en que llevaba a cabo estas investigaciones, los químicos se veían muy constreñidos por su incómodo lenguaje simbólico. Era un idioma pictórico derivado de la alquimia que, más que reflejar la realidad de las reacciones químicas, la oscurecía. Dalton había intentado mejorarlo, pero sus símbolos también eran de naturaleza pictórica y muy incómodos. Sin un sistema eficaz de símbolos químicos, los investigadores se encontraban en la misma posición que los matemáticos cuando estaban restringidos a utilizar los números romanos.

Berzelio tomó un atajo y le dio a la química el idioma simbólico que, con cambios menores, se ha usado desde entonces. Y se ganó la gratitud eterna de los tipógrafos de los libros de texto. Su sistema tenía dos rasgos que racionalizaban la descripción de las reacciones y que ayudaban mucho a pensar en la realidad subyacente. Primero, abandonó el uso de los nombres completos de los elementos, sustituyéndolos por la primera o las dos primeras letras de su nombre en latín. El cobre *(cuprum)* se convirtió en «Cu», y el oro *(aurum)* en «Au». Segundo, tuvo la brillante idea de describir los compuestos combinando los símbolos de los distintos elementos individuales que los componían. El sulfuro de zinc se volvió un sencillo ZnS. Era un sistema simple, y que hoy día nos parece obvio. Pero, como el otro gran sistema simbólico, los números árabes, no lo era en absoluto hasta que fue inventado.

Los últimos años de Berzelio se vieron oscurecidos por la enfermedad, pero era agasajado allí donde fuera. Y en 1835, a la madura edad de cincuenta y seis años, abandonó la vida de soltero casándose con una guapa joven de sólo veinticuatro años, hija de un viejo amigo, que le dio diez años de gran felicidad.

Fórmulas químicas

Un aspecto de la anotación química que le dio más problemas a Berzelio fue cómo indicar la diferencia entre los compuestos de un mismo elemento. Una molécula de *monóxido* de carbono está formada por un átomo de carbono y uno de oxígeno, mientras que una molécula de anhídrido carbónico está compuesta por un átomo de carbono y dos de oxígeno. En su primer esquema utilizó puntitos para indicar la diferencia, y después, símbolos algebraicos. En su última versión recurrió a los *exponentes*, números pequeños sobre el símbolo del elemento. Fueron dos químicos alemanes, Liebig y Poggendorff, quienes cambiaron éstos por los *subíndices* que usamos hoy; así, el monóxido de carbono es CO, y el anhídrido carbónico, CO_2.

Fraunhofer y sus líneas

A principios del siglo XIX, las estrellas seguían siendo objetos misteriosos. Las habían contado, medido la distancia hasta ellas y computado sus masas y sus movimientos. Pero seguían siendo un punto de luz, cuya naturaleza real era desconocida. El telescopio había añadido muchos datos al conocimiento celeste de la humanidad, pero conocer no es lo mismo que comprender. Mientras que los astrónomos sólo tuvieron el telescopio para ayudarlos, eran como extranjeros en una gran ciudad; extranjeros que sabían cuántas personas vivían, sus nombres y aspecto, pero que no hablaban su idioma. Sin una nueva tecnología, la astronomía del siglo XIX hubiera sido más de lo mismo: más estrellas, más distancias, pero nada más profundo. Pero, con el nacimiento del siglo, también nació una nueva herramienta que transformó la astronomía. La herramienta era el espectroscopio, y su inventor fue un óptico alemán llamado Joseph von Fraunhofer.

Nació en Straubing, Baviera, en 1787. Su padre era vidriero y Fraunhofer, el más joven de once hijos, se quedó huérfano a los once años de edad. Cuando tenía catorce, fue el único sobreviviente cuando se derrumbó la vivienda donde habitaban. Maximiliano I de Baviera, al enterarse de su situación le regaló 18 ducados, que utilizó para estudiar óptica. Autodidacta, hizo un estudio de las calidades ópticas de varios tipos de cristal, se convirtió en experto en la fabricación de instrumentos ópticos y fue director de la Compañía Muniquesa de Instrumentos Filosóficos.

El estudio del espectro de la luz visible se había estancado un tanto desde que Newton señalase, un siglo antes, los colores que la componen. Las lentes y los prismas que fabricaba Fraunhofer eran superiores a los que Newton había podido producir, y en 1814 combinó un telescopio y un prisma para conseguir un instrumento propio de precisión: *el espectrómetro de prisma.* Con su ayuda, entre 1814 y 1817, consiguió realizar varios descubrimientos que habían eludido a Newton. Concretamente, descubrió que el espectro no sólo contenía bandas de varios colores, sino un cierto número de finas líneas oscuras. Las bandas de color representaban longitudes de ondas de luz presentes en el espectro, las líneas oscuras representaban longitudes de onda ausentes. Contó hasta 600 de estas líneas (ahora conocidas como líneas de Fraunhofer), y las incluyó en una tabla donde, empezando por el extremo rojo del espectro, las llamó A, B, C, etc.; el sistema sigue vigente hoy día. Descubrió que, bajo la luz del Sol que reflejan la Luna y los planetas, las líneas ocupan la misma posición que bajo la luz directa del Sol. Incluso tuvo éxito analizando el espectro de luz de una estrella, y observó que ciertas líneas presentes en el espectro del Sol estaban ausentes en el de la estrella. De ser un científico reconocido, sus descubrimientos habrían creado sensación, pero sólo era un artesano, y el esnobismo académico le impidió presentar sus resultados a una sociedad ilustrada. Pasarían cincuenta años antes de que su trabajo fuera reconocido por los «caballeros».

Los experimentos de Kirchhoff

El trabajo de Fraunhofer tuvo enormes consecuencias en el estudio de la astronomía, y también preparó el camino para posteriores análisis espectroscopios de la materia a nivel atómico. Pero el trabajo que resultó esencial para convertir sus descubrimientos en una nueva ciencia fue realizado por un físico alemán llamado Gustav Kirchhoff.

Kirchhoff, hijo de un abogado, nació en la ciudad prusiana de Königsberg (ahora Kaliningrado, Rusia) en 1824, y asistió a su universidad. Pasó veinte años como profesor de física en Heidelberg, y doce años en un puesto similar en Berlín. Durante su carrera hizo contribuciones importantes al desarrollo de la física matemática y experimental, en particular sobre la teoría de la conductividad eléctrica. Fue la primera persona en demostrar que la corriente eléctrica viajaba a la velocidad de la luz.

Cuando Kirchhoff se trasladó a Heidelberg en 1854, conoció a un profesor de química llamado Robert Bunsen, trece años mayor que él. Bunsen ya tenía una importante carrera tras él... y cicatrices para demostrarlo. Sus primeras investigaciones se centraron en la química orgánica. Una explosión durante un experimento le costó un ojo, y estuvo a punto de morir en un par de ocasiones envenenado por arsénico. Más tarde, comprensiblemente, abandonó la química orgánica y se negó a que fuera estudiada en su departamento. Sus intereses en la química inorgánica eran muy diversos y fue responsable de muchos inventos, de los cuales el mechero Bunsen es el más conocido. En los cincuenta años transcurridos desde que Fraunhofer trazara sus líneas, había quedado claro que algunas de ellas estaban asociadas con elementos concretos. Si un elemento estaba presente en una fuente de luz, aparecía como una serie de líneas luminosas —*líneas de emisión*— en partes específicas del espectro. Si el elemento no estaba presente, su ausencia se indicaba mediante líneas oscuras —*líneas de absorción*—. Ahora, los físicos tenían una herramienta con la que analizar material incandescente, tanto en el laboratorio como a distancia, en lo que eran fuentes inaccesibles.

Utilizando el nuevo quemador de Bunsen, que tenía la ventaja de producir muy poca luz propia, Kirchhoff calentó varios materiales hasta la incandescencia y logró «etiquetar» las líneas en sus espectros con los nombres de los elementos a los que estaban asociados, produciendo una especie de códigos de barra espectroscópicos. Habiendo determinado las líneas asociadas con los elementos conocidos, junto a Bunsen fueron capaces de identificar otras líneas como indicadoras de la presencia de elementos desconocidos hasta entonces. El 10 de mayo de 1860 anunciaron el descubrimiento de un nuevo elemento, el cesio (que en latín significa «cielo azul»), y al año siguiente descubrieron un segundo elemento que bautizaron como rubidio (en latín: rojo).

El descubrimiento más importante de Kirchhoff fue que, si la luz pasaba a través de un gas, el espectro resultante mostraba líneas de absorción en la misma posición que las líneas de emisión que el gas desplegaba estando incandescente. Esto le permitió deducir la presencia de sodio en la atmósfera solar, gracias a las líneas de absorción de su espectro. Usando este enfoque, otros investigadores fueron capaces de establecer la presencia de otros elementos terrestres en la atmósfera del Sol. Una persona que no se sintió muy impresionada por los logros de Kirchhoff fue su banquero, que le preguntó: «¿De qué sirve saber que hay oro en el Sol, si no puede traerlo a la Tierra?». Tiempo después, Kirchhoff tendría su dulce venganza al entrar en el banco con una bolsa de soberanos de oro —de un premio otorgado por el gobierno británico— que le entregó a su banquero al tiempo que le decía: «Éste es el oro del Sol».

El descubrimiento del helio

Uno de los primeros triunfos de la espectroscopia extraterrestre tuvo lugar en 1868, cuando se descubrió en el Sol un elemento desconocido en la Tierra. El responsable fue un astrofísico llamado Norman Lockyer, que por entonces formaba parte del personal del Ministerio de Guerra británico y estaba comprometido con el estudio de las protuberancias solares (las enormes erupciones luminosas que emergían de la superficie del Sol). En octubre de 1868 Lockyer observó una línea amarilla en el espectro solar, separada de las que previamente había identificado con el sodio, y que no coincidía con el espectro de ningún elemento conocido. Concluyó que la línea era la demostración de la existencia de un elemento todavía no descubierto que llamó helio, de la palabra griega sol. La sugerencia fue despreciada por otros químicos, pero veintisiete años después, en 1895, William Ramsay, profesor de química en el University College de Londres, logró aislar el gas de Lockyer de un mineral radioactivo llamado cleveíta. Lockyer vivió lo suficiente como para ver su proposición validada.

De hecho, Ramsay no era la primera persona en observar helio en un laboratorio. Un geólogo americano llamado W. F. Hillebrand había obtenido un resultado similar cuatro años antes que él, pero lo achacó a un defecto de su equipo.

Michael Faraday

En 1812, diez años después de que Humphry Davy empezase a dar conferencias en la Institución Real, el aprendiz de un encuadernador local recibió entradas para cuatro de sus conferencias. Su nombre era Michael Faraday, uno de los diez hijos de un herrero, nacido en un pueblo llamado Newington, a las afueras de Londres. Había tenido poca formación escolar, pero a los trece años, cuando empezó sus estudios —por el estímulo de un jefe amable— leyó mucho y logró un buen conocimiento de la ciencia gracias a los libros que pasaban por sus manos. Las entradas para las conferencias de Davy fueron regalo del padre de un amigo, impresionado por las notas que Faraday había tomado en su propia conferencia científica.

Estas conferencias cambiaron la vida de Faraday. Unos meses después, Davy quedó temporalmente ciego por culpa de un experimento fallido, y Faraday consiguió ser nombrado su secretario temporal, sin dejar su propio trabajo. Cuando el plazo se cumplió, escribió a Davy pidiéndole un empleo a tiempo completo y apoyó su petición con las notas tomadas durante las conferencias a las que había asistido aquel año. Gracias a un golpe de suerte, el ayudante de Davy fue despedido poco después por enredarse en una pelea, y Faraday ocupó su lugar.

Era un puesto humilde que suponía mucho esfuerzo físico, pero trabajó duramente y pronto pudo realizar los experimentos químicos más intrincados. Poco después de comenzar su colaboración, Davy se convirtió en sir Humphrey, se casó con una viuda rica y renunció a su cátedra. Faraday lo acompañó como ayudante científico y burro de carga general en una extensa visita al continente.

En el viaje fue sometido a constantes humillaciones por parte de la joven novia senob de Davy, pero consiguió el equivalente a una educación universitaria, aprendió francés e italiano, y conoció a muchos hombres de ciencia. Éstos incluían, en Francia, al químico Gay-Lussac y al físico Ampère, y en Italia, al físico Alessandro Volta, que tenía en aquel momento setenta años y se encontraba en la plenitud de su fama.

Faraday y la electrólisis

Comparado con muchos grandes hombres de ciencia que realizaron su trabajo más importante estando en la veintena, Faraday tardó en alcanzar su ritmo. Ahora es reconocido como uno de los científicos más importantes del siglo XIX y, como físico, uno de los mejores de todos los tiempos. Murió apenas cumplidos los treinta y su nombre era prácticamente desconocido.

Llegó tarde a la educación, y las matemáticas, que resultaban esenciales para los jóvenes científicos, siempre serían un libro cerrado para él. Compensó su falta de habilidad matemática con un don fenomenal para visualizar los procesos naturales como si fueran hechos físicos que tuvieran lugar frente a sus ojos; fue este don el que le dio muchas de sus visiones más importantes.

Poco después de su retorno a la Institución Real, lograría su primer éxito notable al desarrollar un método mediante el que gases, como el cloro y el anhídrido carbónico, podían licuarse sometiéndolos a presión.

Dos años después hizo una mayor contribución al desarrollo de la química orgánica al descubrir el benceno, un compuesto que más tarde jugaría un papel clave en la explicación de la estructura molecular.

En 1825 se convirtió en el director del laboratorio de la Institución Real y empezó un programa de investigación electroquímica... un tema en el que Davy había abierto camino, aislando cierto número de metales al hacer pasar una corriente eléctrica a través de los compuestos que los contenían.

Faraday llamó a este proceso *electrólisis,* y *electrodos* a las varillas metálicas insertadas en las soluciones. En 1832 formuló las *leyes de la electrólisis,* que establecieron por primera vez la relación entre la electricidad y los procesos químicos, y expresó esa relación en términos cuantitativos exactos.

Electricidad y magnetismo

Mientras investigaba la relación entre la electricidad y la química, Faraday estudiaba simultáneamente la relación entre la electricidad y el magnetismo. Su interés lo había despertado un artículo de la *Enciclopedia Británica,* que le sirvió para crear varios dispositivos eléctricos. Uno de ellos fue una pila voltaica, la batería descrita por Volta en el año 1800.

Durante los primeros años del siglo XIX, muchos científicos sospechaban que podía existir una conexión entre el fenómeno recientemente descubierto de la electricidad y el fenómeno más familiar del magnetismo. En 1820, un físico danés de cuarenta y dos años llamado Hans Christian Oersted encendió el debate con la descripción de un experimento en el que había acercado una aguja de compás a un alambre por el que circulaba una corriente eléctrica.

Oersted era profesor de física y química en la Universidad de Copenhague, un científico con una gama de intereses extraordinariamente amplia y que creía en la unidad fundamental de las leyes de la naturaleza. Animado por esta creencia, llevó a cabo muchos esfuerzos para establecer conexiones entre las fuerzas químicas y magnéticas y la luz, y para mostrar que, en esencia, todas eran esencialmente de carácter eléctrico.

Con su experimento, Oersted descubrió que una aguja de compás se desviaba en ángulo recto a la dirección del paso de la corriente eléctrica, y que si la corriente se invertía, la aguja se desviaba el mismo ángulo en dirección opuesta. La publicación de este resultado creó sensación. Al enterarse del experimento de Oersted, Faraday se embarcó en un programa de investigaciones dirigido a descubrir la naturaleza de la relación entre la electricidad y el magnetismo. Diseñó un experimento en el que un alambre móvil se enrollaba en torno a un imán fijo, y otro imán móvil pivotaba alrededor del eje de un alambre fijo. Cuando una corriente pasó a través del aparato, el imán móvil empezó a pivotar alrededor del eje del alambre fijo, y el alambre móvil hizo lo mismo alrededor del imán fijo. Después, Faraday intentó invertir el experimento de Oersted. Éste había usado una corriente eléctrica para crear atracción magnética. Entonces, Faraday estudió si era posible utilizar un campo magnético para generar una corriente eléctrica. Tuvo éxito, creando de esta manera el primer transformador del mundo.

Conferencias navideñas

Aunque no tenían hijos, Faraday y su esposa adoraban a los niños, y en 1826 anunció una serie de seis charlas para niños durante las Navidades. Éstos tuvieron un éxito enorme, inaugurando una tradición que se mantiene en nuestros días. Entonces, como ahora, estas charlas presentaban las últimas ideas científicas en términos que daban por supuesta la inteligencia del público, permitiéndoles disfrutar de la emoción del descubrimiento en compañía de los mejores científicos. Una de esas charlas, *La historia de una vela,* tuvo tanto éxito que Faraday se vio obligado a repetirla a intervalos regulares y se convirtió en un clásico de la ciencia popular.

Al año siguiente de inaugurar esas charlas, le fue ofrecido el puesto de profesor de química en el recién inaugurado University College de Londres, pero su lealtad a la Institución Real, a la que tanto debía, hizo que lo rechazara. Se le propuso ser caballero, y también rechazó ese honor. Hombre de principios hasta el final, siguió siendo simplemente el señor Faraday y, cuando murió, en 1867, fue enterrado en una tumba sencilla del cementerio de Highgate.

Los campos de fuerza

Los experimentos de Faraday con la electricidad y el magnetismo lo llevarían al desarrollo del generador y el motor eléctricos. En un sentido muy real estos inventos representaron el momento de la concepción de nuestro mundo moderno, pero es un error juzgar la importancia de su trabajo de investigación únicamente por la tecnología que nos legó o exagerando su propia contribución al desarrollo de esa tecnología. El camino desde los experimentos en los sótanos de la Institución Real hasta las centrales eléctricas y los trenes eléctricos actuales fue largo y tortuoso, y el viaje sólo fue posible gracias al esfuerzo de una pléyade de científicos e ingenieros. La contribución crucial de Faraday al estudio del electromagnetismo no fueron los juguetes que construyó, sino la *comprensión* del fenómeno a la que llegó. Fue en ese aspecto en el que su don para la visualización obtuvo su mayor triunfo.

A Faraday no le bastó *demostrar* la relación entre la electricidad y el magnetismo, quería comprender las fuerzas que se hallaban tras ellos. El físico francés André Marie Ampère ya había demostrado que de un alambre por el que pasaba una corriente eléctrica emanaba una fuerza magnética. Faraday descubrió que si se esparcían limaduras de hierro sobre una hoja de papel bajo la que se había colocado un imán, y se le daban golpecitos suaves al papel, las limaduras formarían una pauta de líneas que irradiaban del imán hacia el exterior. Para la intensa imaginación visual de Faraday, estas líneas sugerían algo más que una simple perturbación interna del imán o de su entorno inmediato, hablaban de *campos de fuerza* que se extendían en todas direcciones, difundiéndose de acuerdo con la regla del cuadrado inverso de Newton y que llegaban hasta los límites del universo. Era una imagen que no causó gran impresión entre sus contemporáneos, pero un hombre más joven —el físico James Clerk Maxwell— pudo expresar la visión de Faraday en forma de leyes matemáticas. En sus manos se encontraba la mayor revolución en la física desde los *Principia* de Newton.

Faraday, el director de espectáculos

Faraday fue un hombre modesto, con poco interés en ser aclamado por el público. Aún así, paradójicamente, su don para la visualización y el deseo de compartir su fascinación por la ciencia lo convirtieron en un conferenciante de tanto éxito como lo fuera Davy. Y, a su estilo tranquilo, fue un director de espectáculos consumado.

Fue, sin duda, uno de los divulgadores científicos más dotados que jamás haya existido. Charles Darwin, que enfermaba ante la más mínima excitación y que siempre evitaba los acontecimientos públicos como si fueran la peste, asistía regularmente a sus conferencias. Charles Dickens, cuyas actuaciones públicas eran sinónimas de drama y suspense, era un devoto aficionado.

El espectáculo que cautivó al público de Faraday queda muy bien expresado en la forma como ilustró una conferencia sobre la conductibilidad eléctrica. Tenía una jaula de madera en forma de cubo, de 3,6 metros/12 pies de lado, y la cubría con una lámina de metal y con alambres también metálicos. Cuando llegaba el momento de explicar su punto

Limaduras de hierro alineándose con los campos de fuerza.

Figura 12. Los campos de fuerza que rodean un imán, tal como demostró Faraday.

de vista, entraba tranquilamente en la jaula con sus aparatos de medición e indicaba a su ayudante que conectase unos 100.000 voltios. Las chispas volaban en todas direcciones y el público contenía unánimemente el aliento mientras Faraday seguía calmadamente con su presentación.

Owen y los dinosaurios

Un joven contemporáneo de Faraday fue el zoólogo Richard Owen, que a mediados del siglo XIX disfrutó de una increíble reputación entre los científicos británicos. Uno de sus muchos logros fue la creación del magnífico Museo de Historia Natural de Londres. Desgraciadamente, cometió el error de respaldar al bando equivocado en los debates entre los partidarios de Darwin y sus detractores, y su reputación nunca se recuperó de la paliza soportada a manos de una generación más joven de científicos. Para ellos representaba a la «vieja guardia», a los hombres que, creían, frenaban el progreso científico.

Owen será recordado como el hombre que acuñó la palabra *dinosaurio*, para describir una nueva clase de animal que había identificado, basándose en los restos fosilizados de tres criaturas muy diferentes descubiertos en los depósitos de caliza del sur de Inglaterra. El nombre «dinosaurio» deriva de dos palabras griegas que significan «lagarto terrible». «Terrible», una palabra poderosa en 1842, que quería decir «que inspira terror». Al escoger este nombre, Owen quiso enfatizar la perfección de aquellas criaturas asombrosas. Apasionado antagonista de las ideas evolutivas, fue su manera de refutar a los que veían la evolución como un proceso de formas de vida «más bajas» a otras «más altas». Hubiera sufrido una decepción de haber sabido que sus magníficos monstruos terminarían como juguetes y personajes de dibujos animados.

Su sugerencia de que tres criaturas tan diversas estaban relacionadas y que representaban un grupo hasta entonces desconocido para la ciencia, fue un atrevido salto de imaginación. Pero los descubrimientos subsecuentes refrendaron ampliamente su buen juicio y merece un lugar de honor en el salón de la fama de la biología.

La extinción de los dinosaurios

Durante más de cien millones de años, desde aproximadamente ciento ochenta millones a sesenta y cinco millones de años, los dinosaurios fueron la forma de vida dominante en la Tierra. Vivieron en una época en la que los continentes actuales estaban unidos en un inmenso supercontinente, Pangea, y sus restos se encuentran en todo el mundo. La mayoría eran grandes y algunos muy grandes, los animales terrestres más grandes que jamás hayan existido. No todos comían carne, muchos de los mayores eran herbívoros. Y de repente «desaparecieron» de la faz de la Tierra. «Desaparecieron», por supuesto, en el sentido geológico de la palabra. No murieron literalmente de la noche a la mañana, pero, en lo que se refiere a la escala temporal por la que se mide la historia geológica, ese final llegó muy rápidamente. Tuvo lugar a finales del periodo Cretáceo y principios del Terciario: lo que los geólogos llaman la frontera K/T (Kreide es la palabra alemana para Cretáceo).

Hasta los años ochenta del siglo pasado, esta súbita desaparición fue uno de los grandes enigmas de la ciencia. A principios del siglo XX, sólo los alemanes prestaban mucha atención al tema, pero, a partir de los años cincuenta, todos los científicos empezaron a tomárselo en serio. Ante la ausencia de pruebas palpables, se barajaron algunas teorías disparatadas. Unos sugirieron que los dinosaurios se habían vuelto demasiado grandes para su propio bien o, mejor dicho, para sus pequeños cerebros. Otros invocaron un repentino cambio climático, un descenso brutal de las temperaturas. Algunos incluso sugirieron que los dinosaurios habían muerto porque los mamíferos pequeños se comieron sus huevos. En 1977, científicos de la Universidad de Berkeley, California, liderados por el geólogo Walter Álvarez y su padre, el físico Louis Álvarez, examinaron las formaciones rocosas cercanas al pueblo de Gubbio, en la Italia central. En el límite preciso del K/T descubrieron enormes cantidades de un elemento llamado iridio. El iridio, aunque raro en la Tierra, se encuentra con frecuencia en los meteoritos. Esto llevó a los Álvarez a sugerir que eran restos del impacto de un asteroide. Llevando su especulación más lejos, si la cantidad de iridio encontrada en Gubbio servía de indicativo de la cantidad que podía encontrarse en otras localizaciones, su presencia allí implicaba el impacto en alguna zona desconocida de un meteorito de 10 kilómetros/6 millas de diámetro. Un impacto a esa escala, según ellos, levantaría tales nubes de polvo que eclipsarían el Sol durante un año o más, creando un «invierno nuclear» mundial con implicaciones devastadoras para la supervivencia de muchas formas de vida. En los años siguientes se encontraron similares cantidades de iridio de la frontera K/T en más de 150 localizaciones alrededor del globo.

Pero, si se había producido tal acontecimiento, ¿dónde estaba el cráter? Podría encontrarse bajo el océano, en cuyo caso era improbable que jamás pudiera encontrarse. En 1981, dos geólogos que realizaban prospecciones buscando yacimientos de petróleo, descubrieron un enorme cráter en Chicxulub, en la costa de la península de Yucatán, México. Para ellos no tenía ningún interés profesional, así que en aquel momento el descubrimiento no recibió mucha publicidad. Pero cuando la búsqueda de un impacto K/T se intensificó, empezaron a acumularse pruebas de que el cráter de Chicxulub era, de hecho, un impacto cuya escala y fecha coincidía exactamente con el que habían sugerido los Álvarez.

Ahora se acepta que el impacto de Chicxulub fue el factor más importante, si no el único, en la extinción de tantas formas de vida terrestre y marina ocurrida hace sesenta y cinco millones de años. No sólo desaparecieron los dinosaurios, sino que muchos grupos de animales y plantas que habían florecido durante millones de años se extinguieron con ellos. Y esa desaparición hizo posible una diversificación de otras formas de vida, incluidos los mamíferos y las plantas que ahora abundan en las tierras donde una vez reinaron los dinosaurios.

El acontecimiento K/T fue el más reciente de las cuatro grandes extinciones que han tenido lugar en los últimos quinientos millones de años. Y es probable que no sea la última.

Los animales terrestres y acuáticos más pesados

La afirmación de que las especies más grandes de dinosaurios han sido las criaturas de mayor tamaño que hayan pisado la Tierra está más allá de toda disputa, como la comparación con los animales que viven en la actualidad deja bien claro. Los diplodocos medían 30 metros/90 pies de la cabeza a la cola. El brontosauro pesaba 35 toneladas. El braquiosaurio tenía 10 metros/30 pies de altura.

El animal terrestre más pesado actualmente —un elefante africano muerto en Angola, en 1955— tenía 4 metros/13 pies de altura hasta los hombros y pesaba unas anoréxicas 12 toneladas. Pero hay animales acuáticos que pueden crecer hasta un tamaño que hace que el brontosauro parezca desnutrido: son las ballenas azules, que nadan hoy día en los mares y que pesan más de 150 toneladas.

James Clerk Maxwell

Los nombres de Einstein, Darwin y Newton son conocidos en todo el mundo, pero hay algunos científicos virtualmente desconocidos para el gran público, aunque sus logros sean casi tan importantes como los de los primeros. Éste es el caso del físico escocés James Clerk Maxwell. Los científicos profesionales, y los físicos en particular, lo reconocen como uno de los más inteligentes e influyentes que hayan vivido nunca, pero fuera de los círculos científicos su nombre apenas es conocido.

Nació en Edimburgo, en 1831. A pesar de que su madre murió cuando tenía ocho años, tuvo una infancia feliz. A una edad temprana ya demostró ser una promesa excepcional, sobre todo en matemáticas. Cuando tenía quince años, sometió un escrito sobre matemáticas a la Royal Society de Edimburgo, que asombró a todos los que lo leyeron. Al año siguiente tuvo la suerte de conocer al físico de setenta años William Nicol, que también vivía en Edimburgo. Nicol había hecho un trabajo importante utilizando cristales para investigar la naturaleza y la conducta de la luz, y las conversaciones adolescentes de Maxwell con él hicieron que sintiera un interés por la luz y otras formas de radiación que le duró toda la vida.

Estudió matemáticas con sobresaliente en Cambridge y, siendo estudiante, tuvo la experiencia intelectual que definió su vida: la lectura de las *Investigaciones experimentales en electricidad* de Faraday. Todavía estudiaba cuando realizó una gran contribución al desarrollo del tema con un brillante escrito titulado *Sobre las líneas de fuerza de Faraday.* En 1856, a los veinticinco años, fue nombrado profesor en el Marischal College de Aberdeen; y en 1860 se trasladó al Kings College de Londres como profesor de filosofía natural y astronomía. Fue en esa época de la mudanza a Londres cuando realizó su primera gran contribución al avance de la física.

El calor es movimiento

El problema que Maxwell se puso a sí mismo en 1860 fue la conducta de los gases, especialmente en relación con los cambios de temperatura. En aquellos tiempos todavía no se comprendía realmente qué era el calor; la idea de que se trataba de una especie de fluido que pasaba de los cuerpos calientes a los cuerpos fríos seguía teniendo un apoyo considerable. Maxwell se interrogó acerca del comportamiento de las moléculas al moverse rápidamente, y sus excelentes habilidades matemáticas le permitieron tratar el problema de forma estadística. Desarrolló una ecuación que describía la distribución de velocidades de las moléculas de gas a una temperatura dada. La ecuación mostraba que, aunque algunas moléculas se movían comparativamente despacio y algunas excepcionalmente rápidas, la mayoría lo hacía a una velocidad media que se incrementaba al aumentar la temperatura y que disminuía al enfriarse. La temperatura, y el propio calor, se producían a causa del movimiento de las moléculas, y eso era tan cierto en los líquidos y los sólidos como en los gases. El calor no era algo que fluía de un lugar a otro, era simplemente otra palabra para describir la actividad de las moléculas de una sustancia en cuestión.

Las ecuaciones de Maxwell

En 1871, Maxwell aceptó a regañadientes el puesto recientemente creado en Cambridge de profesor de física experimental. No era un puesto para el que estuviera muy dotado. Se trataba de un teórico, no de un experimentador; sus conferencias de alta matemática eran un tostón para todos, excepto para un puñado de estudiantes capaces de seguir sus razonamientos. Pero mientras ocupó ese cargo realizó el trabajo por el que es muy famoso, un trabajo que inspiró a toda una generación de científicos como Einstein, que exploró las implicaciones de sus ideas.

La imaginación de Faraday había visualizado la electricidad y el magnetismo como campos invisibles de fuerza que se extendían hacia el espacio. Pero fue Maxwell el que encontró la forma matemática de que la idea resultara útil; demostró que la electricidad y el magnetismo estaban íntimamente relacionados, y que una no podía existir en ausencia del otro. En 1864 publicó un escrito titulado *Una teoría dinámica del campo electromagnético,* en la que planteó cuatro ecuaciones simples —todavía conocidas como las ecuaciones de Maxwell—, que lo explicaban casi todo sobre la relación entre ambos. El trabajo que Maxwell realizó entre 1864 y 1873 sentó una parte sustancial de las bases de la física moderna. Entre otras cosas, mostró que los campos eléctricos y los campos magnéticos se movían juntos como *ondas electromagnéticas.* Estableció que esas ondas viajaban a la velocidad de la luz, y sugirió que la misma luz era únicamente una variedad de todo un espectro de radiación electromagnética *(véase la figura 9, en la página 89),* que probablemente incluía otros tipos de radiación aún no descubierta. En 1873 coronó su carrera con la publicación de su *Tratado de la electricidad y el magnetismo,* uno de los mayores monumentos que cualquier hombre de ciencia haya levantado a su propio genio.

La radiación de onda larga

Maxwell murió en 1879 sin haber cumplido cincuenta años, y demasiado pronto para ver cumplidas sus visiones. Si hubiera vivido otros diez años, habría presenciado el descubrimiento de la radiación de onda larga, cuya longitud de onda es un millón de veces mayor que la de la luz visible, la radiación que conocemos como ondas radiofónicas. Fue descubierta por el físico alemán Heinrich Hertz, que fue capaz de demostrar que viajaba a la velocidad de la luz, y se reflejaba y refractaba como la propia luz.

Como sospechaba Maxwell, nuestro mundo moderno está lleno de un inmenso abanico de radiación electromagnética: los rayos infrarrojos, los rayos-X, las ondas radiofónicas, los rayos gamma, las microondas... Y las manejamos todas gracias a las ecuaciones que él nos legó.

Ordenando los elementos

De vez en cuando llega un científico que sugiere una nueva manera de pensar. Cuando esto ocurre, decimos que la ciencia tiene un nuevo *paradigma,* un nuevo modelo del mundo natural. El paradigma que dio sentido a la química y que todavía sustenta el armazón de la ciencia es la tabla periódica, que tiene sus orígenes en el trabajo del químico ruso Dmitri Mendeleyev.

Mendeleyev nació en Tobolsk, Siberia occidental, en 1834, y era el más joven de 14 hijos. Su padre era director de la escuela secundaria local, pero quedó ciego el mismo año en que nació Mendeleyev. Su madre era la hija de un empresario, y volvió a abrir una de las fábricas de su padre para apoyar a su familia. El joven Dmitri no tenía ningún interés por aprender, pero un tutor privado le inspiró el amor por la ciencia.

Cuando tenía trece años murió su padre y ardió la fábrica de su madre. Ésta, al no quedarle ya ninguna razón para permanecer en Siberia y deseando mejorar la educación de su hijo, viajó 2.000 kilómetros/1.300 millas hasta Moscú con Dmitri y una hija mayor que él. En Moscú se le negó la entrada en la universidad; así que viajaron otros 650 kilómetros/400 millas hasta San Petersburgo, donde un amigo de su padre le consiguió una beca para estudiar ciencia en el Instituto Pedagógico Central, adjunto a la universidad. Su madre y su hermana murieron un año después, y él fue admitido en el hospital del instituto aquejado de tuberculosis. Le dieron dos años de vida, pero sobrevivió.

Tras una larga estancia en el hospital, se convirtió en maestro y conferenciante no pagado de la Universidad de San Petersburgo, dependiendo de las cuotas de los estudiantes privados. Cuando tenía veintidós años, obtuvo una beca para estudiar en el extranjero. Primero fue a París y después a Heidelberg, donde tuvo la suerte de conocer a Bunsen y a Kirchhoff, directores de las investigaciones que sentarían los cimientos de la espectroscopia. En septiembre de 1860 viajó a Karlsruhe, Alemania, para asistir al Primer Congreso Internacional de Química, que se celebró para sellar una disputa sobre qué sistema era mejor para llegar a los pesos de los elementos individuales. A él acudieron 140 de los químicos más eminentes del mundo, y los discursos que oyó le despertaron un interés que le duró el resto de su vida.

Frankland y Cannizzaro

En 1860, la química todavía estaba confusa. En los cincuenta años desde que Dalton perfilase su teoría atómica, varios químicos, sobre todo Berzelio, construyeron sobre los cimientos que puso él, pero todavía no existía un consenso general sobre los aspectos más básicos de esta ciencia. La confusión era tal que existían 20 fórmulas diferentes para describir compuestos bastante simples.

Una contribución significativa a la regularización del tema fue hecha por el químico inglés Edward Frankland. Nacido en Lancashire, en 1825, era aprendiz de farmacéutico que había estudiado química por cuenta propia, con tan buenos resultados que logró un doctorado por la Universidad de Marburgo en Alemania, y se convirtió en profesor de química en el Owens College de Manchester. En 1852 había introducido el concepto de *valencia:* la idea de que los átomos de cada elemento individual tenían una capacidad específica propia para combinarse con los átomos de otros elementos, y que esto determinaba las proporciones en las que se unían para formar compuestos. El hidrógeno tiene una valencia 1 y el oxígeno una valencia 2, así que un átomo de oxígeno se combinará con dos átomos de hidrógeno para formar una molécula de agua, que se escribe H_20. De forma semejante, un átomo de carbono, que tiene una valencia 4, se combinará con dos átomos de oxígeno, que tiene valencia 2, para formar una molécula de anhídrido carbónico o CO_2. Por tanto, la valencia se convirtió en una herramienta útil para el trabajo diario de los químicos... pero el motivo de que los elementos poseyeran esa propiedad no quedaría claro hasta cinco décadas después.

Una contribución importante a la comprensión de los elementos fue la de otro portavoz en la conferencia, el italiano Stanislao Cannizzaro. Hijo de un magistrado, nació en Palermo, Sicilia, en 1826. Tuvo una carrera pintoresca, que incluía el destierro en París por su participación en una insurrección contra el rey de Nápoles en 1848. Más tarde pudo volver a Italia, y en el momento que se celebró la conferencia era profesor de química en Génova. En 1858 había publicado un folleto en el que establecía por primera vez la distinción crucial entre átomos y moléculas.

El libro de texto de Mendeleyev

Los discursos de Cannizzaro en Karlsruhe tuvieron un efecto poderoso en Mendeleyev. Éste volvió a Rusia convencido de la verdad de la afirmación de Cannizzaro, de que la única medida racional del peso de un elemento era la del peso de sus átomos individuales. Esta seguridad inspiraría sus investigaciones futuras.

En su vuelta a San Petersburgo, en 1861, obtuvo un puesto de profesor en el Instituto Técnico, y rápidamente se convirtió en un evangelista de las últimas ideas en química, casi desconocidas en Rusia. Al descubrir que no existía ningún libro de texto ruso sobre química orgánica (la química de los compuestos que forman la base de la materia viviente), decidió escribir uno... y lo terminó en dos meses.

En 1866, cuando tenía treinta y dos años, se convirtió en profesor de química de la universidad. Poco después empezó a escribir un libro de texto titulado *Los principios de la química,* cuyo primer volumen apareció en 1868. Fue un libro que se traduciría a muchos idiomas y que se convirtió en el texto estándar para dos generaciones de estudiantes. Estaba escribiendo el segundo volumen cuando hizo el descubrimiento que ordenó los elementos y aseguró su fama.

El sueño de Mendeleyev

Hacía tiempo que se sabía que ciertos elementos compartían propiedades similares, y los químicos habían empezado a preguntarse si sería posible clasificarlos tal como Linneo había clasificado a los animales. En 1864, el químico inglés John Newlands atrajo atención al hecho de que, si los elementos se colocan según el orden de sus pesos atómicos, la tabla resultante mostraba una *periodicidad,* lo que significaba que algunas características similares se repetían a intervalos regulares. Expresó esa idea en una regla que llamó *la ley de los octavos,* dado que esas características similares parecían repetirse cada ocho lugares de la tabla. Pero cuando anunció su «descubrimiento» en una reunión de químicos, fue ridiculizado.

Mendeleyev era consciente del trabajo de Newlands, pero no le gustaba la manera en que lo expresaba. En particular, detestaba la forma en que algunos elementos parecían haber sido metidos con calzador para mantener la impresión de periodicidad. Cuando empezó el segundo volumen de su libro de texto, intentó encontrar algo que le proporcionara un armazón para entender la relación de un elemento con otro pero que le librara de los defectos que percibía en el esquema de Newlands. Estaba convencido de que la química no podría ser una verdadera ciencia hasta que se identificasen unos principios fundamentales subyacentes en la práctica.

El principio organizativo de su libro era agrupar los elementos según sus propiedades compartidas. En febrero de 1869 ya había escrito dos capítulos del segundo volumen y estaba ponderando el siguiente grupo de elementos sobre el que debía escribir. Se encontraba bajo una gran presión. Sus reflexiones sobre la clasificación de los elementos le daban la sensación de que el principio que buscaba estaba casi a su alcance. Había escrito los nombres y los pesos de los elementos conocidos en una serie de tarjetas que reestructuraba una y otra vez, poniendo a prueba su paciencia. Las circunstancias le obligaban a realizar un viaje y temió que si no encontraba la solución antes de partir, perdería la concentración y perdería su oportunidad. Durante tres días y gran parte de sus respectivas noches luchó con el problema, hasta quedar atontado por la falta de sueño. El día en que se suponía que debía partir, se durmió sobre su escritorio. Mientras dormía, su cerebro continuó barajando las tarjetas y, cuando despertó, comprendió que tenía la solución.

La tabla periódica

El secreto que el inconsciente de Mendeleyev había vislumbrado mientras dormía, era que los elementos podían colocarse en filas horizontales en orden ascendente según su peso atómico, y en columnas verticales según sus características químicas... *dejando huecos allí donde las pautas parecían requerirlos.*

Publicó estas ideas en un escrito titulado *Relación entre las propiedades de los elementos y su peso atómico.* Éste contenía su ley periódica, que señalaba que si los elementos conocidos se listaran según un orden de peso atómico ascendente:

1. Mostrarían una pauta repetitiva de valencias ascendentes y descendentes (la proporción en que se combinan con otros elementos).
2. Formarían grupos que muestran una pauta recurrente de otras características.

Una consecuencia del descubrimiento de Mendeleyev fue que pudo recolocar 17 elementos en la tabla basándose en sus propiedades químicas, implicando que sus pesos atómicos aceptados eran incorrectos. También fue capaz, gracias a los huecos de su tabla, de postular la existencia de tres elementos hasta entonces desconocidos e incluso prever sus propiedades.

La reacción inicial al escrito de Mendeleyev fue tan precavida como la que habían recibido los anteriores intentos de ordenar los elementos, pero cuando se descubrió que los pesos atómicos aceptados de algunos elementos eran realmente incorrectos, sus ideas comenzaron a ser tomadas en serio. Y quince años después, los tres huecos de su tabla se rellenaron gracias al descubrimiento del galio (1875), el escandio (1879) y el germanio (1886), y todos ellos poseían las características que había predicho. Aunque no fue el primero en sugerir que era posible colocar los elementos en un orden que mostrara su periodicidad, Mendeleyev, a diferencia de sus predecesores, demostró que había una lógica subyacente que dictaba su tabla.

En 1876, tras muchos años de matrimonio infeliz, se divorció de su primera esposa. Según la ley rusa no podía volver a casarse durante siete años, pero se había enamorado de una preciosa estudiante de arte de origen cosaco. Incapaz de esperar, se casó con ella y fue acusado de bigamia, pero el zar se negó a castigarlo, diciendo: «Mendeleyev tiene dos esposas, pero Rusia sólo tiene un Mendeleyev». Este segundo matrimonio fue feliz. Tuvieron dos hijas y dos hijos a los que amó, y años de trabajo productivo en un estudio amueblado con los dibujos de sus héroes hechos por su esposa: Newton, Faraday y Lavoisier.

La física tras la química

Desde que fue creada, la tabla de Mendeleyev se ha visto modificada. La versión moderna *(véase la página 180)* refleja el conocimiento adquirido desde su época. También contiene

109 elementos, comparados con los 63 que él conocía. Pero su tabla sigue siendo reconocible porque descubrió la relación fundamental entre los elementos, aunque no tenía la más mínima idea de cómo se unían sus átomos.

Los elementos del 1 (hidrógeno) al 92 (uranio) son *naturales*, ingredientes básicos de los que está hecho el mundo, el resto es creación del hombre. Todos los elementos están formados por unas *partículas elementales* sumamente pequeñas llamadas protones, neutrones y electrones. Todos los átomos de todos los elementos tienen un núcleo compuesto de protones y neutrones, y alrededor de éste giran los electrones como los planetas giran alrededor del Sol. Así como el Sol contiene la mayoría de la masa del sistema solar, el núcleo contiene la mayoría de la masa del átomo. Y así como los planetas están separados del Sol por inmensos espacios vacíos, las órbitas de los electrones están separadas del núcleo central por inmensos espacios vacíos. Lo que determina el peso atómico de un elemento es el número de neutrones y protones que contiene el núcleo (un protón pesa 1,836 veces más que un electrón), pero son el número y la disposición de los electrones los que determinan las propiedades químicas de un elemento, porque cuando los átomos se combinan, los que se unen son sus electrones.

Los números de la tabla periódica son *números atómicos* y representan el número de protones del núcleo. También corresponden al número de electrones que giran en torno al núcleo, porque cada átomo contiene el mismo número de protones que de electrones. Los electrones tienen una carga negativa, que es equilibrada por la carga positiva de los protones. El *peso atómico* de un elemento depende del número total de protones y neutrones en el núcleo, y tiende a aumentar a medida que crece el número atómico, pero algunos elementos tienen versiones múltiples, los llamados *isótopos*. Por ejemplo, el uranio natural (de número atómico 92) tiene dos versiones: el uranio 235, con 92 protones y 143 neutrones, por tanto con un peso atómico de 235; y el uranio 238, con 92

Tabla periódica

N.º atómico → 1 · Símbolo → H · Nombre → Hidrógeno

Elementos de transición — No metales

1 H Hidrógeno																	2 He Helio
3 Li Litio	4 Be Berilio											5 B Boro	6 C Carbono	7 N Nitrógeno	8 O Oxígeno	9 F Flúor	10 Ne Neón
11 Na Sodio	12 Mg Magnesio											13 Al Aluminio	14 Si Silicio	15 P Fósforo	16 S Azufre	17 Cl Cloro	18 Ar Argón
19 K Potasio	20 Ca Calcio	21 Sc Escandio	22 Ti Titanio	23 V Vanadio	24 Cr Cromo	25 Mn Manganeso	26 Fe Hierro	27 Co Cobalto	28 Ni Níquel	29 Cu Cobre	30 Zn Zinc	31 Ga Galio	32 Ge Germanio	33 As Arsénico	34 Se Selenio	35 Br Bromo	36 Kr Criptón
37 Rb Rubidio	38 Sr Estroncio	39 Y Itrio	40 Zr Circonio	41 Nb Niobio	42 Mo Molibdeno	43 Tc Tecnecio	44 Ru Rutenio	45 Rh Rodio	46 Pd Paladio	47 Ag Plata	48 Cd Cadmio	49 In Indio	50 Sn Estaño	51 Sb Antimonio	52 Te Telurio	53 I Yodo	54 Xe Xenón
55 Cs Cesio	56 Ba Bario		72 Hf Hafnio	73 Ta Tántalo	74 W Tungsteno	75 Re Renio	76 Os Osmio	77 Ir Iridio	78 Pt Platino	79 Au Oro	80 Hg Mercurio	81 Tl Talio	82 Pb Plomo	83 Bi Bismuto	84 Po Polonio	85 At Astato	86 Rn Radón
87 Fr Francio	88 Ra Radio		104 Rf Rutherfordio	105 Db Dubnio	106 Sg Siborio	107 Bh Borio	108 Hs Hannio	109 Mt Meitnerio									
		Lantánidos	57 La Lantano	58 Ce Cerio	59 Pr Praseodimio	60 Nd Neodimio	61 Pm Prometio	62 Sm Samario	63 Eu Europio	64 Gd Gadolinio	65 Tb Terbio	66 Dy Disprosio	67 Ho Holmio	68 Er Erbio	69 Tm Tulio	70 Yb Iterbio	71 Lu Lutecio
		Actínidos	89 Ac Actinio	90 Th Torio	91 Pa Protactinio	92 U Uranio	93 Np Neptunio	94 Pu Plutonio	95 Am Americio	96 Cm Curio	97 Bk Berkelio	98 Cf Californio	99 Es Einstenio	100 Fm Fermio	101 Md Mendelevio	102 No Nobelio	103 Lr Laurencio

Figura 13. La tabla periódica. Ésta es la versión actual de la tabla creada por Mendeleyev. Los números corresponden al número atómico del elemento, es decir, al número de protones que hay en el núcleo. Simplificando, el peso atómico aumenta a medida que aumenta el número atómico. El peso exacto depende del número de protones y neutrones del núcleo. Las columnas verticales son llamadas grupos y contienen elementos con propiedades similares. Estas propiedades vienen determinadas por el número de electrones que giran en torno al núcleo, y que es igual al número de protones. Los nombres y símbolos de los elementos 104 a 109 son los actualmente aprobados por la International Union of Pure and Applied Chemistry (IUPAC).

protones y 146 neutrones, y un peso atómico de 238 (igual a 238 átomos de hidrógeno).

Las columnas verticales son llamadas «grupos»: son familias de elementos con propiedades similares. Así, la columna de la derecha contiene los gases «nobles» o «inertes»: el helio, el neón, etc. También suelen ser llamados gases «perezosos» *(argos* es «perezoso» en griego), porque son lentos para combinarse con otros elementos. Esto los hace útiles para llenar globos aerostáticos (el helio es más seguro que el hidrógeno) y lámparas fluorescentes (el argón).

¿Qué hace que el cielo sea azul?

En 1854, cuando Faraday todavía era director de la Institución Real, un joven profesor de física irlandés llamado John Tyndall se interesaba especialmente en la conducta de los gases y la forma en que conducían el calor. También hizo descubrimientos importantes sobre la conducta de la luz al atravesar diversas sustancias. Un subproducto de su investigación fue la explicación del color del cielo. Ya había sido establecido que el oxígeno líquido era azul, y eso sugería que el color del cielo podía ser atribuible al oxígeno contenido en la atmósfera. Tyndall, siguiendo los trabajos del físico inglés lord Rayleigh, fue capaz de explicar el color azul como el resultado de la dispersión de la luz por las partículas de polvo en la atmósfera. Rayleigh había demostrado que el grado de dispersión de la luz está en proporción inversa al cuarto poder de la longitud de onda de la luz. Eso significa que, por ejemplo, el elemento violeta de la luz solar, con una longitud de onda de la mitad que la luz roja, se dispersa 2^4 veces, es decir, 16 veces más que el elemento rojo. Es esta dispersión de la luz azul/violácea la que hace que veamos el cielo azul. Pero la explicación de Tyndall fue modificada por Albert Einstein cincuenta años después, cuando demostró que eran las moléculas de aire, no las partículas de polvo, las que dispersan la luz.

El calentamiento global

La investigación de Tyndall sobre la transferencia de calor en los gases le permitió apoyar la teoría de Fourier sobre «el efecto invernadero». En 1860, Tyndall midió la absorción de radiación por la atmósfera y concluyó que, en lugar del nitrógeno y del oxígeno, los responsables del efecto que había descrito Fourier eran el anhídrido carbónico y el vapor de agua.

En 1896, el químico sueco Svante Auguste Arrhenius *(véase la página 152)* desarrolló un poco más esta idea. Se preguntó si los cambios en la temperatura a nivel del suelo podrían relacionarse con los cambios de nivel de los gases que absorben calor en la atmósfera. Calculó el efecto que podría suponer para el clima de la Tierra tener el doble de anhídrido carbónico en la atmósfera. La respuesta fue un aumento en las temperaturas medias globales de entre 5 y 6 °C/41 y 43 °F.

Las ideas de Arrhenius sobre el calentamiento global no causaron gran preocupación en su momento, porque la mayoría de los científicos no estaba convencida de que fuera posible un aumento tan grande del anhídrido carbónico contenido en la atmósfera. Sin embargo, los primeros años de la década de 1940, el físico británico G. S. Callendar, basándose en un estudio de los registros de las estaciones meteorológicas de todo el mundo, concluyó que se estaba produciendo un proceso de calentamiento global causado por el incremento de los niveles de anhídrido carbónico. Incluso entonces, muchos científicos encontraron difícil de creer que las actividades humanas pudieran influir tanto en la temperatura global de la Tierra. No fue hasta los años sesenta del siglo pasado cuando esa opinión empezó a cambiar, frente a las crecientes pruebas de que el anhídrido carbónico y la temperatura global habían estado subiendo durante buena parte del siglo.

Ahora se sabe que la temperatura global media ha crecido medio grado Celsius —un grado Fahrenheit— en los últimos cien años, y el análisis de pasadas condiciones atmosféricas indica que los niveles de anhídrido carbónico en la atmósfera de la Tierra son los más altos en los últimos setenta y cinco mil años. Dado que durante la mayor parte de los últimos cien años, la proporción de combustible fósil quemado sólo ha sido una pequeña parte de la actual, empieza a parecer que la estimación de Arhennius sobre el aumento de la temperatura global podría ocurrir antes de que terminase el siglo actual. Las consecuencias de un aumento así de las temperaturas medias serían devastadoras.

Datar el pasado

Antes del siglo XIX, el pasado se dividía en «historia» y una vaga «prehistoria», las cosas que habían pasado o las que se creía que habían pasado en algún momento no especificado antes de que se tuvieran registros escritos. La historia tenía secuencia y profundidad. Estaba claro que la caída de Roma había tenido lugar antes del incendio de Londres, y se sabía cuántos años habían pasado entre ambos hechos. Pero la prehistoria tenía poca secuencia y ninguna profundidad. Todo lo ocurrido antes de tener registros fiables había pasado «hacía mucho tiempo».

Nuestra visión actual del pasado se la debemos a dos ciencias: la *estratigrafía* y la *geocronología*. La estratigrafía es el estudio de la secuencia de los estratos de roca y otros depósitos de la corteza terrestre. La geocronología es la ciencia que les pone fechas.

Primero se creó la estratigrafía. Cuando los arqueólogos excavaron los enclaves de ciudades antiguas como Troya y Jericó, fueron lo bastante hábiles como para identificar la secuencia de sucesivos asentamientos habidos en el mismo lugar y el carácter específico de la alfarería, las herramientas, etc., asociado a cada nivel. Esto les permitió reconstruir un cuadro de culturas individuales y los cambios que éstas habían sufrido a lo largo del tiempo. La estratigrafía también fue importante, al establecer la edad relativa de los restos humanos que predataban la civilización. El estudio cuidadoso de los depósitos en los que fueron encontrados esos restos hizo posible determinar la secuencia en la que se habían depositado y establecer una correlación entre los restos hallados en localizaciones muy separadas. Esto posibilitó definir las mayores fases del desarrollo —la Edad de Bronce, la Edad de Hierro, etc.— que forman el armazón de la arqueología.

Mientras los arqueólogos utilizaban la estratigrafía para estudiar la prehistoria humana, los geólogos aplicaban métodos similares a la prehistoria de la propia Tierra. Entre los siglos XVIII y XIX, lograron establecer la edad relativa de las diversas rocas que formaban la corteza terrestre, y nombraron y describieron la sucesión de eras geológicas —Cretáceo, Jurásico, etc.—, por las que ha pasado esa corteza. Cuando lo hicieron, quedó claro que los cambios no podían haber ocurrido en unos pocos miles de años, y empezaron a sospechar que las rocas y los restos de animales y plantas contenidos en su interior, podían tener millones, incluso cientos de millones de años. Pero, al igual que los arqueólogos, sólo pudieron demostrar su edad relativa, no la absoluta, y sus detractores siguieron ridiculizando sus teorías.

Entre 1850 y 1950, el estudio de la prehistoria se vio transformado por el desarrollo de técnicas que hicieron posible poner fechas concretas a ciertos acontecimientos del pasado distante, y tanto la arqueología como la geología pasaron de ser meras suposiciones a disciplinas científicas. Tres ejemplos de tales técnicas son: el análisis de los anillos de los árboles, la datación mediante el radiocarbono y la datación mediante el uranio 238.

El análisis de los anillos de los árboles, o dendrocronología, es la datación de la edad de los árboles a partir de la pauta formada por los anillos de sus troncos. En las regiones templadas, donde hay un marcado modelo estacional al año, los árboles dejan de fabricar madera en invierno. El crecimiento anual forma un «anillo». Si tomamos la sección de un árbol de setenta años de edad, mostrará 70 anillos. En los años húmedos y calurosos, los anillos son más anchos que en los años secos y frescos. Por tanto, los anillos no sólo revelan la edad del árbol, sino que contienen un registro de las variaciones climáticas de un año a otro. Estudiando los anillos de los árboles que todavía crecen, es posible construir escalas que muestren la secuencia de años favorables y desfavorables en diversas regiones, que se remiten a centenares, incluso miles de años. Si los anillos de la madera con que se construyó un edificio o un barco tuvieran concordancia con una serie de anillos conocida, podríamos saber dónde crecía la madera y cuándo se cortó. Esto permite que los científicos hagan buenas teorías sobre cuándo se fabricó o construyó el objeto.

La datación por radiocarbono es una técnica utilizada para determinar la edad de un animal o una planta que tenga aproximadamente cuarenta mil años o más. Cuando los animales y las plantas se alimentan, absorben carbono con su comida y éste se fija en los huesos del animal o en los tejidos de la planta (o la madera, en el caso de un árbol). Parte de ese carbono es el llamado carbono 14, que está sujeto a una continua desintegración radioactiva. Cuando la criatura muere, el carbono 14 continúa deteriorándose en una proporción conocida. Si se analiza un hueso o un pedazo de madera, su nivel de radioactividad permite a los investigadores estimar el tiempo transcurrido desde que el animal o el árbol murió. Para fechas cercanas al presente el método es demasiado inestable para resultar práctico. Incluso para fechas más lejanas, se necesita mucho cuidado y habilidad para obtener resultados fiables. Pero, para objetos de muchos centenares o miles de años de edad, si se han manejado y analizado con mucho cuidado, el margen de error entra dentro de unos límites aceptables.

El significado de «vida media»

La vida media de un elemento radioactivo es el tiempo que tarda su radioactividad en caer al 50%. El carbono 14 tiene una vida media de cinco mil setecientos años. Un hueso que

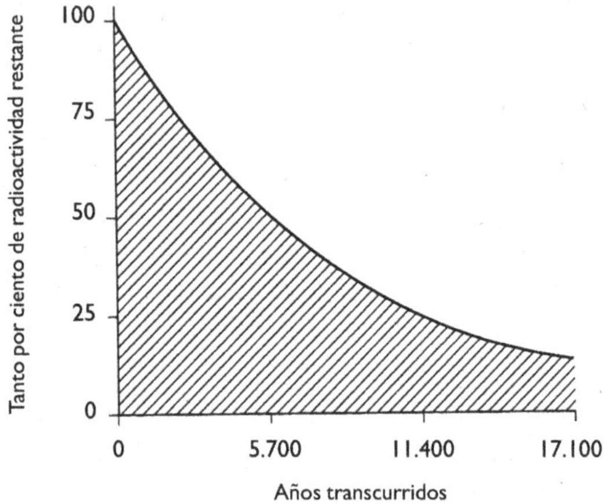

Figura 14. La curva de la vida media del carbono 14.

tenga cinco mil setecientos años, mostrará un 50% de la radioactividad que hubiera mostrado en el momento de su muerte. Un espécimen de once mil cuatrocientos años sólo mostrará un 25%. Si retrocedemos cuarenta mil años, la proporción será de un 2%. El uranio 238 desaparece de forma similar, pero su vida media es de cuatro mil quinientos millones de años.

La «vida media» no significa la mitad de la vida de una sustancia. Aunque la vida media del carbono 14 es de cinco mil setecientos años, su radioactividad no desaparece por completo en once mil cuatrocientos años. Tras ese tiempo sólo quedará la mitad de la mitad —en otras palabras, una cuarta parte—. Como muestra el siguiente gráfico, los niveles significativos de radioactividad permanecen mucho más tiempo que sólo dos veces su vida media:

La datación por uranio 238 parte del mismo principio. El uranio 238 es una variedad radioactiva del uranio —un isótopo— que se deteriora a una velocidad mucho más lenta que el carbono 14. Eso lo convierte en una herramienta perfecta para datar la edad de las rocas. Supongamos que el producto final del proceso de deterioro es plomo. Si se analiza una roca que contiene uranio, la proporción de plomo y uranio 238 de la muestra revela cuántos años tiene dicha roca. Usando ésta y otras técnicas similares basadas en otros minerales radioactivos, los geólogos han descubierto que las rocas más antiguas de la corteza terrestre tienen tres mil ochocientos millones de años. Muestras tomadas de diversos meteoritos hacen pensar que el sistema solar en conjunto tiene una edad de cuatro mil quinientos millones de años.

El calendario geológico

Los geólogos dividen el pasado en *eras:* Paleozoica, Proterozoica, Mesozoica y Cenozoica. Éstas se subdividen en *periodos,* y los periodos más recientes se subdividen en *épocas.* Los fósiles más antiguos tienen aproximadamente tres mil millones de años. Hace unos quinientos millones de años, en lo que se ha llamado la Explosión Cámbrica, se produjo una diversificación de la vida, naciendo formas que fueron precursoras de las principales divisiones de las plantas y los reinos animales que conocemos hoy día. Desde entonces, el calendario geológico se divide como sigue:

Periodo	**Época**	**Desde (millones de años)**	**hasta**	**Aparición de formas de vida**
Cámbrico		550	500	
Ordoviciano		500	440	Peces
Siluriano		440	410	Plantas terrestres
Devoniano		410	360	Insectos
Carbonífero		360	285	Reptiles
Pérmico		285	245	
Triásico		245	210	Dinosaurios, mamíferos

Periodo	Época	Desde (millones de años)	hasta	Aparición de formas de vida
Jurásico		210	145	Aves
Cretáceo		145	65	Plantas con flores
Terciario	Paleoceno	65	57	Caballos
	Eoceno	57	34	Monos
	Oligoceno	34	23	Simios
	Mioceno	23	5	Primeros homínidos
	Plioceno	5	1,8	Primeros humanos
Cuaternario	Pleistoceno	1,8	0,01	Humanos modernos
	Reciente	0,01 (hace 10.000 años)	Presente	

¿Natural o diseñado?

En 1802 se publicó un libro en Inglaterra que contenía una de las imágenes más potentes que se hayan evocado en un argumento científico. Era una imagen que cautivó a los lectores del libro y que todavía mantiene su poder de persuasión. El libro se llamó *Teología natural,* y su autor fue un clérigo llamado William Paley.

Paley invitó a sus lectores a realizar un experimento. Supongamos, decía, que un viajero que atraviesa un caluroso desierto se encuentra un reloj. Sabría que no es un objeto *natural,* sino *diseñado,* y por tanto sabría que tiene que existir un *diseñador*. Igualmente, decía Paley, cualquiera que se encuentre con una flor o una mariposa, y observe su estructura compleja y la perfecta adaptación a su forma de vida, los verá como seres naturales, creados, y aceptará que también tiene que existir un Creador.

Para la mayoría de los lectores de Paley, éste fue un argumento que dejaba sin sentido la idea de que las maravillas de la naturaleza podían ser resultado de un proceso llamado «evolución». La tesis de Paley, y la imagen que incluyó en ella, logró retrasar el debate durante sesenta años tras la publicación de su libro. Pero en 1859, otro hombre atacó frontalmente su argumento, mostrando que esa adaptación perfecta podía ser explicada fácilmente mediante un proceso evolutivo paso a paso, exactamente igual que aquel del que Paley había partido para ridiculizarlo.

Darwin y la selección natural

El hombre que refutó el argumento de Paley y creó la revolución que determinó el curso futuro de la biología, era hijo de un doctor inglés y se llamaba Charles Darwin. Nació en la ciudad mercantil de Shrewsbury en 1809, y en otoño de 1828, siendo estudiante en Cambridge, se trasladó a las mismas habitaciones universitarias donde se había alojado Paley setenta años antes. El libro de Paley era un texto obligado en el curso de Darwin, y éste quedó extasiado por sus argumentos. Tras graduarse a los veintidós años, se embarcó como naturalista en una expedición naval que tenía que dar la vuelta al mundo. Las observaciones que realizó durante el viaje fueron las que le hicieron cambiar de idea y, finalmente, lo llevarían hasta una conclusión diametralmente opuestas a las de Paley.

Darwin descubrió en Sudamérica restos de criaturas extinguidas que parecían tener un *parecido de familia* con animales que aún vivían en los mismos parajes. En las Islas Galápagos encontró diferentes especies de aves que, de nuevo, parecían tener un parecido familiar entre sí, pero ninguno con aves que vivían en ambientes similares de otras partes del mundo. Paley había invocado la adaptación perfecta de plantas y animales a unas circunstancias y un estilo de vida como prueba de la creación divina. Pero, siguiendo este argumento, uno esperaría encontrar especies similares en ambientes similares de todo el mundo. Lo que sorprendió a Darwin era la enorme *diferencia* que tenían los seres vivos en situaciones similares pero en localizaciones muy distantes.

En 1838, dos años después de su regreso, vio un orangután en un zoológico, y comprendió que los simios y los seres humanos también tenían un cierto parecido de familia. Entre los veintiocho y los treinta y cuatro años, dirigió un extenso programa de lectura y reflexión; hacia 1844 ya había completado su teoría de *La evolución por medio de la selección natural*. En un ensayo escrito ese año, pero no publicado, explicó la maravillosa variedad del mundo natural como prueba de un largo proceso de evolución, bajo la presión de factores medioambientales y la lucha por la supervivencia entre especies que compiten e incluso entre individuos de la misma especie. En el ambiente de su época, era un trabajo peligroso para que lo firmara un caballero respetable, así que envolvió el ensayo en papel de embalar y lo escondió en un armario, junto a una carta dirigida a su esposa donde le daba instrucciones para publicarlo cuando él muriera. De no verse forzado a divulgarlo quince años más tarde, a causa de una carta de otro popular naturalista donde proponía la misma idea, sus especulaciones seguramente habrían permanecido ocultas al mundo hasta después de que él lo hubiera abandonado.

Dos visiones de la evolución

Darwin no fue la primera persona en proponer la teoría de la evolución. Su abuelo, Erasmus Darwin, había publicado un largo poema al respecto. El naturalista francés Lamarck escribió un libro, *Filosofía zoológica*, en el que sostenía que las especies actuales eran el producto de un proceso evolutivo a

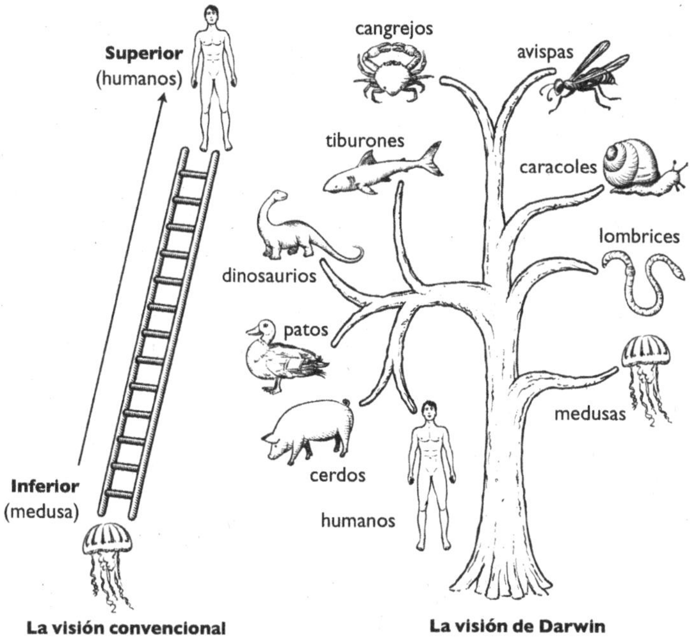

Figura 15. Dos visiones de la evolución. La mayoría de los evolucionistas veía a la humanidad como la culminación de un progreso ascendente. En cambio, Darwin la veía como una ramita en el árbol de la evolución.

partir de formas más simples. Pero Charles Darwin fue la primera persona capaz de sugerir un mecanismo, respaldarlo con argumentos concretos y apoyarlo con una ingente cantidad de pruebas. Y existía una diferencia crucial entre su visión y la de los demás evolucionistas.

Antes que Darwin, la imagen utilizada por los evolucionistas era la de una escalera que ascendía desde las formas de vida más antiguas y simples hasta el escalón más alto, donde el hombre moderno reinaba en solitario esplendor. La imagen que captaba la visión de Darwin era completamente diferente. No involucraba el concepto de formas de vida más «bajas» o más «altas», sino que proponía un árbol cuyas ramas eran las formas de vida tanto extinguidas como actuales, que habían evolucionado a partir de un tronco común. En su árbol, la humanidad era simplemente una ramita que surgía de una rama que no tenía más importancia que cualquier otra.

La explicación de Darwin

La contribución de Darwin a la biología no fue la idea de la evolución, sino el descubrimiento del proceso por el que esa evolución tuvo lugar. Estudió las similitudes entre las formas de vida actuales y las extinguidas, y entre las especies actuales que vivían en regiones próximas, y descubrió pruebas de un linaje compartido. Analizó el trabajo realizado en los campos de cultivo y en las granjas de animales, y observó que en éstas eran capaces de explotar las diferencias heredadas entre miembros de la misma especie para crear nuevas variedades. A esto lo llamó *selección artificial.* Supuso que en la naturaleza había tenido lugar un proceso similar de selección y que esto pudo, en un largo periodo de tiempo, dar lugar a especies totalmente nuevas. En la selección artificial, el agente seleccionador era la mano del ganadero; en la naturaleza, era la lucha por la supervivencia, la competición entre especies, y dentro de ellas, por la existencia. Y llamó a este proceso la *selección natural.*

La explicación de Darwin era distinta de la de Lamarck. Éste creía que la evolución era el resultado de la herencia de ciertas características adquiridas. En otras palabras, que los animales terrestres aprendieron a nadar y que sus descendientes heredaron esta habilidad *aprendida,* y se convirtieron en acuáticos. La visión de Darwin era que si las condiciones cambiaban, y ese cambio favorecía a los animales mejor dotados para moverse en el agua, éstos sobrevivirían y transmitirían esa habilidad *innata* a su descendencia, llegando con el tiempo a una especie que, colectivamente, se adaptaría mejor a vivir en el agua.

Las relaciones animales

No todas las semejanzas son parecidos familiares. Tomemos a los erizos. Un hocico frontal, una cola, siempre removiendo la tierra, resoplando y chillando como los cerdos. Por todo ello, podría deducirse que son parientes de los cerdos, pero en realidad lo son tanto como los ratones y los gorilas.

Los erizos son insectívoros (comen insectos) y parientes muy, muy lejanos de los cerdos. Si un cerdo quiere conocer a un pariente cercano, tiene más oportunidades si busca en cualquier playa que bajo un seto, ya que los cerdos y las marsopas son primos. Las marsopas son cetáceos (mamíferos acuáticos), un orden estrechamente relacionado con los artiodáctilos (mamíferos ungulados, que tienen pezuñas), el orden al que pertenecen los cerdos y las ovejas. Los fósiles de ballenas con cuatro pies, de hace cincuenta millones de años, demuestran lo próximo de este parentesco.

Cuando los antepasados de las marsopas se aventuraron en el mar, dijeron adiós a los parientes que permanecieron en tierra... los antepasados de las ovejas y los cerdos. Las dos líneas divergieron bajo la presión de la selección natural, y sólo un zoólogo especializado pensaría ahora reunirlos en un solo grupo. Pero si ves una marsopa, puedes llamarla cerdo marino, la ciencia está de tu parte.

El marsupial diablo de Tasmania

Un ejemplo llamativo de que las apariencias engañan es el diablo de Tasmania o tilacino. Aunque se parezca a un lobo, ni siquiera es un mamífero placentario. Es un marsupial, como el canguro. Una vez más, la confusión es el resultado de la evolución. Los cerdos y las marsopas evolucionaron de un antepasado común como resultado de la *divergencia,* de un cambio en la forma de responder ante un medio ambiente diferente. Los lobos y los tilacinos son ejemplos de *convergen-*

cia, de animales con una genealogía muy diferente, pero que han evolucionado hacia formas externamente similares como resultado de su adaptación a un ambiente similar.

Desgraciadamente, nunca verás uno. Los tilacinos del siglo XIX cometieron el error de encontrar a las ovejas muy sabrosas y se puso precio a sus cabezas. El último murió en un parque zoológico en 1936.

Alfred Russel Wallace

El inglés Alfred Russel Wallace fue uno de los mayores naturalistas del siglo XIX. Provenía de un entorno modesto e inicialmente fue aprendiz de un agrimensor. Cuando tenía veinte años formó parte de una expedición a Sudamérica para cazar especimenes que vender a los coleccionistas ingleses. Pasó cuatro años en la selva y reunió una colección extraordinaria; pero la perdió cuando el barco que la transportaba se hundió durante una tormenta. Sin detenerse, viajó a las Indias Orientales y comenzó una nueva colección. Mientras se encontraba allí, en 1858, llegó de forma independiente a la idea de la evolución por medio de la selección natural en la que Darwin había estado trabajando durante veinte años. Conocedor de la reputación de Darwin, pero sin su capacidad teórica, le escribió para contarle sus especulaciones. Cuando Darwin reveló su propia teoría y las pruebas que había acumulado para apoyarla, Wallace reconoció su prioridad. Durante el resto de su vida se convirtió en un publicista darwiniano, pero se labró su propia reputación con el *Viaje al archipiélago malayo* (1869), el libro que publicó a su regreso.

La pérdida de sus especimenes sudamericanos sólo fue uno de los muchos infortunios que sufrió Wallace durante su carrera. En 1870 tuvo la mala suerte de involucrarse con John Hampden, un firme creyente en la teoría de que la Tierra era plana. Éste había publicado un anuncio en el que se ofrecía a pagar 500 libras (unos 43.000 euros actuales) a cualquiera que pudiera demostrar que la Tierra era redonda «mostrando un río, un canal o un lago convexo». La condición era que la persona que aceptase la apuesta le pagara la misma suma si el experimento no aportaba pruebas concluyentes. Wallace, seguro de tener éxito, aceptó el desafío.

El experimento se llevó a cabo en un canal estrecho y rectilíneo de 9,6 kilómetros/6 millas de largo llamado Bedford Level. Conociendo las dimensiones de la Tierra, Wallace calculó que si colocaban tres marcadores de la misma altura sobre los puentes que cruzaban el canal, a intervalos de 4,8 kilómetros/3 millas de distancia cada uno, el de en medio, visto a través de un telescopio, parecería ser 1,5 metros/5 pies más alto que los otros dos. El árbitro de Hampden, también seguidor de la misma teoría, miró a través del telescopio y declaró con descaro que los tres marcadores estaban perfectamente alineados. Sin embargo, el árbitro de Wallace confirmó que el resultado era el que Wallace había predicho, y lo declaró ganador. Siguió una larga y amarga disputa, en el curso de la cual Hampden fue encarcelado por libelo. Aunque la afirmación de Wallace era legítima y su prueba impecable, el caso no le hizo ningún bien a su reputación. Al final, logró quedarse con sus 500 libras, pero tuvo que pagar el coste de la prueba, que no pudo recuperar, por la quiebra de Hampden.

Los experimentos de Mendel

La ciudad de Brno (antiguamente Brunn), la segunda ciudad de la actual República Checa, fue la sede del arma Bren, a la que dio su nombre. A mediados del siglo XIX era el hogar de un hombre que dio a la ciudad una fama todavía mayor, ya que fue escenario de uno de los experimentos más importantes en la historia de la biología. Su nombre era Gregor Mendel, y era monje del monasterio de Santo Tomás. A veces, los historiadores han escrito que el monasterio era un remanso rural de paz en una tierra desconocida y no la verdad, que se trataba de un centro de cultura y aprendizaje en una orgullosa, histórica y creciente ciudad industrial de 70.000 personas.

Mendel, un muchacho inteligente provinente de una familia campesina pobre, nació en 1822, en un pueblo llamado Heinzendorf, situado en la región de habla alemana de Silesia. Fue de la escuela de su pueblo a la escuela secundaria local, y después al Instituto Filosófico en la cercana ciudad de Olmutz (ahora Olomouc, en la República Checa). Pero su origen humilde le impidió ir a la universidad, y en 1843 se hizo monje por recomendación de uno de sus profesores. Era un monasterio agustino, especializado en enseñanza, y los monjes eran profesores de matemáticas en el Instituto Filosófico. Mendel tenía buenos conocimientos de ciencias, sobre todo de física y matemáticas, y la rutina del monasterio le daba suficiente tiempo libre como para poder seguir sus investigaciones. Decidió estudiar las consecuencias de los cruces entre animales y plantas, y empezó con ratones, cuya rápida reproducción permitía estudiar fácilmente las características de sucesivas generaciones. Pero cuando le dijeron que estudiar las actividades sexuales de mamíferos pequeños no era una ocupación conveniente para un monje, trasladó su atención al jardín del monasterio. Su abad le cedió un invernadero y una parcela de tierra de 30 metros de largo por 7 metros de ancho/100 por 20 pies, y en 1855 Mendel reanudó sus investigaciones con un sujeto menos estimulante como eran los guisantes. Seleccionó 22 variedades, y controló el experimento mediante un plan cuidadosa y rigurosamente preparado, analizando la herencia de 7 características distintivas a través de generaciones sucesivas.

Catorce años y 300.000 guisantes después, ya era abad y sus responsabilidades diarias acabaron con sus detalladas investigaciones. Su trabajo no le reportó ningún reconocimiento. Murió en 1884, querido y honrado en su ciudad natal, pero desconocido para el mundo. Mendel había leído y anotado cuidadosamente *El origen de las especies* de

Darwin, pero éste murió dieciocho meses después de Mendel, sin saber que la clave de la pregunta que nunca había podido responder —cómo se pasan de generación en generación las características hereditarias—, se encontraba desde hacía diecisiete años en los archivos de un monasterio checo. Y aunque lo hubiera sabido, resulta cuestionable que hubiera reconocido la importancia de los estudios de Mendel en su propia teoría. Darwin era un mal matemático; y la forma en que Mendel presentó sus resultados no le hubiera atraído.

El trabajo de Mendel no se redescubrió hasta el comienzo del siglo XX. No fue hasta los años treinta cuando del trabajo de estos dos grandes biólogos se extrajo la síntesis llamada neodarwinismo, de la cual procede nuestra comprensión actual de la evolución.

Características heredadas

Muchos experimentos se realizan para demostrar una idea que ya se le ha ocurrido al científico, pero las investigaciones de Mendel se debieron a la curiosidad y no a una teoría preconcebida. Sólo quería comprender la mecánica de la herencia, y al escoger guisantes tuvo más suerte de la que pensaba. Las características que estudió —el color verde contra el amarillo, piel rugosa contra piel lisa, y así sucesivamente— eran características de todo o nada. Los guisantes que sembró *eran* verdes o amarillos, lisos o rugosos: no sembró variedades amarillo verdosas o con una piel a medio camino entre rugosa y lisa. La naturaleza del todo o nada le permitió rastrear fácilmente su herencia a través de las generaciones sucesivas y someter esa herencia a un análisis estadístico.

Mendel en persona polinizaba sus guisantes, teniendo cuidado de que ninguna de sus plantas fuera fertilizada por insectos. Durante sus estudios, escribió y guardó las notas sobre las plantas de las que extraía el polen y a las que lo

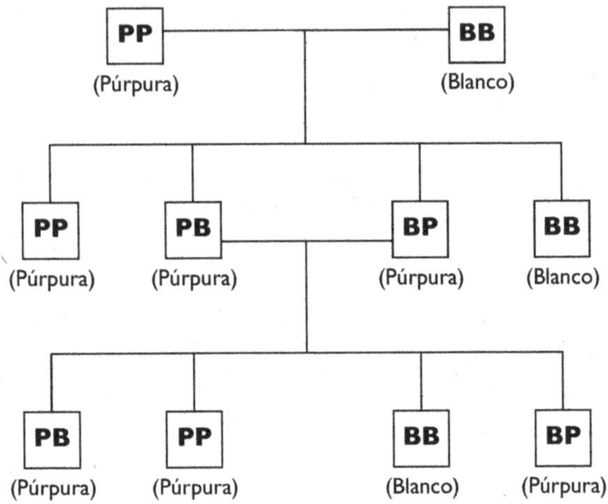

Figura 16. Flores de colores y la herencia mendeliana. Una planta que sólo tiene genes de color púrpura se cruza con otra que sólo tiene genes de color blanco. Si el color púrpura es dominante sobre el blanco, tres cuartas partes de su descendencia tendrán flores púrpuras. Si dos plantas de flores púrpura de segunda generación han heredado ambos genes, una cuarta parte de su cruce tendrá flores blancas.

transfería. De esa manera, supo qué plantas eran padres de qué descendencia. Lo que descubrió —tomando los colores amarillo y verde como ejemplo— fue que cuando cruzaba un guisante amarillo con otro amarillo, o un guisante verde con otro verde, su descendencia siempre era del mismo color que la del padre. Y que cuando cruzaba un guisante amarillo con otro verde, toda la descendencia era amarilla. Pero si cruzaba dos guisantes amarillos de esa generación de linaje mixto, un cuarto de su descendencia era verde. Esto demostraba que las características heredadas no se mezclaban, como las pinturas verde y amarilla, sino que pasaban intactas a las siguientes generaciones.

En el momento en que Mendel llevaba a cabo sus investigaciones, la palabra *gen* no existía. En términos modernos, diríamos que estaban transmitiéndose genes de colores diferentes. El gen de color amarillo era *dominante* sobre el gen verde, ocultando el hecho de que algunas de las plantas mixtas seguían llevando el gen de color verde y que éste podía reaparecer en una generación posterior, si la planta recibía un gen de color verde de ambos padres. El trabajo de Mendel tuvo dos resultados importantes. Primero, reunió abrumadoras pruebas estadísticas que terminarían dando forma a los cimientos de la ciencia genética. Segundo, ilustró dos conceptos que resultarían capitales en esa ciencia: el *fenotipo,* o la apariencia exterior de un animal o una planta; y el *genotipo,* la herencia de factores trasmisibles que subyacen bajo esa apariencia.

La pasteurización

Debido a la demostración de Jenner sobre la efectividad de una vacuna para controlar la viruela, podría pensarse que rápidamente seguirían tratamientos similares para otras enfermedades. Pero pasarían ciento ochenta años de la primera vacunación de Jenner para que se diera otro paso adelante, y lo dio un químico francés llamado Louis Pasteur. Hijo de un curtidor, nació en diciembre de 1822 en Dôle, en la región de Jura. De joven no fue un estudiante prometedor; de hecho, si mostraba alguna aptitud especial, era la de la pintura. Su primera ambición fue ser profesor de arte. En 1842, tras ejercer de maestro en la Escuela Real de Besançon, obtuvo su título de bachillerato en ciencias, pero con una calificación «mediocre» en química. En 1843, cuando tenía veintiún años, consiguió uno de los primeros puestos en la lista de admisiones de la École Normale parisina. Como muchos científicos famosos, su vida fue influenciada por un maestro que lo inspiró, en su caso el químico Antoine Jerôme Balard. A pesar de esos principios desfavorables en el campo de la química, Pasteur se empeñó en que la química se convirtiera en el trabajo de su vida. En pocos años, el estudiante «mediocre» dirigió un programa de investigación que le dio fama internacional. Sus investigaciones sobre las características ópticas de los cristales de sustancias orgánicas, que completó a los veintiséis años, le procuró la Medalla Rumford de la Royal Society.

En 1854 fue nombrado decano de la Facultad de Ciencias de la Universidad de Lille, donde se interesó por los problemas de la industria vinatera, que perdía enormes cantidades de dinero como resultado del deterioro de sus existencias. Algunos de sus contemporáneos, incluido el eminente químico alemán Justus von Liebig, insistían en que la fermentación era un proceso químico que no requería la intervención de ningún organismo viviente. Con la ayuda del microscopio, Pasteur descubrió que en realidad intervenían dos de esos organismos —dos variedades de levadura— y que eran la clave del proceso. Uno producía el alcohol; y el otro, el ácido láctico que agriaba el vino. Para asegurar que el organismo nocivo no permaneciera en el vino, Pasteur recomendó que lo matasen calentando ligeramente el vino hasta los 44 °C/120 °F. A pesar del horror inicial de la industria ante la idea de calentar el vino, un experimento controlado con lotes de vino calentado y sin calentar demostró la efectividad del procedimiento. Había nacido la *pasteurización,* el proceso que actualmente garantiza la seguridad de tantos y tantos productos alimenticios del mundo.

Generación espontánea

El trabajo de Pasteur con la fermentación le permitió terminar con una de las disputas más largas en la historia de la biología: el tema de la «generación espontánea». Muchos biólogos sostenían que la vida microscópica era capaz de aparecer del aire o, por lo menos, de la materia muerta. Pasteur estableció primero que el polvo del aire contenía esporas que podían germinar si se introducían en un cultivo nutriente. Para demostrarlo, realizó un experimento en el que introdujo un caldo hervido en un frasco de cuello curvado, de modo que admitiera aire pero no partículas de polvo. En el frasco no se desarrolló ningún organismo vivo. Anunció sus resultados en una gala de la Sorbona en 1864 y obtuvo todo un triunfo. La teoría de la generación espontánea era historia, y la ciencia de la bacteriología despegó de su plataforma de lanzamiento.

El descubrimiento de la infección

Habiendo resuelto el problema de la industria vinatera de forma tan brillante, fue lógico que cuando una enfermedad en los gusanos de seda empezó a arruinar esa industria en el sur de Francia, llamaran de nuevo a Pasteur. Éste no sabía nada sobre gusanos de seda, pero cuando apuntó su microscopio, identificó un parásito diminuto que infestaba a los gusanos y a la morera de la que se alimentaban. Su diagnóstico fue drástico: los gusanos y las hojas infectadas tenían que ser destruidos y reemplazados con otros nuevos.

Su reputación ayudó a que siguieran su consejo, y así salvó otra industria. Su trabajo con la enfermedad de los gusanos de seda atrajo su atención hacia el espectro más amplio de las enfermedades contagiosas. Desde los griegos, la tradición médica insistía en que la enfermedad era una aflicción de los organismos individuales. La idea de que las enfermedades pudieran transmitirse entre criaturas vivientes era anatema. Se trataba de otro de esos puntos débiles que ahora nos parecen tan inexplicables, acostumbrados como estamos desde nuestra niñez al miedo a los gérmenes y las infecciones. No obstante, no había nada *obvio* en la idea de una enfermedad contagiosa. El hecho de que las personas contrajeran una enfermedad al mismo tiempo no demostraba en sí mismo que una de ellas fuera la responsable.

El hecho de que se encontraran bacterias en las heridas, o en los enfermos, no era en sí mismo una prueba de que las bacterias fueran la causa del problema. Cuando Pasteur sugirió que ayudaría el que doctores y enfermeras se lavaran con más frecuencia, esterilizaran sus instrumentos e hirvieran las vendas, lo que consiguió aquella teoría —que a primera vista parecía extravagante— fue no únicamente las protestas por la autoestima herida de un gremio, sino un genuino sentido de ultraje.

La política de Pasteur era muy derechista, y se ha sugerido que su preocupación por la amenaza que representan para el cuerpo humano millones de minúsculos microbios no sería totalmente ajena a su fuerte convicción de la amenaza que representaban para el cuerpo político las masas enardecidas. Pero, cualquiera que fuera la inspiración para su teoría de los gérmenes, en opinión de muchos jueces queda el desarrollo teórico más importante en la historia de la medicina. Y ése sólo fue uno de los muchos descubrimientos importantes que le debemos a este genio de la bioquímica.

Las vacunas de Pasteur

En el otoño de su vida, Pasteur se centró en las posibilidades de vacunación ya exploradas por Jenner. Empezó con una enfermedad letal para los animales, el ántrax. Descubrió que, calentando una preparación de gérmenes del ántrax, podía reducir su virulencia y producir una versión débil de la enfermedad que no mataba a los animales inoculados, pero que tampoco llegaba a provocar una respuesta inmune. En 1881 hizo una demostración dramática de la eficacia de su vacuna, inoculando con ella la mitad de un rebaño de ovejas mientras que inyectaba la enfermedad a la otra mitad. Las inoculadas con la vacuna sobrevivieron, todas las demás murieron.

A continuación desarrolló una vacuna que, esperaba, sería eficaz contra la rabia, y con esta vacuna realizó su último y dramático experimento. En 1885, cuando tenía sesenta y dos años, le llevaron un muchacho que había sido atacado y mordido por un perro rabioso. Le administró la vacuna al muchacho, aunque todavía no había sido probada, y le salvó la vida. Fue un digno clímax a la asombrosa carrera de un hombre que merece estar junto a Aristóteles y a Darwin en el salón de la fama de la biología.

Maury y la oceanografía

Hacia 1840, la ciencia de la geología —el estudio de la estructura y la historia de la Tierra— había cumplido su mayoría de edad. Pero la ciencia de la oceanografía —el estudio de los mares y *su* historia— todavía no había nacido. La razón principal era el dinero. La geología era ideal como afición de caballeros con tiempo para pasear por el campo, martillo en mano y acceso a un círculo de amigos con quienes discutir cualquier especulación. El estudio de los océanos requería expediciones costosas y, sin patrocinio o financiación de un gobierno, no podían lograrse resultados que valieran la pena. Que la ciencia se *crease* en la década de 1850 se debe sobre todo a un hombre: el estadounidense Matthew Fontaine Maury.

Maury nació en Fredericksburg, Virginia, en 1806. Era hijo de un granjero, y se alistó en la armada como alférez. Cuando tenía veinticuatro años, ya había dado la vuelta al mundo. En 1839 se quedó cojo debido a un accidente de diligencia y fue obligado a retirarse del servicio activo. Fue destinado a lo que podía ser un puesto poco exigente, superintendente del Depósito de Cartas Marítimas e Instrumental. Se dedicó a ello con energía incansable y, particularmente, al estudio de los vientos y de las corrientes. Para ayudar a recopilar datos, diseñó diarios de navegación impresos especialmente que distribuyó a los capitanes de los barcos.

Maury estaba convencido de que el estudio de los océanos no podía avanzar sin la cooperación de las naciones marítimas. Como resultado de sus esfuerzos, se celebró en 1853 una conferencia internacional en Bruselas, en la que los gobiernos se mostraron de acuerdo para adoptar un sistema estandarizado de anotaciones climáticas. En 1855 publicó el primer libro de texto mundial sobre oceanografía, *Geografía física del mar.*

Cuando estalló la guerra en 1863, fue nombrado director de la Defensa Costera de la Confederación. Tras la derrota de la Confederación tuvo que exiliarse, primero a México y después a Inglaterra. En 1868 volvió a Estados Unidos como profesor de física del Instituto Militar de Virginia, donde pasó los últimos cinco años de su vida. En 1930, su creación de la ciencia de la oceanografía fue reconocida al ser elegido para el Salón de la Fama de los Grandes Estadounidenses.

Estudios y expediciones

En el cuarto de siglo siguiente a la publicación de *Geografía física del mar,* se produjo una explosión sobre el conocimiento del océano profundo: su configuración, sus corrientes, su temperatura y sus formas de vida. Un factor importante en esta expansión de conocimientos fue el tendido de cables submarinos. El primero se realizó en 1851, en el estrecho de Dover. El tendido de cables requería un mejor conocimiento del lecho oceánico, sus corrientes y sus variaciones de temperatura, y animó el desarrollo de nuevas tecnologías que demostraron ser inestimables en los estudios submarinos. Y las compañías de tendidos de cable tenían dinero para hacer posibles tales estudios.

Las oportunidades de investigación abiertas por el tendido de cables no fueron en principio reconocidas por los biólogos marinos, debido a la extendida creencia de que no podía existir vida en las condiciones de frío extremo, presión y oscuridad que se daban en las profundidades del océano. Pero durante la década de 1860, empezaron a acumularse pruebas de que esa suposición era injustificada. En 1868 dos biólogos británicos, W. B. Carpenter y C. Wyville Thompson, reconocieron los beneficios que podría aportar una expedición adecuadamente equipada en la investigación de las condiciones físicas y las formas de vida de los océanos, y persuadieron a la Royal Society para que apoyase una serie de expediciones que dragasen las profundidades oceánicas. En el curso de dos viajes, primero con el *Lightning* y después en el *Porcupine,* recogieron pruebas incontrovertibles de que los océanos estaban poblados por una enorme cantidad de formas de vida desconocidas por la ciencia.

A medida que se desarrollaban estas expediciones, Carpenter quedó intrigado por los datos que los barcos iban acumulando sobre la temperatura, la densidad y las corrientes a distintas profundidades. Así se convenció de que existía un modelo de corrientes profundas en los propios océanos, y que esta circulación era un factor importante en los cambios climáticos, incluida la causalidad de las eras glaciales. Esta propuesta encontró una oposición feroz por parte del principal teórico británico de la causalidad de las eras glaciales, el escocés James Croll, que creía que el principal inductor del cambio climático eran los vientos alisios, y que éstos eran también la causa de los cambios en el comportamiento de las corrientes oceánicas. Carpenter estaba convencido de que su teoría quedaría reivindicada si podía organizar un tercer y más ambicioso estudio de los océanos inexplorados. Con el apoyo de la Royal Society, persuadió al gobierno británico para que encargase un estudio mundial del océano a cargo de la corbeta naval *HMS Challenger.*

Entre 1872 y 1876, con Thompson a bordo como científico jefe, el buque navegó por todos los océanos del mundo. Los resultados se publicaron en 50 volúmenes entre 1880 y 1895, y marcaron todo un hito en la oceanografía. Establecieron más allá de toda duda que había una pauta de circulación de agua marina alrededor del globo, exactamente del tipo que Carpenter había sugerido.

El descubrimiento de los rayos-X

Algunos avances importantes en la ciencia han sido resultado de la suerte... de realizar un descubrimiento cuando se investigaba otra cosa. Un buen ejemplo es el descubrimiento realizado en un laboratorio de la universidad alemana de Würzburg, en noviembre de 1895.

Wilhelm Conrad Röntgen nació en Lennep, en la Renania prusiana, en 1845. Hijo de un comerciante textil, fue educado en Holanda y Suiza, y tenía que especializarse en ingeniería mecánica pero cambió de idea y decidió hacer carrera en la física. Entre los treinta y los cincuenta ostentó varios cargos universitarios, incluidos los profesorados en Estrasburgo, Múnich y Würzburg.

El 8 de noviembre de 1895 estaba experimentando con rayos catódicos —partículas cargadas negativamente, emitidas por un electrodo en un tubo descargado—, que en aquel momento eran poco comprendidos.

De repente notó que una pantalla situada a más de un metro de su aparato se iluminaba de una forma bastante inesperada. La pantalla tenía una capa de una sustancia llamada platinocianuro de bario, y Röntgen comprendió que estaba demasiado lejos para que aquel efecto fuera causado por los rayos catódicos.

Se le ocurrió que el tubo había podido emitir alguna forma de radiación desconocida hasta entonces y, durante el mes siguiente, realizó con creciente excitación una serie de descubrimientos sorprendentes sobre las propiedades de esa extraña radiación.

Estableció que no la desviaban los campos magnéticos y que era capaz de atravesar muchos materiales sólidos, incluidos la madera y el metal... y la mano de su esposa. Cuando colocó una placa fotográfica detrás de la mano produjo una imagen, no de la mano, sino de los huesos de la mano. Anunció su descubrimiento el 28 de diciembre, dando a sus rayos misteriosos el apropiado nombre de *rayos-X*.

Esta radiación tenía otras propiedades sorprendentes. Se comportaba como la luz visible, pero no se reflejaba o refractaba de la misma manera que ella. Las aplicaciones médicas eran obvias, y la fotografía de rayos-X fue aceptada rápidamente como parte de un diagnóstico médico. Pero la verdadera naturaleza de la radiación no quedó clara hasta 1912, cuando otro físico alemán, Max Theodor Félix von Laue, estableció que era una forma de radiación electromagnética con una longitud de onda mucho más corta que la de la luz visible.

En ese momento no se sabía el efecto que pudiera tener la exposición a una radiación así, y Röntgen y sus ayudantes sufrieron las consecuencias. Pero tuvo el consuelo de ser recompensado con el primer Premio Nobel de Física que se concedió.

El descubrimiento de Becquerel

El afortunado descubrimiento de Röntgen encontró eco en la experiencia de otro físico, que había decidido investigar a fondo los rayos-X. En este caso, la persona afortunada fue un académico parisino llamado Antoine Henri Becquerel. Nacido en 1852, era siete años más joven que Röntgen, procedía de una familia de físicos, y en 1891 obtuvo un puesto en el Museo de Historia Natural de París que su padre y su abuelo habían detentado antes que él. En 1895 se convirtió en profesor de física en la Escuela Politécnica.

El padre de Becquerel había realizado importantes investigaciones sobre el fenómeno de la fluorescencia, y su hijo heredó ese interés. Tras estudiar los resultados de Röntgen, se le ocurrió que podían existir materiales fluorescentes que emitieran rayos-X. En febrero de 1896 envolvió algunas películas fotográficas en papel grueso y negro, y las expuso a la luz del sol debajo de un cristal de material fluorescente, sulfato de potasio. Tenía la esperanza de que, cuando la luz solar provocara la fluorescencia en el cristal, cualquier rayo-X que emitiera penetraría a través del papel negro e impresionaría la película. Para su satisfacción, cuando desenvolvió la película, ésta mostró la veladura típica de los rayos-X. Intentó repetir el experimento colocando una cruz de cobre entre el cristal y la película, pero se vio frustrado por una serie de días nublados, aunque decidió seguir de todas formas con el experimento. Para su asombro, obtuvo una imagen de la cruz, lo que indicaba que la radiación responsable tenía su fuente en el propio cristal y no era producto de la fluorescencia inducida por la luz solar.

Esto supuso un descubrimiento asombroso, ya que no se conocía ninguna fuente de energía que simplemente emanase de un material sólido. Nuevas investigaciones mostraron que, cualquiera que fuera la radiación, no se trataba de rayos-X, dado que éstos podían ser desviados por un campo magnético. Esto significaba que debía estar compuesta por partículas cargadas, pero la reacción que podía producirla seguía siendo un misterio... de momento.

Pierre y Marie Curie

La respuesta al enigma de la misteriosa radiación de Becquerel la encontraron Pierre y Marie Curie, el matrimonio más famoso en la historia de la ciencia. Marie nació Marya Sklodowska, en Varsovia, la capital de Polonia, en 1867. Su padre, Wadyslaw, era un profesor de ciencia al que se le había prohibido dar clases al haber estado involucrado, cuatro años antes de que ella naciera, en un fallido levantamiento contra la ocupación rusa. Marie fue una brillante estudiante, pero nunca obtuvo un título universitario en su país natal.

Gracias a trabajar duramente y a su abnegación, ahorró lo suficiente para viajar a París y poder vivir mientras estudiaba en la Sorbona. En 1893, siendo ya la primera mujer en obtener un título en física por dicha universidad, consiguió el primer puesto en los exámenes de licenciatura en ciencias físicas, y en 1894 revalidó su éxito con un segundo lugar en matemáticas. Ese mismo año conoció a Pierre Curie, profesor de la universidad y ocho años mayor que ella, que estaba estudiando las propiedades eléctricas de los cristales. Se casaron en 1895, y se embarcaron en un programa conjunto de investigación que iba a tener profundas consecuencias, no sólo para el estudio de la física, sino también para la química y la medicina.

El talento de Pierre —como experimentador, teórico y diseñador de instrumentos delicados— fue crucial para el éxito de estas investigaciones; pero, como él mismo reconoció, se había casado con un genio cuyo liderazgo no le importaba seguir. En 1897 Marie dio a luz a una hija, Irene. Había seguido trabajando durante su embarazo, y tanto Pierre como ella prosiguieron después con sus investigaciones gracias a que el padre viudo de Pierre los ayudó a cuidar a la niña.

Pocas semanas después del nacimiento del bebé, Marie empezó a trabajar en su tesis doctoral, cuyo tema era la radiación descubierta por Becquerel el año anterior. Estableció rápidamente que era producida por el uranio —uno de los elementos presentes en el cristal de Becquerel— y que el nivel de radiación dependía únicamente de la *cantidad* de uranio presente, sin que le afectasen la luz del sol, la temperatura o el estado químico del mineral. La implicación parecía ser que se trataba de un fenómeno totalmente desconocido, debido a una propiedad de los átomos del uranio. La próxima pregunta que se hicieron fue: ¿el uranio es el único elemento que posee estas propiedades? No tardaron mucho en descubrir que otro elemento, el torio, se comportaba exactamente de la misma manera.

El nuevo fenómeno necesitaba un nombre y Marie lo bautizó como *radioactividad*. A continuación examinó varias menas de uranio y de torio, y descubrió asombrada que eran *más* radioactivas que los propios elementos en sí. Esto sólo podía significar una cosa: que estaban tratando con un elemento muy radiaoctivo desconocido para la ciencia.

Decidieron centrar su atención en el mineral llamado pechblenda. Mientras trabajaban por separado con varios elementos de la mena, se dieron cuenta de que contenía dos fuentes radioactivas además del uranio. No habían descubierto uno, sino dos elementos nuevos. A uno lo llamaron *polonio,* en honor al país natal de Marie, y al otro *radio,* el nombre en latín del rayo de luz.

Tenían una fe absoluta en la existencia de sus dos nuevos elementos, pero muchos científicos eran escépticos. Para demostrarla, necesitaban producir una cantidad aceptable de aquellos elementos en estado puro. Tenían una fuente barata de la materia prima que necesitaban en los residuos de la industria cristalera de Bohemia.

La separación de las ínfimas cantidades de elementos radioactivos de las toneladas de cristal que tuvieron que importar y procesar, les llevó cuatro años de trabajo en unas condiciones espantosas. Pero al final, en 1902, consiguieron 1/10 de gramo de radio puro. Los incrédulos tuvieron que callar.

En 1903, sus logros fueron reconocidos con el Premio Nobel de Física, concedido conjuntamente al matrimonio Curie y a Becquerel por su trabajo sobre la radioactividad. En 1904, Pierre fue nombrado profesor de física en la Sorbona. Dos años después moriría en un accidente de circulación. Marie quedó devastada, pero dispuesta a continuar trabajando.

Fue elegida para ocupar el puesto de su marido, siendo así la primera profesora universitaria. En 1911 se convirtió en la primera persona que ganó un segundo Premio Nobel —algo que no se repetiría en cincuenta años— cuando le fue otorgado el de química por aislar el radio puro.

En 1934, en la plenitud de su fama, murió de leucemia provocada por la radioactividad a cuyo estudio había consagrado su vida.

El descubrimiento del electrón

A medida que transcurría el siglo XIX, la diferencia entre átomos y moléculas, y la forma en que se unían los átomos para formar moléculas, fue aclarándose gradualmente. Pero durante la mayor parte del siglo, la imagen del átomo dada por Dalton como el ladrillo primario de la materia, seguía siendo la idea predominante, tanto en la química como en la física. Cuando el siglo estaba a punto de terminar, esta imagen fue destruida por el descubrimiento de que los átomos estaban compuestos por elementos mucho más pequeños, y que lo que se creía materia sólida era en realidad espacio casi totalmente vacío. Esta transformación se debió principalmente al trabajo de dos personas: Joseph John Thomson y Ernest Rutherford.

J. J. Thomson nació en 1856, cerca de Manchester. Originalmente estaba destinado a ser ingeniero, pero la muerte de su padre hizo que no pudiera permitirse el lujo de estudiar. Durante su adolescencia había asistido al Owens College local, y allí se interesó por la física. Su ambición era asistir a Cambridge y ganó una beca para el Trinity College, en el que había vivido Newton y aún seguía viviendo Maxwell. Aprobó los exámenes y se convirtió en profesor universitario.

En 1884, cuando tenía veintisiete años, fue nombrado director del Laboratorio Cavendish de la universidad, donde permaneció treinta y cinco años. Bajo su dirección, lo convirtió en la principal institución de su tipo en todo el mundo. Parte de la explicación de su éxito fue la disponibilidad de fondos de la Gran Exposición de 1851 para financiar la contratación de excelentes investigadores.

El logro particular de Thomson fue el descubrimiento del electrón: una partícula cargada negativamente y con una masa de sólo 1/2.000 de la del átomo de hidrógeno. Eso le hizo ganar el Premio Nobel de Física en 1906. Insistió en que los electrones eran una parte fundamental de la estructura del átomo, al que visualizó como una esfera, en cuya capa exterior se encontraban los electrones cargados negativamente, como frutas en un pastel, en número suficiente para neutralizar la carga positiva del átomo.

Ernest Rutherford

En 1895, a Thomson se le unió un ayudante que había ganado una de las becas de la Gran Exposición, un neozelandés de nombre Ernest Rutherford.

Rutherford nació en Brightwater, Nueva Zelanda, en 1871, y era el segundo de doce hijos. En la escuela ya demostró ser un alumno muy prometedor, y ganó una beca para la Universidad de Canterbury. En realidad, había quedado segundo en la competición de la Gran Exposición, pero el ganador decidió quedarse en Nueva Zelanda. La historia cuenta que estaba en el campo plantando patatas cuando le llegó la noticia, y que tiró a un lado su azada diciendo: «¡Ésta es la última patata que planto!».

Rutherford ayudó a Thomson durante dos años, y entonces solicitó el puesto de profesor de física en la universidad canadiense McGill. En 1898 llegó a Canadá para encontrarse con el que, probablemente, era el laboratorio mejor equipado del hemisferio occidental, financiado por un rico industrial tabaquero.

Protones y neutrones

El interés de Rutherford por toda clase de radiaciones se había visto muy estimulado, mientras trabajaba en el laboratorio de Thomson, al enterarse del descubrimiento de la radioactividad hecho por Becquerel. En cuanto tomó posesión de su nuevo cargo, empezó un programa de investigación que lo mantendría ocupado durante cuarenta años. En 1904 escribió *Radioactividad,* el primer libro de texto sobre el tema, que se convirtió instantáneamente en un clásico.

A medida que se extendía su fama, otras universidades lo tentaron para que abandonara McGill. En 1907, el profesor de física de la Universidad de Manchester aceptó abandonar su cargo con la condición de que lo aceptara Rutherford; éste estuvo de acuerdo y pasó allí los siguientes catorce años. El laboratorio de Manchester ya tenía muy buena reputación y, bajo su dirección, logró un eminente segundo puesto, sólo superado por el de Cavendish en Cambridge. Entre 1907 y 1909, Rutherford y su ayudante Hans Geiger (el inventor del contador Geiger para medir la radioactividad) dirigieron una investigación sobre la naturaleza de las partículas alfa, las partículas con una carga positiva que emiten ciertos elementos radioactivos.

Entre otros experimentos, dispararon partículas contra hojas de oro finísimas. Casi todas —7.999 de 8.000— las atravesaron sin desviarse. Rutherford llegó a la conclusión de que los átomos de oro, y de otros elementos, estaban constituidos por vastas extensiones de espacio vacío, con un núcleo central mínimo.

En 1919, cuando ya estaba de nuevo en Cambridge, dirigió un experimento en que utilizó partículas alfa para bombardear nitrógeno. Esto causó que el gas emitiera partículas cargadas positivamente, partículas que Rutherford pudo demostrar que se encontraban presentes en todos los núcleos atómicos. A estas partículas las llamó *protones.*

Unos años después, James Chadwick, un neozelandés ganador de una beca y que trabajaba con Rutherford en Manchester, señaló que el núcleo de los átomos no podía estar compuesto únicamente de protones. Defendía que, si tenían suficientes protones como para justificar su peso atómico, los átomos tendrían una carga positiva demasiado grande. En 1932 demostró la existencia en el núcleo de una partícula neutra (sin carga eléctrica), de una masa aproximadamente igual a la del protón, a la que llamó *neutrón.*

Como resultado del trabajo de Thomson, Rutherford y Chadwick —y muchos otros científicos que añadieron sus descubrimientos—, el mundo tuvo por fin una imagen significativa y práctica de la estructura del átomo:

1. Un núcleo compacto, donde casi toda la masa del átomo estaba localizada y compuesta de protones cargados positivamente y de neutrones eléctricamente neutros.

Rodeados por:

2. Una inmensa extensión de espacio (atómicamente hablando) donde orbitaban, casi ingrávidos, los electrones cargados negativamente.

Durante cierto tiempo, aproximadamente hasta 1920, este *modelo planetario del átomo* pareció contener la verdad esencial de la estructura de la materia, pero fue una luna de miel más bien breve.

Pocos años después, nuevos descubrimientos —y una extraña y difícil nueva ciencia llamada *mecánica cuántica*— revelaron que era una enorme simplificación de la realidad subyacente. Pero, para los no matemáticos, sigue siendo la mejor representación disponible de la materia de la que nosotros —y el mundo— estamos hechos.

Mejorando a Mendeleyev

Cuando se escribe sobre química, existe el peligro de darle a Mendeleyev más crédito del debido. Sus logros fueron enormes, cierto, pero se basaron en fundamentos colocados por aquellos que llegaron antes que él. Y la versión moderna de la tabla periódica *(véase la página 180)* también le debe mucho a los que llegaron después de él, en particular al físico inglés Henry (Harry) Moseley.

Moseley nació en el pueblo costero inglés de Weymouth, en 1887, dentro del seno de una familia impregnada por la ciencia. Su padre había sido profesor de anatomía, pero murió cuando él tenía cuatro años de edad. Sus dos abuelos habían sido científicos distinguidos, y su hermana mayor realizó un importante trabajo en el campo de la biología; incluso el propio Moseley había ganado diversas becas para las universidades de Eton y Oxford.

Tras su graduación, en 1910, se unió al joven equipo del laboratorio de Rutherford en Manchester, donde tuvo la suerte de conocer e intercambiar ideas con el físico danés Neils Bohr. En los pocos años que estuvo allí, realizó trabajos de una importancia incomparable sobre la estructura atómica de los elementos, utilizando la reciente técnica del análisis de difracción de los rayos-X.

Mendeleyev había situado los elementos en orden ascendente según su *peso* atómico, lo que dejaba sin resolver algunas incertidumbres. No tenía forma de saber si existía un mínimo intervalo entre los pesos de los diversos elementos y, por tanto, no podía estar seguro de cuántos elementos desconocidos existían entre dos cualesquiera colocados en su tabla. Hasta el propio peso atómico era un número incierto, debido a la presencia de lo que ahora conocemos como *isótopos* —versiones diferentes— de algunos de esos elementos. Moseley barrió estas incertidumbres y proporcionó unos sólidos cimientos a la tabla periódica.

Como resultado de su trabajo sobre la carga eléctrica de los núcleos atómicos, pudo proponer una clasificación superior de los elementos: no por su peso atómico, sino por lo que llamó *número* atómico, es decir, la carga positiva del núcleo, que ahora reconocemos como el número de protones existentes en el núcleo. Como éste siempre era un número entero, era posible asegurar cuántos elementos naturales debían existir (incluso los todavía no descubiertos) entre el más simple (el hidrógeno) y el más complejo conocido entonces (el uranio).

En 1912, a los veintiséis años, Moseley publicó su ley de los números atómicos, con una nueva versión de la tabla periódica que era, en esencia —por encima del elemento 92— la tabla de la figura 13. Esto le habría valido un Premio Nobel si hubiera vivido lo suficiente para recibirlo, pero cuando estalló la Primera Guerra Mundial, en 1914, se presentó voluntario. Doce meses después —tenía veintiocho años— moría en Gallipoli.

Mendeleyev en Londres

Por la época en la que el joven Moseley se trasladó a Oxford, un Mendeleyev de setenta años visitaba la Institución Real londinense para dar una conferencia y recibir el Premio Faraday de la Sociedad Química. Era costumbre entregar el premio conteniendo una bolsa de seda llena de soberanos de oro; Mendeleyev vació educadamente el suyo sobre la mesa, diciendo que nada lo obligaría a aceptar dinero por hablar en memoria de Faraday, en un lugar que consideraba sagrado gracias a su trabajo.

La deriva de los continentes

Es probable que, cualquiera que mire un mapa del Océano Atlántico, se dé cuenta de que el perfil de la costa este de Norte y Sudamérica es muy similar al de Europa occidental y al de la costa oriental africana. La similitud ya fue muy comentada cuando se trazaron los primeros mapas de las Américas en el siglo XVI, pero pocas personas pensaron que fuera más que una coincidencia.

En 1911, un meteorólogo y explorador alemán llamado Alfred Wegener encontró un documento que atrajo su atención hacia otra similitud llamativa: la de los fósiles encontrados en las formaciones rocosas de África occidental y en Brasil. El que había escrito aquel documento sugería que, en algún momento, pudo existir un puente de tierra entre los dos continentes. Wegener sugirió una posibilidad todavía más sorprendente: que los continentes hubieran formado una única gran masa de tierra firme, pero que desde entonces se había separado.

La teoría de Wegener era que los continentes estaban formados por masas más o menos ligeras, que flotaban sobre otra más pesada que constituía el lecho oceánico y que se había abierto paso a través de las primeras como un rompehielos en un mar helado.

Pero era incapaz de sugerir un proceso que pudiera causar el movimiento de los continentes, y su teoría de «la deriva continental» fue desechada como descabellada. Murió durante una expedición al Ártico en 1930, dejando un mundo escéptico sobre la validez de su teoría.

Ese mismo año, el geólogo británico Arthur Holmes sugirió un mecanismo que podría ocasionar el proceso descrito por Wegener. La tesis de Holmes era que las corrientes de convección del núcleo terrestre, impulsadas por el calor de la desintegración radioactiva, estarían moviendo los continentes alrededor del planeta. Pero, al igual que Wegener, Holmes fue incapaz de convencer a la comunidad científica, y la teoría de la deriva continental siguió teniendo poco interés durante treinta años más.

Fisuras en el lecho oceánico

El descubrimiento que dio sentido a la deriva continental lo llevó a cabo el geólogo americano Harry Hammond Hess, nacido en Nueva York, en 1906. Estudió geología en Yale, y trabajó como geólogo en lo que ahora es Zambia. En 1934 entró en la Facultad de Princeton, y en 1950 se convertiría en profesor de geología. Después fue consejero de la NASA y ayudó a planear el primer aterrizaje en la Luna.

En 1956, el geólogo tejano William Maurice Ewing mostró que la cima de una enorme montaña de 55.000 kilómetros/35.000 millas de longitud, situada sobre el suelo del océano, rodeaba todo el mundo. En 1957 estableció que una enorme hendidura dividía toda su longitud. Hess combinó los descubrimientos de Ewing con el suyo, que las rocas del lecho oceánico eran mucho más jóvenes que las de la corteza continental, y esto le permitió proponer una explicación sobre el origen de ese lecho, que adelantó en un escrito de 1962 titulado *Historia de las cuencas oceánicas*. Su teoría era que la roca fundida ascendía desde las capas inferiores de la Tierra formando las grietas oceánicas, y que la presión de estas rocas recientemente formadas forzaba a las más viejas a separarse. Este proceso —que llamó *expansión del lecho marino*— era lo que separaba los continentes.

En 1963, dos geólogos británicos, Fred Vine y Drummond Matthews, publicaron el resultado de sus investigaciones sobre la orientación magnética de las rocas del lecho oceánico. Ya se sabía que la dirección de los polos magnéticos terrestres estaba sujeta de vez en cuando a súbitas inversiones; y Vine y Matthews establecieron que el suelo del océano desplegaba franjas alternas de polaridad «fosilizada» que eran simétricas a ambos lados de las hendiduras del océano. Éstas sólo podían haberse originado si varios segmentos del suelo oceánico habían estado fundidos en algún momento. A finales de los años sesenta del siglo pasado, se había creado una nueva ciencia —la de *las placas tectónicas*—, y la deriva continental, que había parecido una proposición extraña, terminó aceptándose como un hecho. Ahora sabemos que los continentes no «derivan», sino que son transportados en «placas» que se mueven como respuesta a la presión generada por la roca de formación más reciente. En el Atlántico, este hecho tiene el efecto de separar las placas sobre las que se asientan los continentes.

El movimiento es de pocos centímetros anuales, pero si pensamos a largo plazo, las placas viajan grandes distancias. Cuando chocan pueden ocurrir dos cosas. En algunos lugares, como la costa oeste de América del Norte, la presión de una placa contra otra crea tensiones que provocan terremotos. En otros, como la placa que transporta el subcontinente indio, presiona contra la asiática y ambas se elevan formando enormes cordilleras.

Placas tectónicas

Este término apareció por primera vez en un artículo periodístico en 1968, y reemplazó rápidamente al de «deriva continental», que no era un concepto científico sino la descripción de un fenómeno visible. Los continentes están definidos por sus fronteras oceánicas, y existe muy poca similitud entre los contornos de los continentes y los límites de las placas sobre las que se asientan. Nueva Zelanda se encuentra en la misma placa que el Océano Índico, e Islandia está en el punto de contacto de dos placas.

Hay muchas más placas que continentes: una docena de gran tamaño y otras veinte más pequeñas. El movimiento anual de las placas individuales se mide en centímetros; pero, tras millones de años, esos centímetros se han ido acumulando. Partes de la corteza terrestre que una vez se sofocaban bajo un sol tropical, se encuentran ahora sepultadas bajo el hielo polar. Y cuando colisionan inmensas masas de roca —incluso a paso de caracol—, la presión y la fricción pueden provocar consecuencias dramáticas. Los terremotos y los volcanes son rasgos características de las regiones donde el encuentro de las placas muestran signos evidentes de las fuerzas implicadas.

Zonas de terremotos

Algunos terremotos se asocian con las erupciones volcánicas, pero la mayoría es el resultado de la descarga de tensiones que se han ido acumulando en la corteza terrestre. Estas tensiones están generadas por la actividad tectónica de dos tipos de situaciones: aquellas en las que las placas de los continentes colisionan, y las que el nuevo material se abre paso a través del lecho oceánico. Aproximadamente un 80% de los terremotos realmente destructivos tiene lugar en un anillo alrededor del Océano Pacífico, y la mayoría de los demás se dan en una franja que recorre el Mediterráneo, Oriente Medio y el sur de Asia. El epicentro de un terremoto puede encontrarse a 600 kilómetros/400 millas bajo tierra, pero los que causan más daño tienen lugar en los últimos 50 kilómetros/30 millas de la corteza terrestre.

El sismógrafo

La fuerza y la duración de un temblor de tierra se graban en un dispositivo llamado sismógrafo (o sismómetro). Normalmente, la paternidad del invento se le atribuye al físico italiano Luigi Palmieri, que construyó uno en 1855, basándose en los movimientos del mercurio dentro de un tubo sellado. Pero esto es cuestionable. El instrumento de Palmieri no distinguía entre las perturbaciones locales, como el paso de una carreta pesada, y un temblor de tierra distante. El primer sismógrafo realmente digno de ese nombre —y precursor de todos los instrumentos de hoy día— fue construido por el geólogo inglés John Milne, en 1880.

La escala de Richter

Los terremotos se miden según la escala de Richter, que fue establecida en 1935 por el sismólogo estadounidense Charles F. Richter. El problema con la medición de los temblores de tierra es que los más grandes pueden ser 500 millones de veces más potentes que los más pequeños que pueden detectarse. Richter le dio la vuelta al problema inventando una escala logarítmica que va de 0 a 10, en la que cada paso de la escala representa un incremento de 10 veces la magnitud anterior. La escala mide la potencia registrada por el sismógrafo, no la energía del terremoto. La onda sísmica generada por un temblor de fuerza 6 no es un 20 % superior a una de fuerza 5, sino 10 veces mayor, pero la energía involucrada puede ser 50 veces mayor. Un terremoto «importante» —de fuerza 7 en la escala de Richter— tiene lugar en alguna parte del mundo una vez al mes, y un «gran» terremoto de fuerza 8,5 —unas 200 veces más potente— ocurre una vez cada diez años. Los dos más potentes registrados desde que se instauró la medición moderna fueron los de Sanriku, Japón, en 1933, que llegó a 8,9; y el experimentado en el sur de Chile en mayo de 1960, que originalmente se estimó como 8,6, pero que fue revisado más tarde y se calificó de 9,5.

La fuerza del terremoto y el daño que causa no son la misma cosa. Una carga de explosivos detonada en alta mar, causaría una gran salpicadura pero pocos daños; en cambio, en un puerto atestado significaría un desastre. De la misma manera, un temblor subterráneo de fuerza 7 en el Ártico puede molestar el sueño de un oso polar; cerca de Tokio, supondría una catástrofe humana. El terremoto más destructivo registrado tuvo lugar en la provincia de Shanshi, China, en 1556. Destruyó un área de más de 500 kilómetros/300 millas de radio, y se estima que causó la muerte de unas 800.000 personas. Fue, de largo, el mayor desastre natural de la historia.

Los tsunami

Entre los productos más espectaculares de los movimientos de tierra se encuentran las olas llamadas tsunami (que significa «olas grandes» en japonés), que pueden viajar miles de millas desde el lugar donde se ha producido el terremoto. Aunque algunos son producto de terremotos ocurridos en tierra firme, otros se originan en las profundidades oceánicas, y viajan a una velocidad enorme, de 150 a 800 kilómetros/de 100 a 500 millas por hora. En el mar toman la forma de una sucesión de olas de 1 metro/3 pies de altura como mucho, que un barco apenas nota. Pero cuando llegan a la orilla, disminuyen su velocidad y se amontonan una sobre otra; si se ven empujadas en el estuario de un río, pueden llegar a convertirse en verdaderos muros de agua, de unos 15 a 30 metros/50 a 100 pies de altura, capaces de barrer ciudades y de empujar los barcos tierra adentro. La distancia a recorrer hace poco por disminuir su fuerza: un terremoto en las Islas Aleutianas de Alaska, en mayo de 1946, lanzó olas de 15 metros/50 pies de altura hacia las playas de Hawai, situadas a 3.000 kilómetros/2.000 millas de distancia.

En los últimos tiempos, el ejemplo más terrible del poder de un tsunami fue el terremoto que tuvo lugar cerca de la isla de Sumatra, Indonesia, en diciembre del 2004. Se produjo en la frontera entre la placa de India y la de Birmania, mucho más pequeña. El movimiento medio anual de la placa india es de sólo 5 centímetros/2 pulgadas, pero no se había producido ningún movimiento sísmico en la región de Sumatra desde hacía ciento cincuenta años, tiempo en el que se fueron acumulando enormes presiones. El 26 de diciembre, estas presiones se liberaron por culpa de un desprendimiento de unos 10 kilómetros/6 millas bajo el lecho oceánico, registrando una fuerza 9,0 en la escala de Richter. La placa birmana saltó hacia arriba aproximadamente 1,5 metros/5 pies en pocos segundos, desplazando enormes volúmenes de agua y enviando una serie de tsunamis de 1 metro/3 pies a través de todo el Océano Índico. A 6.000 kilómetros/4.000 millas de allí, en Somalia, se cobraron la vida de casi 200 personas, en la costa de Sumatra la devastación fue total. La ciudad de Banda Aceh, donde vivían 400.000 personas, quedó absolutamente destruida en apenas unos minutos y murieron 90.000 de sus habitantes. La pérdida de vidas en todo el Océano Índico se estimó en más de 200.000, convirtiéndose en una de las catástrofes naturales más destructivas de los últimos quinientos años.

Algunos terremotos notables

Año	Localización	Fuerza	Muertes estimadas
856	Damghan, Irán		200.000
1556	Shansi, China		800.000
1737	Calcuta, India		300.000
1755	Lisboa, Portugal	8,7*	70.000
1812	Nueva Madrid, EE. UU.	7,9*	Muy pocas
1906	San Francisco, EE. UU.	7,7*	3.000
1920	Gansu, China	8,6*	200.000
1932	Gansu, China	7,6	70.000
1933	Sanriku, Japón	8,9	3.000
1960	Sur de Chile	9,5	6.000
1970	Norte de Perú	7,7	85.000
1976	Tangshan, China	8,5	250.000**
1988	Noroeste de Armenia	6,8	55.000
1990	Norte de Irán	7,7	35.000
1995	Kobe, Japón	6,9	5.000
1999	Noroeste de Turquía	8,2	20.000

* Estimación.
** Las cifras reales son probablemente mucho mayores.

Erupciones volcánicas

Dos zonas de gran actividad sísmica —el contorno del Pacífico y desde el oeste de Indonesia hasta el Mediterráneo— contienen la mayoría de los volcanes activos del mundo. No es ninguna coincidencia. Las fuerzas que crean los terremotos son las mismas que generan el calor que emiten las erupciones volcánicas. Igual que los terremotos, el mayor número —dos tercios— de erupciones volcánicas tienen lugar en un círculo que contornea el Pacífico y que tiene el evocador nombre de «Anillo de Fuego». Hasta hace poco se pensaba que la lava que expulsaban los volcanes era roca fundida provinente del centro de la Tierra y que había encontrado la forma de abrirse paso por los puntos débiles de la corteza terrestre. Actualmente esa teoría se ha abandonado, aunque todavía se utiliza una versión para explicar la existencia de un número pequeño de volcanes aislados como los de Hawai, donde la corteza de la Tierra no sólo es una capa particularmente delgada, sino que se encuentra en un punto especialmente caliente del manto terrestre. Pero la energía térmica que alimenta los volcanes del Pacífico se genera allí donde una placa se encuentra con otra, y ambas se funden bajo la enorme fricción a la que se ven sometidas.

Existen en el mundo aproximadamente unos 500 volcanes activos o potencialmente activos. Pero «aproximadamente» sólo es una palabra operativa. Es difícil estar seguro de si un volcán que no ha mostrado ninguna actividad durante centenares de años está extinguido o simplemente inactivo. Se suponía que en el área continental de Estados Unidos no existía ningún gran volcán potencialmente activo, pero el 18 de mayo de 1980, un gigante durmiente que no había dado señales de vida en ciento veintiséis años, el monte Santa Helena del estado de Washington, explotó bruscamente en una erupción que llegó a los 120 metros/400 pies de altura, volando todo un costado de la montaña.

Si eso parece impresionante, no fue nada comparado con lo que pasó en el estrecho de Sunda, Indonesia, el 27 de agosto de 1883, cuando la isla de Krakatoa desapareció en una explosión que hizo volar 20 kilómetros cúbicos/5 millas cúbicas de piedra y cenizas hacia el cielo. La explosión fue tal que se oyó en Australia, situada a 3.000 kilómetros/2.000 millas al sudeste, y también en Isla Rodríguez, a 5.000 kilómetros/3.000 millas al sudoeste; y creó un tsunami de 40 metros/120 pies de altura en las costas de las islas vecinas de Java y Sumatra. Los pueblos costeros de las dos islas estaban por entonces mucho menos densamente poblados que en 2004 pero, aún así, murieron 36.000 personas. Pero ni siquiera Krakatoa puede compararse con la erupción ocurrida el 11 de abril de 1815 a 1.200 kilómetros/700 millas más al este, en la isla de Sumbawa. Ese día, un volcán llamado Tambora explotó en la erupción más gigantesca de los últimos veinte mil años. Alrededor de 120 kilómetros cúbicos/30 millas cúbicas de piedra pómez y ceniza volaron por los aires, y toda la montaña, que se erguía 4.000 metros/13.000 pies sobre el nivel del mar, cayó sobre el espacio vacío que dejó el material expulsado. Unas 10.000 personas murieron debido a la erupción, y otras 90.000 más sucumbieron a las enfermedades y el hambre provocados por la explosión. Una nube de polvo y ceniza se expandió por toda la Tierra, eclipsando la luz del Sol. En 1816, las cosechas fallaron en país tras país, y durante muchos años se recordó en el noroeste de Estados Unidos como «Mil ochocientos y muérete congelado».

Carbón y petróleo

Un legado de pasados movimientos de la corteza terrestre son los yacimientos carboníferos esparcidos por todo el globo. El carbón no es un mineral, son los restos fosilizados de las plantas que florecieron hace unos doscientos o trescientos millones de años, en los periodos que los geólogos llaman Pérmico y Carbonífero.

Los árboles cuyos troncos y cuyas hojas han quedado impresos en el carbón, crecían en un clima cálido y húmedo. Al morir, se pudrieron y crearon inmensos depósitos de turba. Los movimientos de tierra causaron que estos depósitos se hundieran bajo el mar, y tras millones de años, terminaron sepultados por sedimentos arrastrados desde tierra firme. Cuando estos sedimentos se acumularon, la presión de su peso transformó el material orgánico en carbón. Finalmente, un ascenso del lecho oceánico devolvió los estratos que contenían ese carbón al nivel del mar. Un proceso similar proporcionó los yacimientos petrolíferos de Texas, Asia Central y el Golfo Pérsico, pero, en estos casos, la fuente orgánica no eran las plantas que habían vivido en tierra firme, sino las plantas y los animales que murieron en el mar.

La capa superior de la Tierra

La mayor parte del material que forma la corteza terrestre está compuesta de un número pequeño de elementos, de los cuales el oxígeno y el silicio son, de largo, los más abundantes:

Elemento	**% (de masa)**
Oxígeno	46,1
Silicio	28,2
Hierro	5,6
Calcio	4,2
Sodio	2,4
Magnesio	2,3
Potasio	2,1
Aluminio	0,8
Titanio	0,6
Otros elementos	7,7
	100,0

El alto contenido de silicio en las rocas de la superficie se debe al predominio del mineral *silicio* (SO_2) en forma de cuarzo, arena, etc. Se cree que el hierro forma una proporción significativa de la masa terrestre a más bajas profundidades.

Medir la dureza

La dureza de las rocas se mide por la escala de Mohs. La inventó el mineralogista alemán Friedrich Mohs (1773-1839), y la publicó en 1812. Se basa en la siguiente lista de referencia de diez minerales familiares:

1. Talco	06. Feldespato
2. Yeso	07. Cuarzo
3. Calcita	08. Topacio
4. Fluorita	09. Corindón
5. Apatita	10. Diamante

La dureza de un mineral que no se encuentra en la lista de Mohs viene determinada por su habilidad para rayar los minerales de igual dureza o más blandos. Un mineral a mitad de camino entre el feldespato y el cuarzo se calificaría como 6,5. La dureza de una uña es de 2,5, a medio camino entre el yeso y la calcita.

La dureza de algunos materiales cotidianos depende mucho de su composición. Hay variedades de cristal que alcanzan una dureza de 6,5 y rayan fácilmente el acero con bajo contenido de carbono, que raramente pasa de un 5 de dureza. Por otra parte, la mayoría de los cortaplumas están hechos de un acero templado que llega a los 6,5, y raya fácilmente los tipos más suaves de cristal.

Explorando el interior de la Tierra

Los geólogos han encontrado muchos usos para los sismómetros. Uno de ellos es investigar el interior de la Tierra, y se hace creando lo que, en el fondo, son pequeños terremotos. Se mide el rumbo que toman las ondas resultantes a través de las rocas y el tiempo que tardan en completar su viaje. Estas investigaciones se complementan con el estudio de las ondas que crean los terremotos reales. Como resultado, ahora tenemos una idea bastante aproximada (aunque sólo eso) del interior de la Tierra y de lo variada que es su composición entre la superficie y el núcleo. Pero «bastante» sólo es una palabra operativa. La mayoría de los geólogos aceptaría el cuadro siguiente como una tosca descripción del interior de la Tierra:

	Grosor (km)	Grosor (millas)	Estado	Densidad (g/cm^3)	Temperatura (°C)	Temperatura (°F)
Corteza	0-15	0-25	Sólido	2,8	> 550	1.000
Manto superior	c. 650	c. 400	Fundido	4,3	> 800	1.500
Manto inferior	c. 2.100	c. 1.300	Sólido	5,5	> 2.500	4.500
Núcleo externo	c. 2.100	c. 1.300	Fundido	10,0	> 3.000	5.500
Núcleo interno	c. 1.500	c. 900	Sólido	13,5	> 2.750	5.000

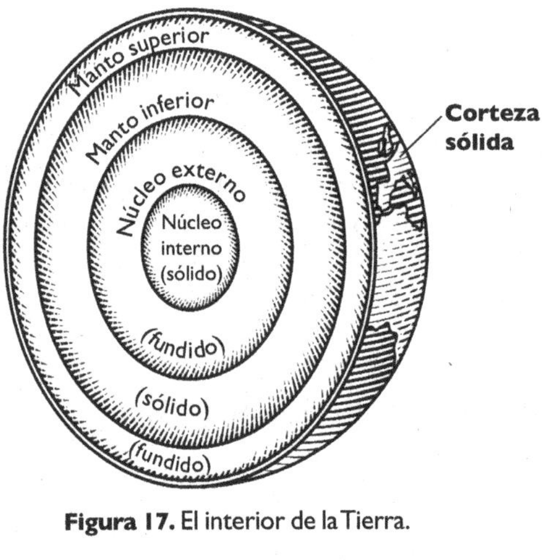

Figura 17. El interior de la Tierra.

Agua y sal

Comparado con otros planetas, la Tierra es un lugar húmedo, ya que los océanos cubren más del 70% de su superficie. El calor del Sol provoca que el agua se evapore, y parte de ella vuelve al océano en forma de lluvia. El viento transporta vapor de agua sobre la tierra, donde se condensa y cae en forma de lluvia o nieve. Una parte de este agua es absorbida por las plantas y devuelta a la atmósfera a través de sus hojas; otra, corre por la superficie en forma de ríos y vuelve al mar; y otra más se filtra a través del suelo y la roca bajo él, formando manantiales subterráneos. El agua que circula por la superficie arrastra ciertas cantidades de tierra y roca, y con el paso de miles de años este efecto cambia la apariencia de la superficie.

Aproximadamente el 3% del peso del agua de mar está compuesto de sólidos, cuyas tres cuartas partes son sal común. El volumen de sal contenido en el océano está continuamente circulando por la Tierra, pero no se incrementa. Aún así, la sal del mar no se evapora junto con el agua. Durante muchos años fue un misterio el motivo de que el mar contuviera tan poca sal —dado el nivel de circulación—, especialmente suponiendo que el mundo tiene centenares de millones de años, pero este enigma se resolvió en la década de 1970, cuando se descubrieron los respiraderos del océano profundo. El agua del mar es tragada por estas hendiduras en el lecho oceánico y cuando vuelve a emerger, millones de años después en forma de vapor por los volcanes, la sal se ha filtrado por su paso a través de la roca.

Parece que la composición global del agua marina no ha cambiado excesivamente en los últimos cien millones de años. Esto no sólo se aplica a su volumen de sal, sino también a otras sustancias disueltas en ella y a los productos insolubles de la corrosión del suelo, que no se mantienen indefinidamente en suspensión sino que se depositan gradualmente en el lecho del océano. Sin embargo, los productos industriales son un asunto distinto. A medida que la humanidad incrementa su producción de plásticos y fertilizantes, metales desechables y medicinas, la carga de productos dañinos que soporta el mar aumenta, y los peces y corales que viven en los mares poco profundos mueren bajo su asalto.

Tres cuartas partes de toda el agua dulce de la Tierra no se encuentra en forma de agua, sino de hielo. Y dos tercios del agua dulce de la Tierra permanece casi inmóvil en el manto glacial antártico. El hielo que cubre la Antártida tiene, por término medio, 2.000 metros/7.000 pies de espesor, y millones de años de antigüedad. Contrariamente a lo que se podría pensar, en la Antártida nieva poco. Es un inmenso desierto, como el Sahara. Pero, a diferencia del Sahara, ha sido un desierto desde hace mucho, mucho tiempo.

Los arrecifes de coral

Un rasgo intrigante de los océanos es los arrecifes de coral que se encuentran en los mares tropicales. Están compuestos por los esqueletos de millones de criaturas llamadas pólipos. Los pólipos de coral forman esqueletos a su alrededor, y también brotes que permanecen pegados a ese esqueleto padre. Los brotes, a su vez, forman esqueletos; y éstos más brotes, continuando el proceso indefinidamente. Con el tiempo se forma una enorme masa de esqueletos, que es el arrecife.

Los pólipos sólo viven en mares cálidos y poco profundos, a unos 90 metros/300 pies de profundidad, aunque algunos arrecifes coralígenos se extienden hasta los 1.500 metros/5.000 pies. Este hecho solía ser un completo misterio, y aún hoy día no existe una única teoría aceptada de las causas que provocan la formación de los arrecifes. Algunos parecen deber su existencia a las fluctuaciones del nivel del mar, asociadas a pasadas eras glaciares. Pero la teoría que ofrece la mejor explicación para la mayoría de arrecifes fue avanzada en 1842 por Charles Darwin, en su libro *La estructura y la distribución de los arrecifes coralígenos*. Sugirió que los arrecifes se formaban allí donde el lecho oceánico estaba sujeto a un hundimiento gradual, como resultado de la acción volcánica. Cuando los arrecifes se hunden, las sucesivas generaciones de pólipos construyen su casa sobre los restos de sus antepasados.

Triangulación y paralaje

A veces, grandes cuestiones pueden ser contestadas gracias a unas simples matemáticas. Supongamos que uno desea saber lo lejos que se encuentra una montaña distante (P). La forma más fácil de averiguarlo es mediante una triangulación. Se traza una línea entre dos puntos, A y B, cuya distancia conozcamos. Desde A, se mide el ángulo entre P y B. Entonces, desde B, se mide el ángulo entre el P y A. Estos dos ángulos permiten construir el triángulo APB, y calcular la longitud de los lados AP y BP. Esto es una triangulación, la herramienta básica de la cartografía. El ángulo APB es el paralaje del pico.

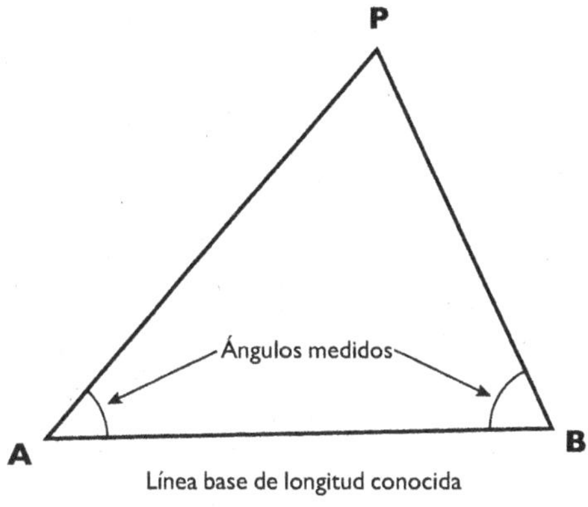

Figura 18. Triangulación básica. Averiguar la distancia hasta el pico de una montaña desde una línea base conocida.

La utilidad del paralaje no se circunscribe a la superficie de la Tierra. En el año 150 a. C., el astrónomo griego Hiparco lo usó para calcular la distancia a la Luna, conociendo el tamaño de su sombra en la Tierra durante un eclipse lunar. Su estimación fue que la distancia a la Luna era casi 59 veces el radio ecuatorial terrestre. Éste es de 6.400 kilómetros/4.000 millas, lo que implicaría una distancia a la Luna de unos 378.000 kilómetros/235.000 millas. Sólo se equivocó en un 2% sobre el valor correcto, que es 384.000 kilómetros/239.000 millas.

Medir distancias astronómicas

Hace dos mil años, usar la técnica del paralaje para medir la distancia relativa del Sol y de la Luna fue un logro impresionante. El paso siguiente no se dio hasta 1672: medir la distancia al Sol. Una vez se consiguió, era natural que los astrónomos intentaran repetir el truco con una estrella. Las estrellas están mucho más lejos que el Sol, así que se necesita una línea base más larga, mucho más larga que cualquier línea que pueda trazarse sobre la superficie de la Tierra. Y aunque fuera posible medir la distancia a una estrella, tendría que ser una lo bastante cercana como para tener un paralaje medible.

Afortunadamente, podemos disponer de una línea base más grande: la anchura de la órbita terrestre. La Tierra se encuentra a 150 millones de kilómetros/93 millones de millas del Sol. Si se realizan observaciones con seis meses de diferencia, en los lados opuestos de la órbita terrestre, tenemos una línea base de 300 millones de kilómetros/186 millones de millas de largo. Aun así, el ángulo a medir todavía es sumamente pequeño. Pero la proeza la cumplió un astrónomo alemán llamado Friedrich Wilhelm Bessel, en 1828.

Bessel nació en Prusia, en 1784. Era un contable que aprendió matemáticas y astronomía por cuenta propia. Cuando tenía veinte años volvió a calcular la órbita del cometa Halley, un logro que le ganó un puesto en un observatorio. En 1810 recibió el encargo de Federico Guillermo III de crear un nuevo observatorio en Königsberg, Prusia, donde permaneció como director los siguientes treinta años.

Algunas estrellas tienen un *movimiento propio* discernible —un pequeño cambio de posición a lo largo de los años respecto a las estrellas que las rodean—, revelando que están más cerca de la Tierra que las demás estrellas. La mejor espe-

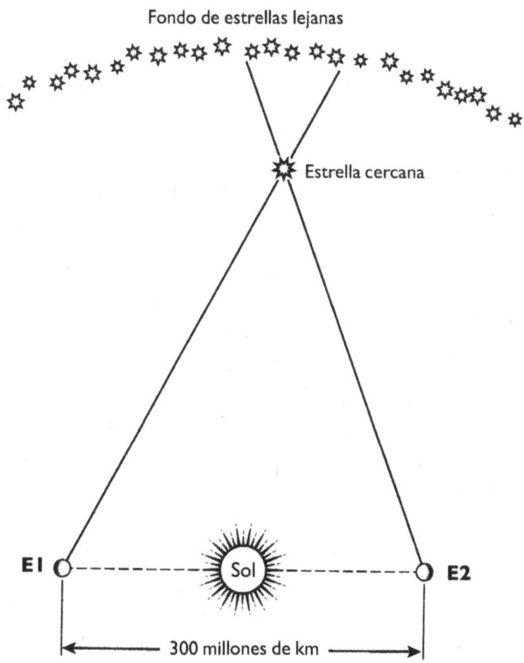

Figura 19. Usando el paralaje para medir la distancia hasta una estrella. Cuando se ve desde las posiciones E1 y E2, a lados opuestos de la órbita terrestre, la estrella más cercana parece encontrarse en un lugar diferente contra el fondo de las estrellas más lejanas.

ranza de encontrar una estrella con un paralaje mensurable era encontrar una con un movimiento propio regular. En 1838, Bessel decidió centrar su atención en una estrella, 61 Cygni, en la constelación del Cisne. Era una estrella de brillo muy tenue, pero tenía un movimiento propio excepcionalmente grande. Usando un instrumento de diseño propio, consiguió medir su paralaje respecto a dos estrellas vecinas sin movimiento propio discernible. El ángulo era extremadamente pequeño, 1/10.000 de grado —el diámetro de una pequeña moneda visto a una distancia de 5 kilómetros/3 millas— e implicaba una distancia de unos 56.000.000 de miles de millones de kilómetros/35.000.000 de miles de millones de millas... u 11 años-luz. Durante los siguientes setenta años, se descubrieron más estrellas con paralajes mensurables. Hacia el año 1900 ya se habían calculado las distancias de setenta y cinco de ellas. Sólo unas cuantas estaban tan cerca como 61 Cygni, y la más cercana de todas era Alpha Centauri, a sólo 4 años-luz de distancia... el doble de la distancia a la que Isaac Newton había situado los límites del espacio.

El efecto Doppler

Cualquiera que haya estado de pie en el andén de una estación mientras pasa una locomotora silbando, sabrá que el sonido de su silbato desciende a medida que se aleja. Este fenómeno, *el efecto Doppler*, se llama así por el primer hombre que lo analizó, un físico austriaco llamado Christian Doppler. Éste nació en Salzburgo, en 1803, y era profesor de física experimental del Instituto Físico de Viena.

Doppler especuló con que la frecuencia de las ondas sonoras provinentes de una fuente móvil dependía del movimiento de esa fuente, de forma que, en un tiempo dado, llegarían más ondas de sonido hasta la oreja del espectador procedentes de una fuente de sonido que se acerca que de una que se aleja. De ser así, por definición, la frecuencia más alta sería registrada por el oído como un sonido más alto. En 1842 preparó una teoría matemática que relacionaba la velocidad de una fuente móvil de sonido con la frecuencia del sonido percibido, que se verificó dos años después mediante un experimento pintoresco, donde una locomotora arrastraba hacia delante y hacia atrás un vagón que llevaba un grupo de trompetistas, a velocidades variables y durante un periodo de dos días, mientras otro grupo de músicos anotaba en tierra los sonidos que escuchaban.

Doppler sugirió a continuación que la *luz* emitida por una fuente móvil tenía que verse afectada de forma similar, y que la menor frecuencia de las ondas lumínicas recibidas de una fuente que se alejase produciría un enrojecimiento de esa luz. El astrónomo británico William Huggins confirmó esa propuesta en 1868, cuando detectó un «corrimiento hacia el rojo» en el espectro de la estrella Sirio.

El efecto Doppler en el caso de la luz es, técnicamente, el *efecto Doppler-Fizeau,* en honor del físico francés Hippolyte Fizeau, que en 1848 señaló que el efecto se manifestaría como un corrimiento en las líneas del espectro de la estrella. En el caso de una estrella que se aleja, la menor frecuencia provoca que las líneas deriven hacia el extremo rojo del espectro, un corrimiento hacia el rojo. Las líneas en el espectro de una estrella que se acerca muestran un corrimiento hacia el azul. Este corrimiento es proporcional a la velocidad con que se acerca o aleja el objeto, y puede utilizarse para medir esa velocidad. Este hecho fue el que permitió a Huggins darle un valor concreto a la velocidad con la que Sirio se aleja de la Tierra... o, mejor dicho, a la velocidad a la que se separan Sirio y la Tierra.

Henrietta Leavitt y los ordenadores de Harvard

En los tres siglos posteriores a Copérnico, una sucesión de descubrimientos reveló lo insignificante del Sol, incluso de todo el sistema solar, comparados con la multitud de estrellas que forman la Vía Láctea. A principios del siglo XX podía perdonarse que los astrónomos creyeran que tenían tomada la medida de la escala del universo, pero las mayores sorpresas aún estaban por venir.

En 1876, un profesor de física de treinta años del Instituto Tecnológico de Massachusetts llamado Edward Charles Pickering fue nombrado director del Observatorio Universitario de Harvard. Y en 1891, con la ayuda de su hermano menor William, se instaló en unas dependencias del observatorio de Arequipa, al sur del Perú. Pickering era un entusiasta del nuevo enfoque fotográfico para cartografiar los cielos. Usando fotómetros de su propia invención, dirigió un estudio que consiguió calcular la posición de 45.000 estrellas. Las observaciones fueron procesadas en Harvard por un equipo de catalogadoras conocidas como «Los ordenadores de Harvard» y entre ellas se encontraba una joven llamada Henrietta Leavitt, cuyo amor por la astronomía era tal, que se había unido al equipo como voluntaria sin sueldo. Su increíble habilidad pronto la llevó a ser nombrada jefa de la Unidad de Fotometría del observatorio estelar.

El interés especial de Leavitt era el estudio de las variables Cefeidas. Esta clase de estrellas se llaman así por Delta Cefei, una estrella descrita por John Goodricke en la década de 1780. Las variables Cefeidas desplegaban un modelo de conducta caracterizado por unos ciclos regulares de súbito aumento de su luminosidad, seguidos por un oscurecimiento gradual. La variación es provocada por una pulsación periódica en la luz emitida por la estrella.

En 1902, Leavitt empezó un estudio de las variables Cefeidas en la Pequeña Nube de Magallanes, una nube de estrellas visible desde el observatorio de Arequipa. Las variables Cefeidas tienen un «periodo», o ciclo de fluctuación, que varía de un día a tres meses, y Leavitt notó una correlación entre la longitud del periodo de una Cefeida y su brillo. En 1912 publicó un gráfico mostrando que, si se calculaba el logaritmo de la longitud del periodo de una Cefeida contra su aparente luminosidad, el resultado era una línea recta. Éste era un resultado muy significativo, ya que proporcionaba una nueva forma de determinar la distancia de las estrellas más lejanas.

El brillo y la distancia de las estrellas

La cadena de razonamiento que convirtió el descubrimiento de Leavitt en un sistema de medición de las distancias estelares fue la siguiente:

1. La magnitud aparente de una estrella (es decir, la percibida como opuesta a la real) depende de su distancia de la Tierra.
2. La Pequeña Nube de Magallanes estaba tan lejos, que podía considerarse que todas sus estrellas se encontraban a la misma distancia de la Tierra.
3. Por consiguiente, la correlación entre el periodo y el brillo aparente de las variables Cefeidas de la Nube debían reflejar una correlación idéntica entre sus periodos y su brillo real.
4. Si la distancia de una o dos variables Cefeidas cercanas podía determinarse mediante otro método, como el paralaje, su brillo real podría ser calculado a partir de su magnitud aparente.
5. Una comparación de los periodos de estas estrellas de «referencia» con su brillo absoluto (real), haría posible crear una escala de la que podría deducirse el brillo real de cualquier variable Cefeida, sin importar la distancia o la longitud de su periodo.
6. La comparación del brillo real de una Cefeida con su magnitud aparente indicaría su distancia de la Tierra.

Los trabajos más importantes de Einstein

En 1902, el año en que Leavitt comenzó sus investigaciones sobre las variables Cefeidas, un empleado de veintitrés años tomaba posesión de su nuevo trabajo en la Oficina Federal de Patentes de la ciudad suiza de Zúrich.

El nombre de ese joven empleado era Albert Einstein. Había nacido en Ulm, Alemania, en 1879, pero fue a la escuela en Múnich, donde su padre era propietario de una pequeña fábrica. Se aburría en la escuela; pero un tío despertó su interés por las matemáticas, que se convertirían en su pasión durante el resto de su vida. Cuando la familia se trasladó a Italia, Einstein continuó su instrucción en Aarau, Suiza. A los diecisiete años, entró en el Instituto Federal de Tecnología de Zúrich, para entrenarse como profesor de ciencia. Pasó razonablemente bien sus exámenes, pero su actitud no le gustó a sus tutores, uno de los cuales llegó al punto de decirle: «Usted nunca llegará a nada, Einstein».

Einstein era un pacifista, y se había trasladado a Suiza para evitar el servicio militar. En su graduación, en el año 1900, se convirtió en ciudadano suizo. Había sido incapaz de encontrar un puesto académico y tuvo bastante suerte al entrar en la Oficina de Patentes gracias a la influencia del padre de un amigo. El puesto tenía sus ventajas; no era muy exigente, y le daba mucho tiempo para pensar en los problemas matemáticos que le interesaban. Y, así como Newton a su misma edad ya realizaba un trabajo muy original en matemáticas, Einstein, armado únicamente con lápiz y papel, trabajaba en una serie de problemas de física teórica.

En 1905, cuando tenía veintiséis años, entró en el mundo de la ciencia con un conjunto de escritos de la máxima originalidad, que se publicaron en el *Anuario de Física* alemán. Uno trataba del *efecto fotoeléctrico.* Según Einstein, la luz que caía sobre ciertos metales estimulaba la emisión de electrones. Esto representó una gran contribución al desarrollo de la teoría fotónica de la luz. Fue un trabajo por el que fue recompensado con el Premio Nobel de Física en 1926, y no fue el más importante de los que publicó ese mismo año.

Su segundo escrito presentó un análisis del *movimiento browniano,* el movimiento extraño de las pequeñas partículas de sustancias, como el polen, cuando se encuentran suspendidas en el agua. Este trabajo presentaba una ecuación que explicaba, de una forma precisa, la lenta deriva de tales partículas desde su punto de partida original como reacción ante las colisiones con las moléculas del líquido en el que estaban suspendidas. Más tarde jugaría un papel importante en el desarrollo de la teoría atómica del siglo XX.

Otro de esos escritos introdujo lo que Einstein llamó su *Teoría especial de la relatividad,* cuestionando algunas ideas de Newton que habían permanecido incontestadas durante doscientos cincuenta años, aunque no trataba sobre la gravitación; más tarde, en 1916, Einstein también desafiaría ciertos aspectos de la teoría gravitatoria de Newton con su *Teoría general de la relatividad.* La teoría especial se preocupaba de conceptos como movimiento y tiempo, y reservaba un papel central a la conducta de la luz y a las extrañas consecuencias que tendría para los objetos moverse a velocidades cercanas a la de la luz. Según su teoría, la velocidad de la luz tenía una importancia especial: en primer lugar, era la misma para todos los observadores, sin que importara el movimiento propio; segundo, no era aditiva. A diferencia, por ejemplo, de una bala de cañón disparada desde un buque, cuya velocidad era una combinación de su propia velocidad inicial y la del buque, la luz no compartía el movimiento de su fuente, cualquiera que fuese el movimiento de dicha fuente.

Era posible diseñar experimentos para demostrar estas propuestas, y en los años posteriores a la publicación de su teoría especial, se llevaron a cabo varios de ellos con sumo cuidado. El resultado fue una confirmación rotunda de las propuestas de Einstein. Hoy día csa teoría especial es una piedra angular de la física moderna.

La famosa ecuación

La teoría especial de Einstein presentaba una ecuación que se ha hecho famosa: $E = mc^2$. Su importancia quedó demostrada con la detonación de las bombas atómicas que destruyeron las ciudades japonesas de Hiroshima y Nagasaki cuarenta años después de que fuera publicada. A diferencia de la mayor parte de la teoría especial, el mensaje de estos pocos símbolos es capaz de ser comprendido por cualquiera, incluso con una educación científica modesta. Los símbolos representan: e, energía; m, masa; y c, velocidad de la luz.

Según la teoría de Einstein, que tuvo su devastadora confirmación en aquellos días de agosto de 1945, los átomos contienen inmensas cantidades de energía encerradas en el firme abrazo de sus partículas. Si estas partículas se reestructuran violentamente, como ocurre en la detonación de una bomba atómica, se pierde una pequeña cantidad de masa pero se libera una enorme cantidad de energía. En su ecuación, c —la velocidad de la luz en el vacío— es 300.000 kilómetros/186.300 millas por segundo. Por tanto, c^2 es 300.000 x x 300.000, o 186.300 x 186.300, dependiendo de si la energía, la masa y la velocidad se expresan en unidades internacionales (SI) o en unidades británicas (fps). Son números enormes, e indican la increíble cantidad de energía liberada cuando se pierde una diminuta cantidad de masa.

Clasificar las estrellas

A principios del siglo XX, la investigación realizada en Harvard sobre los espectros de estrellas llamó la atención de Henry Norris Russell, director del Observatorio de Princeton.

Russell se interesó en los ciclos vitales de las estrellas. Se le ocurrió que la clasificación de los espectros hecha por los investigadores de Harvard podía proporcionar la clave de la historia de estrellas individuales. En 1914 publicó un gráfico en el que contraponía el tipo espectral (es decir, el color) de varias estrellas frente a su luminosidad real (la verdadera, en contraposición con la aparente). El gráfico desplegaba un modelo llamativo. La luz azulada indica una temperatura superior a la luz roja. En el gráfico, la mayoría de las estrellas caía dentro de una banda que iba del extremo superior izquierdo al extremo inferior derecho: es decir, de caliente y luminoso a frío y tenue. La implicación de todo eso era que existía una correlación entre la temperatura de una estrella y su tamaño.

El astrónomo danés Ejnar Hertzsprung había hecho una sugerencia similar algunos años antes y, como reconocimiento a su contribución colectiva, el gráfico se conoció como el diagrama Hertzsprung-Russell. La banda en la que se encuentran la mayoría de las estrellas se llamó la «secuencia principal», y las estrellas encuadradas en ella —como nuestro Sol— se siguen llamando estrellas de la secuencia principal. Hay dos grupos de estrellas que no entran en esa secuencia: las gigantes rojas y las enanas blancas. Las gigantes rojas como Betelgeuse, la luminosa estrella de la constelación de Orión, son enormes globos de gases comparativamente fríos que deben su brillo a su gran tamaño. Betelgeuse es tan grande que, si el Sol estuviera en su centro, la órbita entera de la Tierra cabría dentro de la estrella. Las enanas blancas, bastante comunes, son pequeñas y calientes. Y también sólidas.

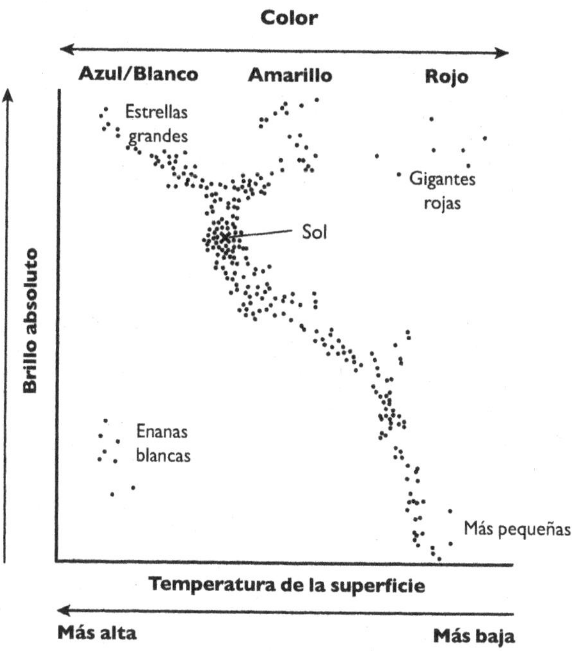

Figura 20. El diagrama Hertzsprung-Russell, que relaciona la luminosidad de las estrellas con la temperatura de su superficie. El Sol se encuentra dentro de la «secuencia principal» de las estrellas.

Una enana blanca más pequeña que la Tierra puede tener una masa mayor que la del Sol.

En los primeros años tras la publicación del diagrama, se tuvo la tentación de considerar la secuencia principal como el camino que seguían la mayoría de las estrellas a medida que envejecían. Pero, al aumentar la comprensión de los procesos internos de las estrellas, quedó claro que la verdad era más complicada. Ya no se ven como el retrato del ciclo vital de una estrella «típica», pero todavía sirve de marco para la discusión sobre la evolución estelar.

La teoría general de Einstein

Tras la publicación de su teoría especial, Einstein tardó cuatro años en obtener un puesto académico; hasta 1909 no sería nombrado profesor de la Universidad de Zúrich, un cargo poco remunerado. Pero su reputación internacional continuó creciendo, y en 1913 le fue ofrecido un puesto creado especialmente para él en el Instituto Kaiser Wilhelm de Berlín, donde tuvo el beneficio de un contacto estimulante con algunos de los más eminentes físicos mundiales. Gracias a su ciudadanía suiza no tuvo que servir en el ejército alemán cuando estalló la Primera Guerra Mundial, y pudo seguir con sus investigaciones. En 1916 publicó otro gran escrito, al que suele referirse normalmente por el nombre de la teoría que expuso: *Teoría general de la relatividad*. La palabra «general» proviene de su objetivo de extender la teoría especial para incluir la gravitación. Su teoría original se interesaba particularmente por los fenómenos a nivel atómico y subatómico, y ahora extendía su campo de acción para que pudiera aplicarse a todo el universo... pero se topó con ciertos problemas de las leyes newtonianas.

A veces se dice que, al formular su teoría general, Einstein derrocó las leyes de Newton y eso es una exageración. A efectos cotidianos, y para la mayoría de los problemas a escala de sistema solar, la diferencia entre las respuestas dadas por las dos teorías es despreciable. Pero con velocidades sumamente altas y en presencia de fuerzas gravitatorias sumamente grandes, gana la teoría de Einstein.

Una de las diferencias entre las dos teorías se encuentra en la explicación de la naturaleza de la atracción gravitatoria. Para Newton, la gravedad era una fuerza que emanaba de los objetos sólidos, transmitida por un medio que llamó «éter» y que según él saturaba todo el espacio. Para Einstein, el éter no existía: era una ficción inventada para que «la acción a distancia» fuera aceptable. En su análisis, la gravitación no era una fuerza que residiera en los objetos que poseyeran masa, sino la consecuencia de que el espacio cercano a una masa se curvaba. En el caso de un cuerpo como el Sol, la imagen que se emplea a menudo es la de una pelota colocada en el centro de una plancha suspendida de caucho. La pelota crea un hundimiento en la plancha y, si hacemos que una pelota más pequeña ruede hacia la más grande, no se acercará en línea recta sino que se desviará describiendo una curva. Según la teoría de Einstein, el espacio que rodea a un cuerpo grande como el Sol está curvado por la masa del Sol, y la órbita elíptica de un planeta es la consecuencia de esa distorsión.

Hay varias formas de probar los méritos relativos de las teorías de Newton y Einstein. Una de las más famosas fue un experimento llevado a cabo durante un eclipse total del Sol, para determinar si la gravedad del Sol desvía la luz de las estrellas que pasa cerca de él. Se descubrió que la luz se desviaba exactamente la cantidad que Einstein había predicho.

En 1930, Einstein viajó a Estados Unidos para dar una conferencia en el Instituto de Tecnología de California, y allí seguía cuando Hitler llegó al poder. Siendo judío, habría sido una locura volver a Alemania. Fijó su residencia en el Instituto Princeton de Estudios Avanzados, en Nueva Jersey, y en 1940 se convirtió en ciudadano estadounidense. Consagró los años posteriores a la búsqueda infructuosa de una «teoría unificada» que explicara tanto la gravitación como el electromagnetismo. Tras la Segunda Guerra Mundial, fue un activista contra la proliferación de las armas nucleares que corroboraron de forma tan devastadora la validez de su ecuación más famosa.

Hubble en el monte Wilson

En los años que siguieron a la publicación de la escala de Leavitt, los astrónomos establecieron la distancia de varias variables Cefeidas cercanas. Usando su fórmula, fueron capaces de determinar la distancia hasta las estrellas situadas en los rincones más lejanos de la galaxia, y para determinar el tamaño y la forma de la propia galaxia. Un astrónomo logró aplicar el sistema de medición de Leavitt a las estrellas situadas más allá de nuestra galaxia, con unas consecuencias que cambiaron la visión del universo que tenía la humanidad. Se llamaba Edwin Hubble.

Hubble nació en Marshfield, Missouri, en 1889. Era hijo de un abogado, y él mismo estaba destinado a ejercer una carrera legal. Ganó una beca Rhodes en Oxford y estudió Derecho, pero se interesó en la astronomía. y al terminar sus estudios se unió al personal del Observatorio Yerkes, cercano a Chicago, donde trabajó de 1914 a 1917. Al volver de su servicio en la Primera Guerra Mundial, en 1919, le fue ofrecido un puesto en el nuevo observatorio del monte Wilson, donde tenía acceso al telescopio de 254 centímetros/100 pulgadas, por entonces el instrumento más potente de su tipo en todo el mundo.

Al principio de su carrera en el observatorio del monte Wilson, su atención fue atraída por las nebulosas, los objetos neblinosos que se veían por todos los rincones del firmamento, muchas de las cuales habían desafiado anteriores esfuerzos para ser observadas con detalle. Por entonces, la forma y el tamaño de la galaxia se conocían razonablemente bien, pero no se sabía qué existía más allá de sus límites... si es que existía algo. La palabra *galaxia* es de origen griego y significaba, literalmente, Vía Láctea. A principios del siglo XX, los dos términos se utilizaban de forma intercambiable y la galaxia se trataba como sinónimo de todo el universo visible.

Estaba claro que algunas nebulosas se encontraban dentro de la galaxia y que, básicamente, eran nubes de gas iluminadas por las estrellas de su interior. En 1924, Hubble tuvo éxito al distinguir estrellas individuales en la nebulosa de Andrómeda, algunas de las cuales identificó como variables Cefeidas. Usando la ley del periodo-luminosidad de Leavitt pudo llegar a estimar su distancia, que calculó en 800.000 años-luz, ocho veces más lejos que las estrellas más distantes conocidas hasta entonces (más tarde resultaría ser una distancia muy infravalorada). En los años siguientes repitió su éxito con una nebulosa tras otra, hasta dejar claro que la galaxia era simplemente una entre toda una hueste de «universos aislados», conteniendo cada uno un inmenso número de estrellas.

La expansión del universo

Aunque Hubble «sólo» hubiera logrado transformar nuestra imagen del universo, ya habría bastado para garantizarle una fama duradera, pero hizo más. En el medio siglo transcurrido desde que Huggins registró el corrimiento hacia el rojo del espectro de Sirio, habían sido medidos los corrimientos hacia el rojo y hacia el azul de los espectros de varios objetos de nuestra galaxia. Pero un astrónomo del observatorio Lowell, llamado Vesto Slipher, descubrió que virtualmente todas las nebulosas extragalácticas —los «universos-islas» más allá de nuestra propia galaxia—, cuyos espectros había podido analizar, mostraban significativos corrimientos hacia el rojo. Era un resultado que nadie podía explicar.

En 1929, Hubble publicó un análisis de la velocidad radial de las nebulosas cuya distancia había calculado; se trataba de sus velocidades según nuestra visión desde la Tierra, como se deducía según el corrimiento hacia el rojo de sus espectros. Si su descubrimiento de la ingente cantidad de nebulosas extragalácticas había provocado que los astrónomos revisaran su imagen del cosmos, éste hizo que sus cabezas dieran vueltas. Lo que estableció fue que, aunque algunas nebulosas extragalácticas tenían espectros que indicaban que se movían *hacia* la Tierra, la gran mayoría mostraba corrimientos hacia el rojo que sólo podían explicarse asumiendo que se *alejaban*. Más sorprendente todavía fue su descubrimiento de que existía una relación directa entre la distancia de una nebulosa y su velocidad de retroceso.

Hubble concluyó que la única explicación consistente con los corrimientos hacia el rojo registrados era que, dejando aparte un «grupo local» de galaxias cercanas, todas las nebulosas extragalácticas se estaban alejando y que, cuanto más lejos se encontraban, más rápidamente se alejaban. Esto sólo tenía sentido en uno de estos dos supuestos: o existía algo único en nuestra galaxia y su posición en el espacio, o el propio universo, incluido el espacio entre galaxias, se estaba expandiendo. Hubble no tuvo ninguna duda de la respuesta: las pruebas apuntaban inequívocamente a la conclusión de que vivimos en un universo que se expande.

Una nueva visión del universo

La sugerencia de Hubble de que el universo se expandía pedía una reorientación tal de la cosmología, que algunos astrónomos se mostraron inicialmente renuentes a aceptarlo. Pero, a finales de los años treinta del siglo pasado, la interpretación de Hubble fue aceptada por todos los suficientemente calificados para juzgarla.

Cualquier analogía que distorsione tan profundamente la realidad, sólo puede comprenderse realmente gracias a las matemáticas. Pero, para los no matemáticos, una manera de comprenderlo es pensar en hormigas corriendo por la superficie de un enorme balón que está siendo hinchado. Las hormigas se mueven individualmente y, en un momento dado, puede que unas hormigas se acerquen a otras. Pero, por regla general, las hormigas parecerán estar alejándose, y las hormigas más lejanas se alejarán todavía más rápidamente. En esta analogía, las hormigas son nebulosas individuales o racimos de estrellas, y el balón es el universo. Las nebulosas individuales tienen su propio movimiento (llamado *movimiento peculiar)*, pero están sobrepuestas a un fenómeno que las afecta a todas: la expansión del universo.

Nuestro grupo local de galaxias

No todas las nebulosas extragalácticas se alejan de nosotros. Hay un grupo de galaxias llamado «grupo local», que gira en torno a un centro de gravedad común que comparte con nuestra Vía Láctea. Este grupo incluye la gran nebulosa de Andrómeda (que es mucho más grande que nuestra propia galaxia), las Nubes de Magallanes y, aproximadamente, dos docenas más pequeñas. Aparte de éstas, todas las demás galaxias se alejan de nosotros, lo que demuestra la expansión del universo.

El «huevo cósmico» de Lemaître

La aceptación de un universo en expansión llevó naturalmente a la pregunta de cuánto tiempo hacía que se estaba expandiendo. Por lógica, o había empezado en un momento concreto del pasado, o había estado expandiéndose desde siempre. Cualquiera de las dos opciones planteaba preguntas de un tipo al que los físicos nunca se habían enfrentado.

Uno de los primeros en lanzarse al ruedo fue el astrónomo Georges Édouard Lemaître. Nacido en el pueblo belga de

Charleroi, en 1894, era un ingeniero civil interesado por la física y las matemáticas mientras servía como oficial de artillería en la Primera Guerra Mundial. Después de la guerra, consiguió un doctorado en su vieja universidad de Lovaina, y entonces se ordenó sacerdote. Estudió astrofísica en Cambridge, Inglaterra, y en el Instituto Tecnológico de Massachusetts, y en 1927 regresó a Lovaina como profesor de astrofísica.

Cuando volvió a Lovaina, dos años antes de que Hubble hiciera públicas sus pruebas, Lemaître ya había elaborado su explicación sobre la expansión del universo. Éste había tenido algunos contactos con Hubble en Estados Unidos, pero la fuerza impulsora tras su teoría fue su propia habilidad para encajar las ecuaciones de la teoría general de la relatividad de Einstein. Cuando Hubble publicó más tarde los detalles de los corrimientos hacia el rojo, éstos no hicieron mas que apoyar las ideas de Lemaître.

Proponía que el universo tenía su origen en un momento concreto del pasado, a partir de la explosión de un núcleo muy pequeño, muy denso, que él bautizó como «superátomo» o «huevo cósmico», y que desde entonces se estaba expandiendo. La primera vez que sus ideas fueron publicadas no obtuvieron mucho eco, y hasta que en los años cuarenta las retomó un físico con un don excelente para la divulgación —el estadounidense George Gamow— no se dieron a conocer al público general.

El Sol y su energía

Las primeras tres décadas del siglo XX fueron una edad de oro para la observación astronómica; los descubrimientos de ese periodo transformaron a la ciencia. Una de las consecuencias fue que cambió la preocupación por la astronomía de las mecánicas celestes de Newton y el funcionamiento del sistema solar, por la astrofísica y la naturaleza e historia del universo visible.

Mientras los astrónomos intentaban acostumbrarse a las nuevas visiones sobre el funcionamiento y la historia del universo, también se enfrentaron con un descubrimiento que desafiaba todo lo que creían saber acerca de la composición interna de las estrellas y los procesos que podían tener lugar en su interior. La británica Cecilia Payne-Gaposhkin se convertiría más tarde en profesora de astronomía de Harvard, pero en 1928, cuando publicó sus resultados sobre los temas tratados aquí, era estudiante de medicina en el Colegio Radcliffe, trabajaba bajo la supervisión de Henry Norris Russell y ocupaba un puesto modesto en la jerarquía del observatorio.

En aquel momento, todavía se suponía que el Sol estaba compuesto principalmente por elementos pesados y que el secreto de su energía, aparentemente inagotable, se debía a las reacciones atómicas de dichos elementos. Pero los estudios de Payne sobre la atmósfera del Sol demostraron de forma abrumadora que estaba compuesto principalmente de hidrógeno. Este resultado fue tan inesperado, que al principio se recibió con escepticismo. Poco después, sus resultados recibieron un fuerte apoyo por parte de otros dos investigadores —el irlandés William McRae y el alemán Albrecht Unsold—, confirmando que su estudio espectroscópico indicaba que las atmósferas estelares en línea general estaban casi completamente compuestas de hidrógeno. Era un descubrimiento que no podía explicar la fuente energética del Sol en el momento de su creación, pero apuntaba el camino por donde podía hallarse esa explicación.

Convertir hidrógeno en helio

Dos físicos hicieron una contribución excelente en esa búsqueda del secreto de la energía solar. Fueron el alemán Hans Bethe, que trabajaba en la Universidad de Cornell, y el alemán (barón) Carl von Weizsacker, que trabajaba en Berlín.

En 1938, de forma independiente, identificaron dos procesos capaces de generar grandes cantidades de energía en las condiciones de presión gravitatoria y calor extremos que existen en el interior de las estrellas. Uno de ellos, el ciclo del carbono-nitrógeno, es más importante en las estrellas bastante mayores que el Sol; el otro, la cadena protón-protón era, según ellos, la fuente de la mayor parte de la energía solar.

La cadena protón-protón es un juego de reacciones por las que el hidrógeno se convierte en helio, liberando como subproducto enormes cantidades de energía, y en el interior del Sol es un proceso autosostenido desde hace miles de millones de años. Los cálculos actuales sugieren que más del 90% del calor del Sol es producto de tales reacciones, equilibradas con el ciclo de carbono-nitrógeno.

El análisis de Bethe y Von Weizsacker identificaba correctamente el proceso responsable del enorme rendimiento energético del Sol, pero fueron nuevos desarrollos en la teoría cuántica y en la investigación de las armas atómicas en tiempos de guerra, los que permitieron comprender la naturaleza exacta del proceso.

La cadena protón-protón es un ejemplo de *fusión atómica,* en la que los átomos de un elemento se reestructuran para formar átomos de un elemento más pesado. Es el proceso que se da en la bomba de hidrógeno. Existe la sensación de que los procesos internos del Sol pueden compararse con la explosión continuada de millones de bombas de hidrógeno. No es extraño que puedan causar quemaduras solares y cáncer de piel a pesar de la distancia de 150 millones de kilómetros/93 millones de millas.

El redescubrimiento de Mendel

Las investigaciones de Gregor Mendel en el huerto de su monasterio, durante las décadas de 1850 y 1860, formarían la base de una nueva ciencia: la genética. Pero, cuarenta años después de publicados, sus trabajos se habían olvidado. Cuando fueron redescubiertos, a principios del siglo XX, su primera consecuencia fue llevar la biología a un callejón sin salida.

Tras la publicación de *El origen de las especies*, pocos biólogos dudaron ya de que las especies actuales existían gracias a un proceso evolutivo. Darwin había ganado la batalla. Pero el proceso gradual que llamó la «selección natural» no contaba con muchos partidarios por una buena razón: no había sido capaz de sugerir ningún mecanismo a nivel celular que pudiera provocarlo. En cambio, apareció una teoría rival, una que explicaba el desarrollo de nuevas especies como resultado de mutaciones —cambios ocurridos en las células de los órganos reproductores—, que daban lugar a nuevos rasgos significativos en generaciones posteriores. Cuando se volvieron a descubrir las investigaciones de Mendel, éstas aportaron pruebas de que la herencia involucraba el traspaso de pequeños paquetes de factores hereditarios, o eso animó la creencia de que el cambio evolutivo sólo era cuestión de cambiar esos factores, más que de seleccionar variaciones ya existentes como resultado de presiones externas.

Genes y cromosomas

Antes incluso de la recuperación de los trabajos de Mendel, ya se habían hecho descubrimientos importantes relacionados con el material involucrado en la reproducción sexual. A finales de la década de 1870, el zoólogo alemán Oskar Hertwig trabajó con erizos de mar, estableciendo que el proceso de fertilización involucraba la unión del núcleo de una célula de esperma y de una célula óvulo, y que el desarrollo del embrión consistía en la repetida subdivisión de la combinación de los núcleos originales. En 1879, otro científico alemán, el anatomista Walther Flemming, había descubierto en el núcleo de las células unas estructuras largas, filiformes, que más tarde serían llamadas *cromosomas*. En 1903, poco después de redescubrir los resultados de Mendel, el biólogo americano Walter S. Sutton estableció que los cromosomas estaban organizados en parejas. Sugirió que los «factores hereditarios» de Mendel estaban localizados en los cromosomas, y que durante la concepción se pasaban a la progenie en un proceso de selección aleatoria. Un botánico danés, Wilhelm Ludwig Johannsen, acuñó en 1909 el término *gen* para denominar a esos factores hereditarios. En los siguientes veinte años, la ciencia de la genética se desarrolló a una velocidad vertiginosa.

La combinación de cromosomas

Los cromosomas que se encuentran en las células vivas están organizados por parejas, pero el número de pares varía según las especies. Los seres humanos tienen 23 pares. En las especies que se reproducen sexualmente, las parejas de cromosomas que van a convertirse en óvulos y en esperma se separan en el momento en que se forman estas células especializadas, de forma que un óvulo y un espermatozoide sólo contienen un cromosoma de cada par. Este proceso, llamado *meiosis*, involucra lo que se ha llamado «baile de los cromosomas». Su importancia radica en la naturaleza aleatoria del surtido de genes que terminan en los núcleos del óvulo y del espermatozoide, asegurándose que no haya dos individuos —excepto los gemelos idénticos— que reciban la misma serie de genes de ambos padres. En el caso de los seres humanos, el óvulo fertilizado termina con 23 pares completos de cromosomas... pero la mitad de cada uno de esos 23 pares proviene del padre y la otra mitad de la madre. La composición genética de la descendencia dependerá de la combinación de los genes que el hijo recibe de cada uno de sus padres. Es ese elemento aleatorio de la herencia lo que hace que la reproducción sexual sea un poderoso mecanismo para redistribuir grandes cantidades de material genético a través de generaciones sucesivas, produciendo una enorme variedad entre individuos de una misma especie, que así provee materia prima mediante el proceso de selección natural.

El mecanismo de los embarazos múltiples

Los embarazos múltiples son de dos tipos: los que desarrollan simultáneamente dos óvulos fertilizados distintos, y los que resultan de la partición de un solo óvulo. Aquellos que se desarrollan a partir de un solo óvulo se llaman *idénticos* y los que se desarrollan a partir de dos concepciones simultáneas se llaman *fraternos*. Los gemelos idénticos, los trillizos, etc., tienen exactamente el mismo material genético. Pero los gemelos fraternos, etc., no son más parecidos genéticamente que los hermanos concebidos separadamente.

La incidencia de gemelos idénticos es una cuestión de oportunidad, y el promedio es aproximadamente de 1 por cada 250 nacimientos, independientemente del origen racial de los padres. Por otra parte, el índice de nacimientos de gemelos fraternos (no idénticos) sí está muy influenciado por los factores étnicos. Por ejemplo, en Estados Unidos, la frecuencia de gemelos en las mujeres afroamericanas es aproximadamente de 1 por cada 70, y en las caucásicas de 1 por cada 88; pero, en el caso de las mujeres chinas, la cifra está alrededor de 1 por cada 300. La probabilidad de nacimientos múltiples, más allá de gemelos, disminuye en proporción simple. Así (de nuevo en EE. UU.), mientras el porcentaje de gemelos es de 1 por cada 90 nacimientos, la cifra de trillizos es de 1 por cada 7.500, y la de cuatrillizos es de 1 por cada 650.000.

Estas probabilidades son promedios. La probabilidad de concebir gemelos fraternos en un caso concreto depende muy mucho de circunstancias individuales. Es mucho más común en el caso de mujeres con un historial familiar de nacimientos múltiples o con un historial personal de nacimientos múltiples, y en el caso de madres con más edad. Las mujeres que toman medicamentos para aumentar la fertilidad tienen una probabilidad muy superior de tener un embarazo múltiple.

Un solo embarazo puede producir un nacimiento múltiple de gemelos idénticos o fraternos, o una combinación de los dos, dependiendo del número de óvulos fertilizados. Por ejemplo, pueden darse trillizos en cualquiera de los siguientes casos:

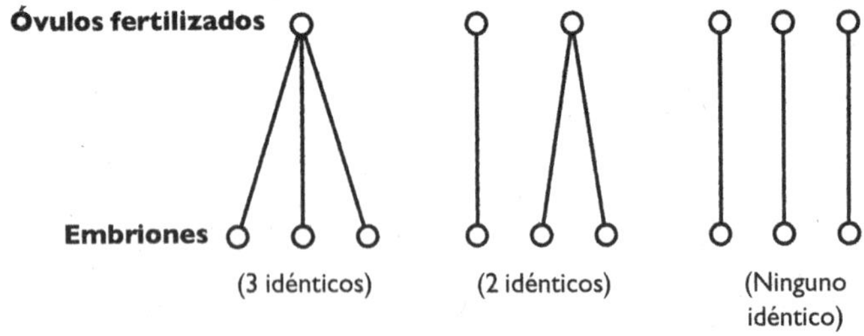

Figura 21. El mecanismo de un embarazo múltiple. Número de las posibles permutaciones que dan lugar al nacimiento de trillizos.

Genética y selección natural

A finales de la década de 1920, la genética mendeliana parecía periclitada. Provistos con el concepto de mutación, algunos biólogos llegaron a creer que no tenían ninguna necesidad de lo que consideraban ideas viejas consecuencia de la selección natural darwiniana. Pero ciertos discípulos de Darwin, liderados por Ernst Mayr, de Harvard, organizaron un contraataque. Hacia 1940 se llegó a una postura de compromiso que se conoció como neodarwinismo y que era un maridaje de genética mendeliana y teoría darwiniana. Desde entonces, la evolución de nuevas especies ha sido aceptada como la consecuencia de una selección natural —sobre todo, en pequeñas poblaciones aisladas— como resultado de presiones medioambientales, pero operando a través de la herencia mendeliana. La mutación aleatoria se ha relegado a un papel subsidiario.

El ácido nucleico

Alcanzado un acuerdo en el cuadro general, la atención se volvió hacia la *bioquímica* de la evolución: los mecanismos a nivel molecular que codifican la información que tienen que transportar los genes para que los factores hereditarios pasen a las generaciones posteriores. El premio era grande. Lo que buscaban era, nada menos, que el secreto de la vida.

En 1869, mientras el bioquímico suizo Friedrich Miescher trabajaba en la Universidad de Tübingen, descubrió una sustancia que parecía existir en todos los núcleos celulares. La había llamado *nucleína,* pero después se conoció como *ácido nucleico.* Nuevas investigaciones establecieron que existían por lo menos dos tipos de ácido nucleico; a uno de ellos, que había sido sujeto de una cantidad considerable de análisis, se le dio el nombre de ácido desoxirribonucleico o ADN. Ahora se planteaban dos preguntas: ¿dónde estaba localizado exactamente el ADN en el núcleo y cuál era su función?

El químico alemán Robert Feulgen contestó a la primera, estableciendo que el ADN se encontraba en los cromosomas y, concretamente, en los genes. La segunda pregunta fue respondida en 1944 por un médico canadiense-estadounidense llamado Oswald Avery y sus colegas del Instituto Rockefeller de Nueva York.

La importancia del ADN

Oswald T. Avery nació en Halifax, Nueva Escocia, en 1877. Era hijo de un clérigo que emigró a Estados Unidos cuando él tenía diez años. Se graduó en medicina por la Universidad de Columbia en 1904, y se unió al Instituto Rockefeller nueve años después, en 1913.

El equipo de Avery estaba llevando a cabo una investigación con dos cepas de neumococos —rough-coated (R) y smooth-coated (S)—, las bacterias que causan la neumonía. Descubrieron que si mezclaban bacterias vivas de la cepa R con un extracto de la cepa S, e inyectaban la mezcla en un ratón, el tejido del ratón contendría especimenes *vivos* de la cepa S. A los no especialistas les costará ver la importancia, pero para los biólogos el resultado era sensacional. La cepa S, aunque ya no siguiera viva, todavía contenía algo que podía convertir la cepa R en la cepa S; dicho de otro modo, que podía *cambiar su material genético*. Cuando Avery y sus colegas pudieron mostrar que el material involucrado era ADN puro, quedó claro que ese ADN era capital para el proceso reproductor. Todos los investigadores de la materia se pusieron sobre aviso. Quienquiera que consiguiera establecer su estructura molecular, seguramente podría responder a la pregunta que se le había resistido a Darwin: ¿cuál fue el mecanismo que permitió pasar factores hereditarios a las generaciones posteriores e hizo posible la evolución de la selección natural?

Dividiendo el átomo

Mientras los biólogos estaban ocupados desentrañando los secretos de las células vivas, los físicos buscaban los secretos del núcleo del átomo. Treinta años después de la publicación de la teoría especial de la relatividad, la fórmula de Einstein que expresa la equivalencia de masa y energía seguía siendo una especulación sin apoyo experimental. Él mismo había sugerido que podía demostrarse bombardeando el núcleo de los elementos pesados, pero no fue hasta enero de 1939 cuando se realizó el experimento que demostró la validez de la fórmula. Se realizó en el laboratorio del Instituto de Química del kaiser Guillermo, en Berlín. Los científicos involucrados eran la física austriaca Lise Meitner y dos químicos alemanes, Otto Hahn y Fritz Strassman.

Meitner nació en Viena, en 1878, como hija protestante de un abogado judío. Inspirada por el ejemplo de Marie Curie, estudió física en Viena. En 1907 viajó a Berlín para asistir a las conferencias del creador de la teoría cuántica, el físico alemán Max Plank, y en ellas conoció a Otto Hahn. Se quedó en Berlín y con el tiempo llegó a encabezar la sección de física del instituto del kaiser Guillermo, mientras que Hahn dirigía la sección de química. Hacia 1939, tras treinta años de colaboración, Meitner tenía sesenta y Hahn era un año más joven. Strassman, que se había unido recientemente a ellos, tenía treinta y seis años.

En enero de 1939, Meitner, Hahn y Strassman estaban comprometidos en un programa de investigación basado en uno de los primeros trabajos de Enrico Fermi, profesor de física en la Universidad de Roma y que había utilizado una partícula recientemente descubierta —el neutrón— para bombardear con ella el núcleo de uranio. Uno de sus experimentos tuvo un resultado misterioso. Al bombardear el uranio con neutrones, descubrieron que habían producido isótopos de bario y de criptón. Y por cada neutrón utilizado en el proceso, habían liberado dos nuevos neutrones. Esto era sorprendente. Pero, más asombroso todavía, era la enorme cantidad de energía liberada como subproducto de la reacción.

Casi inmediatamente después del experimento, Meitner tomó un tren a Holanda para, supuestamente, tomarse vacaciones de una semana. La motivación real para su viaje era doble. Creyó que había sido condenada a un campo de concentración, razón más que suficiente para abandonar Alemania; pero, además, su entrenamiento matemático le había dado una visión de las implicaciones del experimento que había eludido a sus colaboradores químicos. Creía que, lo que habían presenciado, era la división del núcleo de uranio en dos partes más o menos iguales. La enorme cantidad de energía liberada parecía representar una conversión de masa en energía parecida a la postulada por la fórmula de Einstein, y sentía una urgente necesidad de advertir a los investigadores no alemanes de la amenaza que aquello representaba. Mientras estaba en Holanda, negociando un visado sueco, sus dos colegas publicaron un informe del experimento que llegó a ser conocido como el «Experimento Hahn-Strassman». Pero eran incapaces de ofrecer una explicación del resultado.

La bomba atómica

El escrito de Hahn y Strassman creó una fiebre de excitación en la comunidad científica. Cuando el avión de Meitner tocó tierra, el experimento ya había sido repetido en París por Irene, la hija de Marie Curie, y su marido Pierre Joliot. En Estocolmo, Meitner compartió sus sospechas sobre la fisión nuclear con su sobrino, el físico Otto Frisch, que a su vez las pasó a su suegro Niels Bohr, otro físico danés. Éste se encontraba de visita en Estados Unidos, lo cual le dio la oportunidad de compartir las implicaciones con diversos colegas, incluido el propio Einstein. Diez días después, el experimento se había repetido en el laboratorio Johns Hopkins de la Universidad de Columbia y en el Instituto Carnegie de Washington.

En el equipo de Columbia estaba el propio Fermi, ahora refugiado del fascismo italiano. Éste discutió con Bohr acerca de la posibilidad de explorar el proceso ya observado para comenzar una *reacción en cadena*. Una reacción en la que las partículas radioactivas se producían en el momento inicial de la división, como un petardo lanzado dentro de una fábrica de municiones, dividiendo otros núcleos en una reacción acelerada que culminaría con una inmensa explosión. Si tal proceso era una posibilidad práctica, los cálculos sugerían que una libra de uranio podía generar una explosión equivalente a 40 millones de libras de TNT. La pregunta que se hacían ahora era que, si tal reacción era posible, ¿por qué no había ocurrido en los laboratorios donde habían realizado la demostración? La respuesta era que el uranio utilizado era de tres tipos diferentes y sólo uno de ellos —el uranio 235— era capaz de fisionarse, y éste representaba menos del 1% de la masa de las muestras.

En marzo de 1940, seis meses después de que los alemanes invadieran Polonia, el equipo recibió las primeras muestras de uranio 235 puro, y pudieron confirmar que ese isótopo era la fuente que producía la fisión. El propio Einstein había dicho, sólo un año antes: «Estoy seguro, casi seguro, que durante mucho tiempo no será posible convertir materia en energía con propósitos prácticos».

Pero en octubre de 1939, se sintió lo bastante inseguro como para escribir al presidente Roosevelt. Le dijo que era posible lograr una reacción nuclear en cadena «en un futuro inmediato»; añadiendo que era «concebible, que bombas de un nuevo tipo, sumamente potentes, pueden ser así creadas». La respuesta del presidente fue formar lo que se convertiría en el Consejo de Investigación de la Defensa Nacional. Sabiendo que los alemanes también estaban realizando investigaciones sobre armas atómicas, el gobierno británico inició su propio programa.

Hacia el verano de 1941, el equipo británico estaba seguro de que dichas armas eran posibles. En noviembre, el Consejo de Investigación de la Defensa Nacional envió al presidente sus conclusiones, en las que decían: «Si aplicamos todo el esfuerzo posible en el programa, creemos que las bombas de fisión estarán disponibles en cantidades significativas dentro de tres o cuatro años». El 6 de diciembre, el gobierno decidió dedicar un esfuerzo «supremo» para desarrollar una bomba atómica; al día siguiente, los japoneses atacaban Pearl Harbour. La física se encontraba de repente en primera línea.

El primer reactor nuclear

El esfuerzo «supremo» en el que se embarcó Estados Unidos fue el ejercicio más ambicioso de ciencia aplicada que el mundo haya conocido nunca. En su momento más álgido, la mano de obra llegó a ser de 125.000 personas. Muchos estaban empleados en la fabricación de la materia prima de la bomba en las fábricas de Oak Ridge, Tennessee, que llegó a consumir una séptima parte de toda la electricidad generada en el país.

Mientras se creaban esas instalaciones, algunos de los físicos nucleares más importantes del mundo se aplicaron a la tarea de demostrar la viabilidad de una reacción en cadena controlada. En ese contexto, «controlada» significaba una reacción «lenta», autosostenida, en la que el número de neutrones producidos igualase exactamente el número de neutrones perdidos.

Uno de los problemas a los que se enfrentaba el grupo era la velocidad de los neutrones y que la extensión del espacio subatómico en el que se movían era tan grande, que la mayoría de ellos escaparía antes de colisionar con uno de los átomos que se suponía que debía dividir. Por consiguiente, era necesario encontrar un «moderador», algo que frenase los neutrones e incrementase las oportunidades de una colisión. El moderador elegido fue el grafito puro, y construyeron un «montón» de bloques de grafito en una pista de squash bajo el estadio Stagg Field de la Universidad de Chicago.

Otro problema era que, si se mostraban incapaces de controlar el proceso, una reacción en cadena incontrolable no sólo los eliminaría a ellos, sino a gran parte de la universidad en la que estaban trabajando. En teoría, si se les escapaba de las manos, disponían de un margen de tiempo suficiente para insertar las barras de control y así retardar la reacción, pero ese margen era pequeño, y tuvieron que verificar sus cálculos una y otra vez antes de conectar el interruptor que iniciaba la reacción nuclear. Los contadores Geiger y el pulso colectivo del grupo empezaron a acelerarse. A las 15,20 del 2 de diciembre de 1942, Fermi pudo anunciar a sus colegas que habían logrado la primera reacción en cadena autosostenida del mundo. Le correspondió a un premio Nobel, Arthur H. Thompson, informar al presidente de su éxito: «El navegante italiano ha llegado al Nuevo Mundo», le dijo. El navegante italiano no estaba solo. Todos se encontraban en un nuevo mundo.

El armamento nuclear

Ahora le tocaba el turno a la primera reacción en cadena *incontrolada*. Tuvo lugar a las 5,30 de la mañana del 16 de julio de 1945, en la base aérea de Alamogordo, Nuevo México, cuando una bomba que contenía unos 9 kilos/20 libras de uranio 235 y plutonio fue detonada sobre una torre de acero, con una explosión que alcanzó los 50 millones de grados Celsius/100 millones de grados Fahrenheit, y una fuerza explosiva equivalente a 20.000 toneladas de TNT, dejando un cráter de 0,8 kilómetros/0,5 millas de extensión. Tres semanas después, a las 8,15 de la mañana del 6 de agosto, una bomba gemela fue detonada sobre la ciudad japonesa de Hiroshima, creando una tormenta de fuego que incineró a 80.000 personas y dejó tierra calcinada allí donde había existido una gran ciudad. Para subrayar el mensaje, otra bomba similar fue detonada sobre la ciudad de Nagasaki el 9 de agosto. Allí terminó la Segunda Guerra Mundial.

La carrera nuclear

Los científicos que clamaban contra las armas nucleares malgastaban saliva. Al haber dominado la tecnología de la *fisión* atómica, los países que podían permitírselo estaban dispuestos a desarrollar la tecnología todavía más poderosa de la *fusión* atómica. Durante los años cincuenta, primero Estados Unidos, después Rusia y más tarde Reino Unido, demostraron su músculo científico haciendo detonar bombas de hidrógeno.

Las bombas de hidrógeno convierten hidrógeno en helio —el proceso que tiene lugar en el interior del Sol— y se utilizaron bombas como la de Hiroshima para disparar dicho proceso. Los rusos consiguieron la mayor explosión. El 20 de octubre de 1961, en la lejana isla de Novaya Zemlya, detonaron un ingenio que convirtió 3 kilogramos/7 libras de masa en energía libre. La fuerza explosiva creada, expresada en el término empleado para medir esas explosiones, fue de 57 megatones: 3.000 veces mayor que la que aniquiló Hiroshima. Se llamó «ciencia aplicada».

Linus C. Pauling

El mayor químico del siglo XX nació en Portland, Oregón, en febrero de 1901. Se llamaba Linus C. Pauling, era hijo de un droguero y el mayor de tres hermanos. Su padre murió cuando él tenía nueve años. El interés de Pauling por la química se remonta al día en que le regalaron un juego de química cuando tenía trece años. En Oregón asistió a la Escuela Agrícola y, en su tercer año, sus profesores quedaron tan impresionados por su habilidad, que le pagaron un sueldo para dar clases al segundo curso de análisis cuantitativo, materia que apenas acababa de aprobar. Fue una buena oferta, ya que por entonces su madre estaba gravemente enferma y él tenía que mantenerla.

Se graduó en 1922, y trabajó en el Instituto Tecnológico de California (el CalTech). Su tesis doctoral versó sobre la estructura de los cristales, tal como la revelaba la *cristalografía por rayos-X*, un nuevo procedimiento inventado en 1912 por el físico alemán Max von Laue. La cristalografía por rayos-X es el análisis de las estructuras cristalinas usando una técnica conocida como difracción de los rayos-X.

Pauling consiguió su doctorado en 1925, se unió a la facultad de la CalTech y fue nombrado profesor en 1927. Cuatro años después revolucionó la teoría atómica con su análisis sobre la naturaleza de los enlaces químicos, mediante el que los átomos se unen para formar moléculas. Este análisis, contenido en un artículo publicado en el *Journal of the American Chemical Society,* introdujo en la química ideas de la nueva ciencia de la mecánica cuántica y trataba a los electrones como formas de onda en lugar de partículas. Explicaba el enlace químico uniendo parejas de electrones de átomos individuales. En 1939 resumió sus ideas sobre la estructura molecular en un libro titulado *La naturaleza del enlace químico,* que se convirtió en el texto de química definitivo del siglo XX. En 1954 le fue concedido el Premio Nobel de Química. En 1962 fue la segunda persona, tras Marie Curie, en ganar dos premios Nobel, cuando recibió el de la Paz por sus esfuerzos en pro del desarme nuclear. Una de las muchas contribuciones de Pauling a la comprensión de la estructura molecular fue su explicación sobre las características de los materiales, en términos de enlaces químicos entre moléculas individuales. Por ejemplo, fue capaz de demostrar que la dureza del diamante, comparada con la del grafito (ambos son formas de carbono puro), era la consecuencia de la diferente manera en que se unían los átomos del carbono.

En la década de 1940, sus colegas y él centraron la atención en las grandes moléculas basadas en el carbono —proteínas y aminoácidos— que caracterizan la materia viva. Las proteínas proporcionan la estructura y promueven los procesos corporales, tanto de plantas como de animales. Los aminoácidos son la materia prima de la que están compuestas las proteínas. Ejemplos de estructuras proteínicas son las uñas y los músculos. Un ejemplo del proceso directivo de las proteínas es la enzima amilasa de la saliva, que convierte el almidón en azúcar. Algunas de estas proteínas tienen moléculas enormemente complejas, que llegan a pesar miles de veces más que una molécula de agua; y todas las especies de criaturas vivientes fabrican proteínas únicas que otras especies no pueden utilizar directamente. Esto se debe a que los animales tienen que digerir y descomponer las proteínas que obtienen de comer plantas y/u otros animales para poder reutilizar los aminoácidos que éstas contienen.

En mayo de 1951, el equipo de la Caltech causó sensación al publicar siete trabajos describiendo la estructura de las proteínas en la seda, las plumas, el pelo y otros materiales orgánicos. Pero en la carrera por el premio más fascinante —la decodificación de la estructura del ADN— fueron derrotados por un grupo de investigadores de las universidades inglesas de Londres y Cambridge.

La estructura del ADN

A principios de los años cincuenta, estaba claro que:

1. Los cromosomas del espermatozoide y del óvulo llevan los factores hereditarios que determinan el carácter del embrión en desarrollo.
2. Los propios factores hereditarios estaban en los genes que están alineados a lo largo de los cromosomas.
3. Las «instrucciones» que portan los genes están escritas en forma química en la estructura molecular del ácido desoxirribonucleico, el ADN.

También estaba claro que:

A. Alguien, muy pronto, establecería la estructura del ADN.
B. La comprensión que ello nos proporcionaría, transformaría el estudio de la genética.
C. Quienquiera que realizase ese descubrimiento, se aseguraría una fama imperecedera.

Ese inevitable descubrimiento llegó en 1953, y los que se llevaron el premio gordo fueron un físico inglés convertido en biólogo molecular llamado Francis Crick, y un bioquímico estadounidense, James D. Watson.

La cristalografía por rayos-X

Francis Crick nació en Northampton, Inglaterra, en 1916. Estudió física en la Universidad de Londres, y trabajó con radares durante la Segunda Guerra Mundial. En 1946 asistió a una conferencia de Linus Pauling que le abrió los ojos a las posibilidades de un descubrimiento original en biología molecular. Esto lo llevó a realizar investigaciones de biología en Cambridge; en 1949, cuando tenía treinta y tres años, se sumó al Consejo de Investigaciones Médicas del Laboratorio Cavendish en la universidad.

James Dewey (Jim) Watson nació en Chicago, en 1928, y era un niño prodigio. Entró en la Universidad de Chicago a los quince años y se graduó a los diecinueve; tres años después obtuvo un doctorado por la Universidad de Indiana. Mientras preparaba el doctorado, leyó un libro del físico austriaco Erwin Schrödinger titulado *¿Qué es la vida?*, que lo persuadió de que el estudio de los genes ofrecía excitantes perspectivas de descubrimientos. En 1951 asistió a una conferencia en Nápoles, donde conoció a Maurice Wilkins, un físico neozelandés de treinta y tres años nacido en las Islas Británicas, que había trabajado con la bomba atómica en Estados Unidos, pero que se había alejado de la física nuclear horrorizado por las consecuencias de ese trabajo.

Como Watson, Wilkins había sido inspirado por *¿Qué es la vida?* de Schrödinger. Trabajaba en la estructura de las moléculas orgánicas grandes, en el Consejo de Investigaciones Médicas del King's College de la Universidad de Londres, usando la misma técnica del análisis de difracción por rayos-X que el equipo de Pauling en la CalTech. La descripción que le hizo Wilkins de su trabajo reforzó el interés de Watson por el tema, y fue aceptado para realizar investigaciones en el Laboratorio de Cavendish. Llegó a Cambridge poco después de cumplir veintitrés años, y estableció inmediatamente una buena relación con Crick, que por entonces tenía treinta y cinco años.

Crick y Watson estaban dispuestos a investigar la estructura del ADN, pero sus superiores los desanimaron, ya que eran conscientes del trabajo que llevaban a cabo en el King's College. Se suponía que los trabajos del King's eran un esfuerzo común de Wilkins y una química británica de treinta años llamada Rosalind Franklin, pero en realidad ambos estaban enfrascados en una lucha de personalidades. Franklin era una cristalógrafa muy experimentada. La cristalografía era una tecnología exigente, basada en la técnica de difracción de los rayos-X, esencial en la investigación de la estructura de las moléculas grandes. Se trataba de una tecnología en la que ni Watson ni Crick tenían ninguna experiencia, así que hicieron lo mejor que pudieron con la única alternativa a su alcance, la construcción de modelos. Pero sin las pistas que podía proporcionar la cristalografía, fueron incapaces de realizar progresos reales, y sólo era cuestión de tiempo que el equipo de Pauling, en la CalTech, que dominaba ambas técnicas, diera con la respuesta correcta. El libro de Pauling, *La naturaleza del enlace químico*, se convirtió en la Biblia de Watson en sus esfuerzos por construir un modelo plausible, y para mayor frustración, tanto el director del Laboratorio de Cavendish, Lawrence Bragg, como el director de la Unidad de Cristalografía, Max Perutz, eran cristalógrafos expertos. Pero insistieron en que la buena voluntad del Consejo de Investigaciones Médicas no debía correr el riesgo de duplicar la investigación del King's College.

No era cuestión de determinar la composición química de la molécula de ADN. Por entonces se sabía que estaba compuesta por una serie de *bases* de cuatro clases: timina (T), guanina (G), citosina (C) y adenina (A), unidas por parejas en una estructura de fosfato-azúcar. Pero nadie sabía cuál era la forma de la estructura ni cómo se unían las parejas de bases. Sin las respuestas a estas preguntas, no se podía comprender

La doble hélice

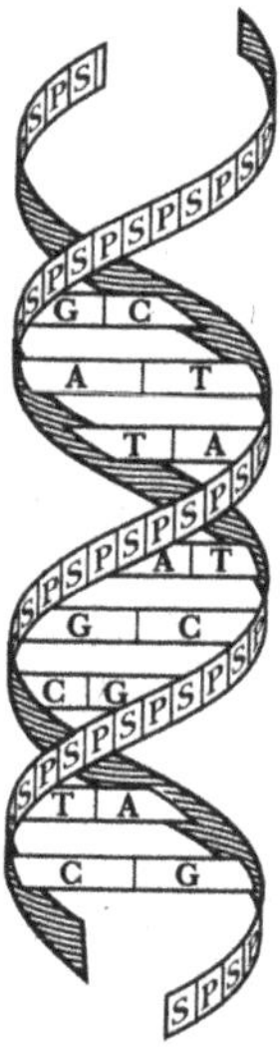

S = Azúcar
P = Fosfato

A = Adenina
T = Timina
C = Citosina
G = Guanina

Figura 22. La estructura del ADN. Los rasgos principales de una molécula de ADN son:

a. Una «escalera en espiral», con barandillas de azúcar-fosfato formando una doble hélice.
b. Una larga sucesión de «escalones», hecha a base de parejas entrelazadas de bases de adenina (A) y timina (T), o guamina (G) y citosina (C).

N. B. 1. Un «gen» normalmente tiene una longitud de varios miles de bases.
2. La secuencia de bases en los genes codifica la información necesaria para fabricar las proteínas que determinan la anatomía y la fisiología de toda criatura viviente.
3. Los genes están localizados en los cromosomas, que son largas hileras de proteína y ADN mezclados.
4. En la reproducción sexual, la secuencia de genes del óvulo fertilizado es diferente de la de los padres, haciendo que todos los individuos descendientes sean únicos.
5. En gemelos idénticos, la secuencia genética es diferente de la de los padres pero idéntica en cada hermano, porque son el resultado del fraccionamiento de un óvulo fertilizado.
6. Cuando las células se dividen y se multiplican durante el crecimiento del embrión, las parejas de bases se abren como una cremallera. Cada mitad de una pareja de bases tiene la habilidad de hacer «crecer» una nueva compañera en su nuevo hogar, asegurando así que la «información» de cada célula es la misma.

realmente el mecanismo detallado de la herencia y no existía ninguna posibilidad de aplicar el conocimiento teórico a los problemas de la vida común como las enfermedades hereditarias.

Irónicamente, el descubrimiento definitivo llegó poco después de que Crick y Watson asistieran a un seminario en el que parecieron malinterpretar la presentación que Franklin hizo de su investigación. Volvieron a Cambridge, construyeron un modelo e invitaron a la pareja de Londres para que lo viera... pero Franklin echó por tierra todas sus ideas. No mucho después, con la ayuda de Wilkins, Watson consiguió ver una de las cristalografías por rayos-X de Franklin con una claridad increíble. En cuanto la vio, estuvo seguro de que sabía cómo interpretarla.

De vuelta a Cambridge, Crick y él consiguieron permiso para utilizar los servicios del taller del laboratorio para construir un modelo de la molécula a gran escala. Tras cinco semanas frenéticas de prueba y error, el modelo estaba listo para ser revelado. Tenía forma de *doble hélice,* una larga y tortuosa escalera en la que los peldaños eran innumerables secuencias de pares de bases: TA, CG, AT, TA, GC, etc.

El 7 de marzo de 1953 se la enseñaron a sus colegas. El 25 de abril, un corto y modesto escrito en la revista *Nature,* titulado *La estructura molecular de los ácidos nucleicos,* informó al mundo de uno de los descubrimientos más significativos en la historia de la ciencia, aunque quedó un poco ensombrecido por la primera ascensión al Everest seis semanas después. Pero su importancia pronto quedó establecida y dio origen a una explosión de investigaciones genéticas y de descubrimientos que todavía continúa.

En 1962, Crick, Watson y Wilkins compartieron el Premio Nobel de Medicina. El nombre de Rosalind Franklin no fue mencionado, había muerto de cáncer en 1958, a los treinta y siete años, víctima —como Marie Curie— de la radiación a la que se había expuesto durante su trabajo. No se conceden premios Nobel a título póstumo.

¿Big Bang o modelo estacionario?

La urgencia de las necesidades en tiempos de guerra llevaron al desarrollo de la bomba atómica que nos guió a una nueva comprensión de los procesos en el corazón del átomo. Cuando el mundo volvió a la normalidad de la paz, los físicos, a su vez, volvieron su atención a los problemas del extremo opuesto de la balanza: la estructura y los orígenes del universo.

La hipótesis postulada en los años veinte por Lemaître —que el universo se había originado por la explosión de un «huevo cósmico»—, era ahora mundialmente conocida y tenía muchos partidarios. Pero, a pesar de que un universo en expansión era una verdad aceptada, aún faltaban las pruebas que la apoyasen. A finales de los años cuarenta apareció un nuevo campeón de su causa en la persona de un físico estadounidense llamado George Gamow.

Gamow, nieto de un general zarista, nació en Odessa, Ucrania, en 1904. Obtuvo su doctorado en la Universidad de Leningrado, y después ocupó varios cargos en diversas universidades de Europa Occidental. Se trasladó a Estados Unidos en 1934, y se estableció allí. Ejerció de profesor en la Universidad George Washington hasta 1956, cuando entró en la facultad de la Universidad de Colorado.

Mientras era miembro de la George Washington, Gamow hizo de consultor para el Laboratorio de Física Aplicada de la Universidad Johns Hopkins, y allí conoció a un estudiante de doctorado llamado Ralph Alpher. En 1948, Gamow y Alpher publicaron un trabajo en la *Physical Review* en el que discutían las condiciones que pudieron existir en el seno de un «superátomo» densamente concentrado, del tipo que Lemaître sugería que explotó para crear un universo en expansión. El escrito marcó la introducción formal de lo que ahora conocemos como el modelo «big bang» del origen del universo. A Gamow y Alpher se les opuso un grupo de la Universidad de Cambridge, Inglaterra, que incluía a un astrofísico tan dotado como ellos y divulgador científico llamado Fred Hoyle. En el año en que Gamow y Alpher publicaron su artículo, Hoyle y sus compañeros de teoría —Herman Bondi y Thomas Gold— adelantaron una explicación que rivalizaba con la suya y que bautizaron como hipótesis del «modelo estacionario». Sugerían que la expansión observada era el resultado de la creación continua de nueva materia en el espacio entre galaxias, y que ésta las forzaba a separarse. En este modelo, el universo no habría tenido ningún principio, sino que siempre mantendría la misma estructura general dondequiera que uno mirara y que siempre había tenido el mismo aspecto que en la actualidad. Fue Hoyle el que acuñó la frase «big bang», y lo hizo con una connotación peyorativa. Pero el nombre caló, y sus partidarios lo adoptaron con orgullo. No obstante, ambas hipótesis rivales seguían siendo puras hipótesis.

En otro escrito de 1948, Alpher y un colega llamado Robert Herman predijeron que, si el universo se había originado en un «big bang», tendría que haber una radiación de fondo muy tenue, muy fría, como un eco. En 1965, dos empleados de los laboratorios Bell en Holmdel, Nueva Jersey —Arno Penzias y Robert Wilson—, descubrieron accidentalmente la radiación de microondas, que tenía la temperatura y potencia que uno esperaría que existiera de haber tenido lugar un «big bang», y además parecía llegar desde todas direcciones del espacio. Fue un descubrimiento por el que recibieron un Premio Nobel, y marcó el final de la teoría del modelo estacionario. Cuando se construyeron nuevos telescopios y los astrónomos pudieron ver a más distancia —y por tanto, más atrás en el tiempo—, descubrieron un universo más y más atestado, y unas galaxias cada vez más jóvenes.

En los años cuarenta, desde que Wilson y Penzias descubrieran la radiación de fondo, el «big bang» se ha convertido en la explicación más aceptada del origen del universo. El misterio sigue siendo tan profundo como siempre, pero el debate ha cambiado hacia un terreno nuevo: ¿qué había antes del «big bang»? Es más, ¿tiene sentido hablar de un «antes»? Se ha propuesto la idea de que la historia del universo puede ser una historia de sucesivas expansiones y contracciones, en lugar de una sola expansión debida a un único «big bang».

¿Cuántas estrellas hay?

Una respuesta que la ciencia ha tenido que seguir revisando es la de la pregunta: ¿cuántas estrellas hay en el cielo? Si uno se refiere a estrellas visibles a simple vista, la respuesta es la de siempre: 6.000. Pero a medida que los telescopios se han vuelto más y más potentes, el número de estrellas *conocidas* se ha incrementado. En nuestra galaxia existen 400.000 millones de estrellas, y eso que sólo es una galaxia de clase media. Y, que sepamos por ahora, existen alrededor de 100 millones de galaxias. Así que si quieres una cifra aproximada puedes probar con 40 millones de millones de millones... estrella más, estrella menos.

Esperanza de vida

Si quieres vivir mucho, es mejor no ser pequeño. Al menos, ésa parece ser la regla si comparamos las especies. De la cachipolla en un extremo de la escala, a un pino en la otra, hay una marcada correlación entre el tamaño y la longevidad.

Las siguientes son las esperanzas medias de vida, en estado libre, de algunas especies de vertebrados (animales con columna vertebral). Los animales en un ambiente protegido pueden vivir mucho más tiempo.

La vida puede ser más larga de la que muestran esas cifras. Un elefante asiático puede llegar a vivir ochenta años. Un esturión hembra puede alcanzar los cien. También es una buena regla no tener mucha prisa: las tortugas gigantes de las Galápagos siguen siendo fuertes —si ésa es la palabra ade-

	Años
Mamíferos:	
Rata de agua	01
Ardilla gris	05
Lobo	10
Elefante asiático	40
Reptiles:	
Crótalo	10
Cocodrilo del Nilo	40
Peces:	
Trucha	03
Esturión	30
Aves:	
Carbonero	02
Águila dorada	20

cuada— cuando tienen ciento veinte años. Si te mantienes completamente inmóvil, puedes evitar el paso de los años. Existe un pino en Nevada, que ya tenía dos mil años cuando el rey Nabucodonosor de Babilonia era simplemente un destello en los ojos de su madre.

Los genes que compartimos

Un término frecuente en las discusiones del siglo XX sobre el origen de los humanos, y que todavía surge de vez en cuando, es «el eslabón perdido». Sería difícil encontrar otra frase corta que haya causado tantos malentendidos. Se suponía que el eslabón perdido era la fase intermedia entre los simios y los humanos, que supondría la prueba que demostraría la verdad de la descendencia —o ascendencia— de la humanidad a partir de los simios, y sin la que la teoría de Darwin de la evolución mediante la selección natural era una simple especulación.

Lo único malo de esa propuesta era que ni Darwin, ni ningún otro biólogo, habían sugerido nunca que los seres humanos hubieran evolucionado de los monos, así como nadie había sugerido nunca que el francés hubiera evolucionado del español. Lo que Darwin dijo, y las pruebas genéticas lo confirman, era que los simios y los humanos compartían una herencia común, así como lo hacen el francés y el español.

La proximidad de una relación familiar se revela mediante comparaciones de la composición genética de las especies involucradas. Recientes estudios señalan que chimpancés y humanos comparten un 98,4% de sus genes. La cifra para gorilas y humanos es de 97,7%. Si los humanos son un 98% chimpancés, es igualmente cierto que los chimpancés son un 98% humanos.

La idea de un «eslabón perdido» entre simios y humanos sólo se sostiene si uno piensa en la evolución como en una *escalera* que va desde las formas de vida más «bajas» a las más «altas». La teoría darwiniana no dice que haya especies superiores o inferiores; dice que, simplemente, son diferentes. Darwin veía la evolución como un árbol lleno de ramas, con simios y humanos como ramitas de una misma rama.

La comparación de la herencia genética compartida entre las especies actuales nos da cuadro de la página siguiente de este proceso de repetida divergencia.

Historia humanoide

Ahora suele aceptarse generalmente que la divergencia que separa a los humanos modernos y a los chimpancés tuvo lugar en África, hace aproximadamente seis o siete millones de años, cuando se separaron dos grupos de una especie ancestral y se desarrollaron a lo largo de líneas diferentes. Pero, debido a la escasez de restos fósiles, nadie puede saber cuál fue la línea de la evolución humana, y cuál de las aproximadamente diez especies de *homo* que se han descubierto hasta

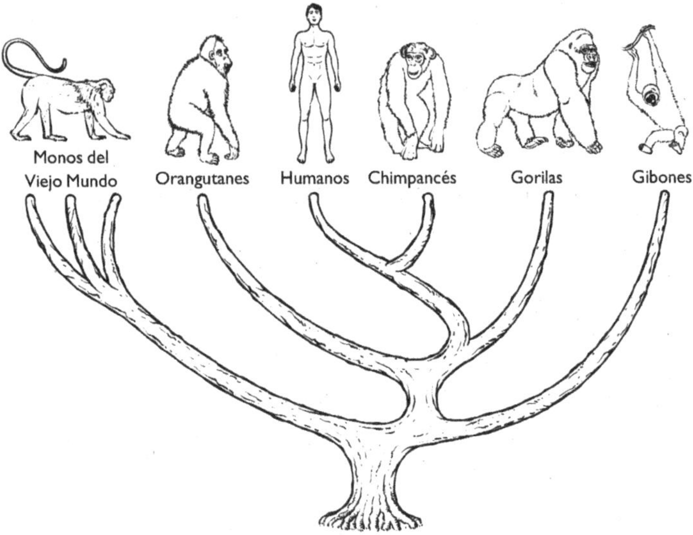

Figura 23. El árbol familiar de los primates. La sucesiva divergencia de monos, simios y humanos, a partir de un ancestro común.

ahora representa una fase de esa evolución humana. La tabla siguiente muestra la relación en el tiempo de algunas de las especies fósiles mejor conocidas, pero no implica otro tipo de relación. Las fechas sólo son aproximadas. Podemos estar seguros de que nuestra perspectiva de la evolución humana será más clara en los próximos treinta años más o menos, a medida que se descubran más fósiles y se extienda el estudio del ADN actual y el del pasado. Pero eso no significa que los resultados nos acerquen a la herencia ancestral de la humanidad.

Australopithecus afarensis —hombre-simio del sur de Afar (Etiopía)— caminaba erguido, es más bien un homínido simiesco que vivió en el este de África.

Homo habilis («hombre habilidoso») fue una especie que construía herramientas. Vivió en el sudeste de África y, probablemente, manejaba ciertos rudimentos del habla. Existió una especie similar llamada *Homo ergaster*.

Especies	Primera aparición (años AP, antes del presente)
Australopithecus afarensis	4.000.000
Homo habilis	2.500.000
Homo erectus	1.600.000
Homo neanderthalensis	200.000
Homo sapiens (humanos modernos)	120.000

Los restos más antiguos del *Homo erectus* («hombre erecto») se han encontrado en África, pero también se han hallado fósiles de menos de 200.000 años en Java, China y el Cáucaso. *Erectus* usaba el fuego y construía herramientas sofisticadas; tenía el cerebro de un tamaño cercano al de los humanos modernos y, probablemente, ya hablaba bastante bien.

El *Homo neanderthalensis* (del valle de Neander) era una especie con un físico poderoso que vivió en Asia Central, Oriente Medio y Europa al mismo tiempo que el *Homo sapiens* (y tenía un cerebro más grande). No hay pruebas de que las dos especies se cruzaran.

Los neandertales se extinguieron hace aproximadamente treinta mil años. Desconocemos si el *Homo sapiens* tuvo algo que ver en ello.

El *Homo sapiens* («hombre pensante») es nuestra propia especie, e incluye a todos los seres humanos vivientes. Hay una variación genética notablemente escasa en las especies a todo lo largo de su distribución y ha permanecido esencialmente inalterada durante los últimos cien mil años.

Cronología cultural

La cronología anterior es biológica, y muestra la sucesión de la especie humanoide. Los arqueólogos aplican una cronología propia a los últimos dos millones y medio de años, centrándose en la sucesión de culturas y definida principalmente por los artefactos que se utilizaban: herramientas, armas, utensilios, etc.

Olduana (de dos millones y medio a un millón y medio de años AP). África oriental. La primera cultura conocida en construir herramientas de piedra.

Achelense (de un millón y medio a doscientos mil años AP). África, Próximo Oriente y Europa. Una cultura prehumana caracterizada por el uso de hachas manuales y otras herramientas hechas con lascas de pedernal, chert, cuarcita, etc. Asociada al *Homo erectus* y al *Homo ergaster* entre otras.

Musteriense (de doscientos mil a treinta y cinco mil años AP). África, Próximo Oriente y Europa. Hachas más desarrolladas y herramientas construidas a partir de centros preparados. Asociada sobre todo con el *Homo neanderthalensis,* y con los primeros *sapiens.*

Paleolítico tardío (Antigua Edad de Piedra: de cuarenta a doce mil años AP). África, Asia y Europa. Armas más sofisticadas y herramientas. Arte en cuevas y rocas, joyería y ornamentos personales.

Neolítico (Nueva Edad de Piedra: de doce a seis mil años AP). Casi mundial. Herramientas de piedra, cerámicas y textiles sofisticados. El final de la última era glaciar y la revolución agrícola en Oriente Medio, y el sur y el este asiáticos, dio lugar a un nuevo estilo de vida; pero la mayoría de las culturas humanas seguía siendo recolectora.

Genes y genomas

Los *genes* son los paquetes de información que llevan los cromosomas de las células de toda planta o animal. Son el «software» que dirige los procesos vitales de toda criatura viviente. En el embrión, y en las plantas y los animales inmaduros, proporcionan las instrucciones que guiarán el desarrollo de los rasgos que exhibirá la forma adulta. Cada célula contiene la misma serie de genes, distribuidos a todo lo largo de los cromosomas. En las criaturas que se reproducen sexualmente, todas las células —que no sean las propiamente sexuales— contienen dos copias de cada cromosoma; las células sexuales sólo contienen una.

El genoma humano

Cromosomas	Número de genes (redondeado)	Número de pares base (millones redondeados)
01	3.000	280
02	2.300	250
03	2.000	220
04	1.300	200
05	1.600	200
06	2.000	180
07	1.400	160
08	1.100	150
09	1.300	140
10	1.400	140
11	2.100	150
12	1.700	140
13	0.700	120
14	1.100	110
15	1.100	100
16	1.100	100
17	1.600	090
18	0.800	090
19	1.500	070
20	0.900	070
21	0.300	050
22	0.300	050
	30.600	3.060

Más el cromosoma 23: ya sea un cromosoma X (1.200 genes) o un cromosoma Y (200 genes). En las hembras, el cromosoma 23 es siempre X; en los machos, puede ser X o Y. El sexo del descendiente depende de si recibe un X o un Y del padre. Si recibe un X de ambos padres, será hembra; si recibe un X de su madre y un Y de su padre, es macho.

El *genoma* es el nombre que recibe toda la sucesión de genes (y las parejas de bases que constituyen los genes) de una especie en particular. Algunas especies tienen genomas bastante cortos con un número pequeño de genes. El primer genoma en ser secuenciado, en 1977, fue el de un virus que sólo contenía 5.386 letras (pares de bases) de código genético. El genoma humano, que fue secuenciado en 2001, contiene 22 cromosomas, más uno que determina el sexo, en total 23; y cada uno lleva 30.000 genes, que a su vez contienen 3.000 millones de letras de código genético. Aun así, los genes sólo constituyen el 5% de la cantidad total del ADN de una célula humana. El resto —por ahora— está considerado como «ADN basura», porque nadie sabe si sirve para algo. Es bastante probable que futuras investigaciones nos revelen si es algo más que «basura».

El «genoma humano» secuenciado en 2001 no era el genoma de un ser humano concreto, sino de un «humano medio» anónimo. El Proyecto Genoma Humano fue posible porque los científicos tuvieron acceso a un equipo que podía cortar el ADN en pedazos pequeños para ser distribuido entre un gran número de investigadores y ordenadores poderosos que podían manejar el increíble número involucrado.

Un pequeño humanoide

Puede ser desquiciante descubrir parientes que uno no ha sabido nunca que tenía. En 2004, un equipo de paleontólogos australianos descubrió restos fósiles de lo que tomaron por una variedad no registrada de humanoide en la isla indonesa de Flores. En este caso, «humanoide» más que «humano» parece ser el término correcto, dado que, en opinión de sus descubridores, la criatura en cuestión no parecía ser en ningún sentido un ser humano moderno.

Los restos, entre los que incluía un cráneo completo, se encontraron a 6 metros/20 pies bajo el suelo de una cueva llamada Liang Bua, en Flores Central. Parecían pertenecer a una criatura de 1 metro/3 pies, de apariencia más humana que simiesca, al que sus descubridores dieron el nombre de *Homo floresiensis*. En beneficio de los medios de comunicación, apodaron a su nueva especie «el hobbit». La datación por carbono 14 indicó una edad aproximada de dieciocho mil años. Restos de otros seis seres procedentes de otros estratos de la cueva indicaron fechas que iban aproximadamente de los setenta mil años a una fecha tan reciente como doce mil años.

El cráneo indicaba una capacidad cerebral de unos 400 mililitros, mayor que la del chimpancé medio, pero mucho menor que el promedio de un hombre moderno, que es de unos 1.300 mililitros. Pero, dado que sólo se encontró un cráneo completo, que en los mamíferos el tamaño del cerebro está relacionado con el tamaño del cuerpo y que existe poca correlación entre el tamaño del cerebro y la inteligencia, este espécimen concreto no proporcionó ninguna pista sobre las habilidades de estos nuevos reclutas de la familia humana. Cerca encontraron herramientas de piedra, huesos de animales y signos de fogatas, y parecían estar asociados con los restos.

El hallazgo de un pigmeo humano no fue particularmente sorprendente. Existen seres humanos actuales de pequeña estatura en África, y es un rasgo reconocido de la evolución que, en poblaciones aisladas, especies gigantes y enanas pueden aparecer en un periodo muy corto de tiempo geológicamente hablando. Flores permaneció biológicamente aislado en tiempos prehistóricos durante por lo menos un millón de años, y ya se sabía que allí habían evolucionado ratas gigantes y elefantes pigmeos. Pero ver el principio de la evolución en lo que parecía ser un pariente cercano al *Homo sapiens* fue toda una sorpresa. Y mayor sorpresa todavía fue la fecha atribuida a los restos.

La fecha más reciente previamente asociada a cualquier especie de humanoide era la atribuida al hombre de Neanderthal, al *Homo neanderthalensis*, una especie que parecía haberse extinguido hacía treinta mil años. El descubrimiento de otro pariente cercano, que aparentemente asaba la comida en parrillas hacía doce mil años, planteó la pregunta de cuándo se había extinguido *esa* especie... si es que realmente *era* una nueva especie. Sus descubridores no pudieron resistir la tentación de sugerir que quizá no lo había hecho. Además, Flores fue devastada hace aproximadamente doce mil años por una enorme erupción volcánica, y esa cifra bien puede representar la fecha del momento en que las pequeñas personas de Flores consumieron su último *entrecôte*. Pero todos los rincones del mundo tienen sus historias sobre «gente pequeña», y hasta los antropólogos tienen derecho a soñar. Sin embargo, algunos expertos siguen siendo escépticos de que el descubrimiento represente nada más de lo que lo haría un pigmeo humano moderno de una especie ya conocida en la isla.

El descubrimiento no provocó ningún retoque del árbol familiar de la humanidad, pero, en cualquier caso, fue un recordatorio de lo fragmentado que es nuestro conocimiento de la evolución humana y cuántas sorpresas nos tiene reservadas todavía.

El índice de la evolución

Cuando Darwin formuló su teoría de la evolución por selección natural, todavía se encontraba bajo el hechizo de su amigo y mentor, el geólogo escocés Charles Lyell. Éste era el abogado de un concepto llamado *uniformitarismo*, que era un término torpe para definir la idea de que la historia de la Tierra ha sido cuestión de un lento cambio gradual. Darwin se enamoró de esa idea y puede encontrarse en cada página de *El origen de las especies*. El uniformitarismo era una respuesta comprensible a la escuela contraria del *catastrofismo*, que explicaba la historia de la Tierra en términos de acontecimientos cataclísmicos como el Diluvio bíblico. Pero era una ideología, no una teoría, y sólo representaba una verdad parcial.

Ahora sabemos mucho más sobre la historia de la vida en la Tierra de lo que sabía Darwin. Y, sin pretender empañar sus logros, podemos ver que su insistencia en el cambio gradual como motor exclusivo de la evolución era una aberración. En la mayoría de las eras, la evolución actúa a pequeños pasos; aunque, de vez en cuando, el proceso se acelera por un acontecimiento inesperados, como el impacto de un asteroide a finales del Periodo Cretáceo. Pero, en ausencia de cambios violentos en el medio ambiente, los seres vivos pueden permanecer prácticamente inalterados durante millones de años. El polvo levantado por la batalla entre las ideologías del uniformitarismo y del catastrofismo se ha asentado, y la verdad —como podía esperarse— puede encontrarse en medio de ambas posiciones.

Extinciones masivas

La extinción de los dinosaurios, al final del Periodo Cretáceo, testimonia que esta desaparición sólo fue uno de los muchos acontecimientos similares ocurridos desde que la vida apareció en la Tierra. En cada una de estas ocasiones, grupos enteros de plantas y animales desaparecieron para no reaparecer nunca más, y algunos de ellos contaban con miles de especies. En cada una de esas ocasiones, los grupos supervivientes se han diversificado en una explosión que ha llenado los huecos dejados. Algunas de estas extinciones han sido indudablemente el resultado de cataclismos, como el impacto de un asteroide o una enorme erupción volcánica; pero otras más parecen ser el resultado de un gradual pero importante cambio de clima. Siguen acumulándose pruebas de que los ciclos climáticos de la Tierra a largo plazo se relacionan con el movimiento del planeta en el espacio, dando comienzo unas veces a largas eras glaciares y otras a un calor tropical en la mayor parte de la Tierra. Como poco a poco comprendemos mejor tales materias, parece probable que pronto tendremos que otorgar al cambio climático un papel principal en la extinción de muchas especies muy extendidas, que nos han dejado rastros en forma de fósiles.

La paloma migratoria

No todas las extinciones son consecuencia de catástrofes naturales. Hace doscientos años, las palomas migratorias eran, probablemente, los pájaros más comunes en la Norteamérica oriental y central. Se congregaban en enormes bandadas, y sus migraciones oscurecían el cielo durante horas. Sus cadáveres se vendían en los mercados de Nueva York a penique la pieza. El ornitólogo Alejandro Wilson estimó que, una bandada observada por él, contaba con *2.000 millones* de ejemplares. Poco más de cien años después, el 1 de septiembre de 1914, la última paloma parasitaria de la Tierra —un ave llamada Martha— murió en el parque zoológico de Cincinnati.

Muchas especies han caído víctimas del peor depredador del planeta: el ser humano. Nadie salió a exterminar las palomas migratorias, nadie a principios del siglo XIX hubiera creído que una especie tan abundante podría desaparecer en tan corto espacio de tiempo. Pero dos tecnologías muy eficaces —el telégrafo eléctrico y el rifle— permitieron que los cazadores emboscasen las bandadas mientras emigraban, y su número no les sirvió de protección.

Destrucción medioambiental

La historia de la paloma parasitaria conlleva un mensaje terrible. Éste no fue el primer ejemplo de los efectos adversos que el avance tecnológico puede tener sobre el medio ambiente y sobre las formas de vida que lo comparten con nosotros. Desde que la gente empezó a talar bosques para plantar cosechas, dejaron al descubierto tierras vulnerables y crearon desiertos. Pero, mientras esto se hacía a pequeña escala y la tecnología estaba limitada a las herramientas manuales, el daño no era importante para el equilibrio global de la naturaleza. Durante el siglo XIX, cuando proliferó la maquinaria y la escala aumentó, el daño fue mayor y la polución se extendió.

A mediados del siglo XX, el ataque de la humanidad contra la salud del planeta entró en una nueva fase. La polución y la destrucción de la atmósfera debidas a los residuos que dejan los viajes aéreos, la polución de los mares por los deshechos industriales, el exceso de pesca y agricultura, la descarga en el medio ambiente de miles de productos químicos sintéticos que ninguna especie había conocido jamás... todo eso ha hecho aumentar la posibilidad de una extinción masiva de tipo totalmente nuevo: la destrucción de una parte sustancial de las formas de vida por culpa de los actos de una sola especie.

En años recientes, los medios de destrucción se han multiplicado y el ritmo de destrucción medioambiental y de especies ha aumentado. Ya no hay duda de que una gran extinción es inminente. Ya está en marcha. Ahora sólo nos toca preguntarnos lo amplia que será esa destrucción.

La plaga de la mala ciencia

Y mientras contamos historias tristes, consideremos el caso del genetista Trofim Lysenko. Nació en Karlovka, Ucrania, en 1898. Se graduó en la escuela del Instituto Agrícola de Kiev, y es un ejemplo de científico cuya vanidad y ansia de poder aniquila todo respeto por las pruebas o la experimentación práctica. No está claro si llegó a creerse la basura que defendió, pero *sí* que su rechazo de la selección natural darwiniana y de la genética mendeliana retrasaron la biología en Rusia toda una generación.

Lysenko llamó la atención de Stalin durante la Segunda Guerra Mundial, cuando la necesidad de aumentar la producción agrícola era desesperada. Su propuesta básica fue que la herencia no residía únicamente en los genes, y que era posible cambiar el carácter genético de plantas como los cereales sometiéndolas a un cambio de ambiente. Esto implicaba que uno podría aumentar significativamente las cosechas entre una generación y la siguiente. Incluso sugirió que quizá era posible hacer crecer trigo partiendo de granos de centeno. Esto era música para Stalin, y en 1940 lo nombró director del Instituto de Genética de la Academia de Ciencias, un puesto que Lysenko mantuvo durante veinticinco años. Durante la mayor parte de ese tiempo sus ideas dominaron la biología soviética.

Los genetistas que plantearon dudas no pudieron seguir trabajando. Los disidentes más afortunados simplemente perdían sus trabajos; los menos, terminaban en prisión o muertos. La autoridad de Lysenko disminuyó tras la muerte de Stalin en 1956, pero se aferró a su puesto otros nueve años. Hasta 1965, Rusia no se libró de la influencia maligna del que tanto daño hizo a su ciencia y a la imagen del científico ante los ojos del mundo.

Esta historia de Stalin y su biólogo tiene una moraleja para todos aquellos que se sienten proclives a manipular la ciencia para satisfacer las necesidades de su ideología. La salud y la riqueza que los países desarrollados disfrutan hoy día son producto de la tecnología avanzada, y esa tecnología es producto de cinco siglos de descubrimientos científicos. No hay ninguna ley que diga que el progreso es inevitable: que una vez que se pone en marcha, continúa para siempre. En este libro hemos visto una y otra vez lo estrechamente unido que está el progreso científico a la forma en que se organizan y piensan las sociedades. Ahoga el espíritu investigador, y puede que detengas el progreso científico mientras las naciones más ilustradas siguen adelante. La gente que en nuestros días se siente tentada de censurar la biología evolutiva, necesita ser consciente de que están jugando con fuego. El país que elige ahogar la ciencia, está eligiendo el estancamiento económico y el declive nacional.

Alienígenas lejanos

Dado que hemos mencionado la mala ciencia, quizá sea el momento y el lugar apropiados para hablar un poco de alienígenas. Sólo necesitaremos unas cuantas palabras. La estrella más cercana a la Tierra se llama Proxima Centauri y está lejos, a 4,3 años-luz. Es decir, 40 millones de millones de kilómetros/25 millones de millones de millas. Piensa en ello...

Los cambios de paradigma

Mucha gente piensa en los descubrimientos científicos como un proceso de acumulación gradual de nuevos conocimientos que se añaden a los ya existentes. Eso es lo que se podría llamar la visión de la ciencia como un «castillo de arena», que ve a los científicos, no importa lo famosos o aventureros que sean, como niños que excavan en una playa, añadiendo su contribución al montón de arena ya acumulado. Esto podría describir el 98% de lo que llamamos adelantos científicos. Pero necesitamos otra imagen para comunicar la naturaleza del otro 1 o 2%.

Un tema recurrente de este libro ha sido lo sorprendente de las nuevas ideas y el reajuste que provocan del pensamiento científico. Este proceso de reajuste fue el tema de un libro publicado en 1962, titulado *La estructura de las revoluciones científicas,* escrito por Thomas S. Kuhn (1922-1996), profesor de lingüística y filosofía del Instituto Tecnológico de Massachusetts.

La tesis de Kuhn era que los descubrimientos científicos son, casi siempre, un proceso de acumulación gradual de conocimientos y de comprensión, si nos movemos en los límites de lo que llamó la «ciencia normal». Pero, de vez en cuando, surge un «nuevo paradigma» —un nuevo modelo revolucionario— que cambia dramáticamente la visión de la realidad subyacente que una ciencia en particular intenta explicar. Si el nuevo modelo resulta que explica fenómenos hasta entonces misteriosos, trae un periodo de agitación mientras los científicos intentan asimilar sus implicaciones. Esto conduce a una reorientación de la ciencia en cuestión, lo que Kuhn llamó un «cambio de paradigma». Transcurrido cierto tiempo, el nuevo paradigma logra una aceptación general y a ello sigue un periodo de investigación excepcionalmente fructífero que puede durar dos o tres siglos, mientras los científicos exploran el territorio que la nueva visión ha abierto.

El cambio del paradigma no necesita ser destructivo. Para que los niños vuelvan a la playa, un descubrimiento científico importante no necesita derribar el castillo de arena. Más bien sería como si alguien dijera: «¿Por qué no construimos un transatlántico?». Si parece ser una buena idea, genera un estallido de entusiasmo que el plan original del castillo de arena nunca hubiera producido.

Lo que sigue es simplemente una selección de algunas de las más notables revoluciones científicas de los últimos seiscientos años. Todas ellas representan cambios de paradigma parecidos a los que Kuhn tenía en mente. Y todas ellas fueron seguidas por una aceleración del ritmo de descubrimientos científicos que continuó durante bastante tiempo.

- El modelo del sistema solar con el Sol como centro.
- La Ley de la Gravitación Universal.
- La tabla periódica de los elementos.
- La evolución mediante la selección natural.
- El modelo planetario del átomo.
- La relatividad especial y general.
- El universo que se expande.
- La estructura del ADN.
- Las placas tectónicas.

Ha sido un paseo excitante. Y aún no ha terminado. Es bastante seguro pronosticar que, en los próximos cincuenta años, se verá una mayor acumulación de conocimientos científicos que en cualquier otro medio siglo vivido hasta ahora y que aún hay paradigmas que descubrir.

Así que, ¿cuál es el mensaje que encierran las páginas anteriores? Que los adelantos científicos son el producto combinado de:

- El tiempo libre necesario para pensar en la ciencia y hablar sobre ella.
- La oportunidad de compartir ideas con otros científicos.
- La falta de restricciones políticas, religiosas y culturales en la investigación científica.
- Y la disponibilidad de una tecnología apropiada.

A todos los efectos, estamos mejor situados que nunca para buscar respuestas. Allí donde en otras épocas existió un puñado de ricos caballeros aficionados o de académicos, ahora tenemos centenares de miles de científicos a sueldo, hombres y mujeres. Como resultado de los recientes avances en telecomunicaciones —sobre todo, internet—, las oportunidades de trabajar en red y la velocidad de difusión de los nuevos conocimientos supera de lejos todo lo conocido hace apenas un cuarto de siglo. La tecnología disponible, especialmente por lo que se refiere a los ordenadores, es inmensamente más poderosa que la que tenían nuestros predecesores. Y, a pesar de unos cuantos rincones oscuros, la libertad para investigar y los imperativos culturales para hacerlo son características de nuestro mundo moderno. Por supuesto, puede que estemos viviendo una época en que la mayoría de lo que tenía que ser descubierto se haya descubierto ya. Pero la historia de la ciencia está salpicada de historias de científicos eminentes que estaban seguros de que también vivían una época así. ¡Y qué equivocados estaban!

Hasta ahora ha sido una fiesta bastante privada. Durante casi quinientos años, de Copérnico al Proyecto del Genoma Humano, Europa y Norteamérica, con dinero, ocio y tecnología militar, tenían un virtual monopolio científico. Pero, como vimos al hablar de la revolución científica del siglo XVII, no se debió a que las naciones involucradas fueran más inteligentes que las demás, simplemente tuvieron más suerte. Ahora, por fin, China, India y muchos otros países tienen la oportunidad de demostrar todo aquello de lo que son capaces; y la consecuencia sólo puede ser una vivificante aceleración del ritmo de los avances científicos. ¡Sujétate el sombrero!

Apéndices

1. Midiendo las cosas

Números muy pequeños y muy grandes

A medida que la ciencia tenía que preocuparse cada vez más de los números muy grandes o muy pequeños, los científicos necesitaron un lenguaje que les ayudase a manejar números con muchos ceros o muchos decimales. Cuando los kilovatios se volvieron demasiado pequeños para manejar las crecientes potencias, se usaron los megavatios. Cuando los milímetros fueron demasiado chapuceros para definir dimensiones muy pequeñas, se adoptaron los micrómetros. Pero, para muchas necesidades modernas, incluso el megavatio es demasiado pequeño y el micrómetro demasiado torpe. Así que los científicos han acuñado una serie de prefijos que pueden aplicarse a cualquier unidad de medida para que los números sean manejables:

Prefijo	Símbolo	Significado
tera	T	x 1.000.000.000.000
giga	G	x 1.000.000.000
mega	M	x 1.000.000
kilo	k	x 1.000
hecto	h	x 100
deca	da	x 10
deci	d	/10
centi	c	/100
mili	m	/1000
micro	μ	/1.000.000
nano	n	/1.000.000.000
pico	p	/1.000.000.000.000

Estos prefijos pueden aplicarse a cualquier unidad. Un picosegundo (ps) es la billonésima parte de un segundo, y un terawatio por hora (Twh) es mil millones de kilovatios por hora. Al medir la longitud, a la millonésima de metro se le suele llamar *micra*, en lugar de micrómetro.

Medir la temperatura

La temperatura no es lo mismo que el calor. Una olla de agua hirviendo y una taza de agua hirviendo tienen la misma temperatura, pero la olla contiene mucha más agua y, por tanto, mucho más calor; por eso podrá fundir mucho más hielo. Por extraño que pueda parecer, un cubo de hielo contiene mucho más calor que una taza de hielo a la misma temperatura. El calor se pierde al bajar la temperatura, pero un líquido congelado sigue contiendo mucho calor, que puede perder si su temperatura sigue descendiendo.

Pero la pérdida de calor no puede seguir indefinidamente, porque cada sustancia contiene una cantidad finita de calor. A una temperatura de *menos* 273 grados Celsius ya no queda calor que perder y no se puede seguir enfriando. Los físicos llaman a esta temperatura *cero absoluto,* y marca el punto de partida de su escala preferida —los grados Kelvin— para medir la temperatura. Hay otras dos escalas que suelen usarse corrientemente para medir la temperatura: la *Fahrenheit* y la *Celsius* (también conocida como *centígrada).*

La escala Fahrenheit fue inventada por el físico germano-holandés Daniel Fahrenheit. Hijo de un comerciante adinerado, nació en Danzig (ahora Gdansk), en 1686. Tras la muerte de sus padres se trasladó a Ámsterdam, y se estableció como fabricante de instrumentos meteorológicos. En 1714, tuvo la inspirada idea de utilizar mercurio en los termómetros en lugar de alcohol.

Esto permitió que sus instrumentos pudieran medir temperaturas por debajo del punto de congelación del agua y muy por encima de su punto de ebullición. Para evitar el frecuente uso de números negativos en los días fríos, añadió sal al agua para obtener un punto de congelación más bajo. Definió el punto de congelación del agua no salada a 32 grados, y el punto de ebullición del agua a 212 grados. En 1724, su innovación lo convirtió en miembro de la Royal Society, y su sistema fue inmediatamente adoptado en Gran Bretaña y los Países Bajos.

La escala Celsius fue el invento de un contemporáneo de Fahrenheit, el astrónomo sueco Anders Celsius. Éste nació en Upsala, en 1701, en el seno de una famosa familia de científicos y fue profesor de astronomía en la misma Upsala. En 1742 publicó el esquema de una nueva escala de medición de la temperatura —la escala «centígrada»—, en la que el punto de ebullición del agua se definía como 0 grado, y su punto de congelación como 100 grados.

Al año siguiente, invirtió estas cifras para convertir el punto de congelación en 0 grado y el punto de ebullición en 100 grados. Éste fue el principio del sistema centígrado, que se popularizó en la mayoría de los países de habla no inglesa y fue la herramienta preferida por los científicos de todo el mundo. En 1948 se acordó cambiarle el nombre y llamarla escala Celsius.

Los físicos actuales trabajan normalmente con grados *Kelvin*. Así conmemoran el nombre del físico británico William Thomson, lord Kelvin, que introdujo el concepto del cero absoluto. En la escala Kelvin, el cero absoluto —menos 273 grados Celsius— se define como 0 grado, y todas las mediciones tienen un valor positivo.

Las reglas para convertir los grados de una escala a otra son como sigue:

De Fahrenheit a Celsius:
Resta 32, divide por 9 y multiplica por 5.
Ejemplo: 212 °F - 32 = 180; 180 + 9 = 20; 20 x 5 = 100 °C.

De Celsius a Fahrenheit:
Divide por 5, multiplica por 9 y añade 32.
Ejemplo: 100 °C + 5 = 20; 20 x 9 = 180; 180 + 32 = 212 °F.

De Celsius a Kelvin:
Suma 273.
Ejemplo: 0 °C + 273 = 273 °K

Algunas normas internacionales

La definición del metro en el Sl (Sistema Internacional) es la distancia viajada por la luz por el vacío en 1/299.792.458 de segundo.

La definición del Sl de un segundo es de 9.192.631.770 vibraciones de un átomo de cesio, medidas por un reloj atómico.

2. Cronologías

Cronología de astronomía

A. C.

c. 3000 Los babilonios predicen los eclipses.

c. 2400 Astrónomos chinos adoptan el sistema ecuatorial para realizar observaciones cuatro mil años antes que Tycho Brahe.

c. 1800 En Babilonia se compilan catálogos de estrellas y registros planetarios.

c. 1600 En Mesopotamia se identifican las constelaciones del Zodíaco.

c. 530 Pitágoras afirma que la Tierra es una esfera.

c. 352 Astrónomos chinos registran el primer avistamiento conocido de una supernova.

c. 270 Aristarco de Samos calcula la distancia al Sol, y sugiere que la Tierra y los planetas orbitan a su rededor.

c. 260 Eratóstenes calcula la circunferencia de la Tierra.

c. 130 Hiparco calcula el tamaño y la distancia de la Luna.

D. C.

c. 140 Tolomeo escribe su *Megale Syntaxis.* Su modelo del sistema solar permanecerá incontestado durante mil cuatrocientos años.

827 El libro de Tolomeo se traduce al árabe con el título de *Almagesto.*

c. 880 El astrónomo árabe Al-Battani calcula la longitud del año.

c. 940 Un mapa estelar chino usa la proyección de Mercator.

c. 1000 Ibn Yunnus de El Cairo publica las tablas estelares Hakimitic.

1175 Primera traducción latina del *Almagesto* de Tolomeo.

1543 Publicación de *Sobre las revoluciones de las obras celestes,* de Copérnico.

1572 Tycho Brahe observa su supernova.

1609 Kepler formula sus leyes sobre el movimiento planetario.

1610 El telescopio de Galileo revela que la Vía Láctea está compuesta por millones de estrellas individuales.

1672 Cassini calcula las distancias de la Tierra y los demás planetas al Sol con un error de menos del 10%.

1687 Publicación de los *Principia* de Newton, sentando su teoría de la gravitación universal.

1796 Laplace sugiere que la condensación de una nube de gas formó el sistema solar.

1814 Von Fraunhofer analiza espectroscópicamente la luz solar.

1838 Bessel logra la primera medición de la distancia a una estrella.

1912 El estudio de Leavitt de las estrellas variables proporciona la clave de la distancia de otras galaxias.

Russell publica su teoría de la evolución estelar, más tarde encarnada en el diagrama de Hertzsprung-Russell.

1916 Einstein publica su teoría general de la relatividad.

1919 Las observaciones de Eddington de un eclipse solar dan apoyo a la teoría general de Einstein.

1924 Hubble convierte los brazos de la nebulosa de Andrómeda en estrellas, demostrando que es un sistema estelar distinto de la Vía Láctea.

1928 Payne descubre que las atmósferas de las estrellas están principalmente compuestas de hidrógeno.

1929 Hubble interpreta el corrimiento al rojo en los espectros de las nebulosas extragalácticas como prueba de que el universo se expande.

1938 Bethe y Von Weizsacker proponen que el calor del Sol deriva de la conversión de hidrógeno en helio.

1948 Gamow y Alpher avanzan su hipótesis del «big bang» como explicación sobre el origen del universo.

1965 Dicke identifica la radiación cósmica de fondo, sustentando la hipótesis del «big bang».

1987 Las observaciones de una supernova en la Gran Nube de Magallanes confirma el modelo aceptado de los procesos internos de las estrellas.

1995 Mayor y Queloz descubren un planeta que orbita en torno a una estrella a 50 años-luz de la Tierra.

Cronología de la biología

A. C.

c. 350 Aristóteles ordena 500 especies de animales divididas en 8 clases.

c. 300 Los escritos de Teofrasto sientan los cimientos de la botánica.

D. C.

c. 150 Galeno resume el conocimiento médico de la época.

c. 1000 El *Canon de la Medicina* por Avicena (Ibn Sina).

c. 1180 Galeno se traduce al latín.

1551 La *Historia animalum* de Gesner, el principio de la zoología moderna.

1604 Fabricio publica un estudio comparativo de fetos animales.

1614 *De statica medicina* de Sanctorio, el primer estudio sobre el metabolismo.

1628 *Sobre los movimientos del corazón y de la sangre*, de Harvey.

1665 *Micrografía* de Hooke.

1670 Ray propone la especie como base de la clasificación.

1677 Leeuwenhoek describe el esperma humano.

1735 El *Sistema de la naturaleza,* de Linneo.

1800 *Lecciones de anatomía comparada,* de Cuvier.

1809 *Filosofía de la zoología,* de Lamarck.

1826 Baer describe los óvulos de los mamíferos hembra.

1865 *El origen de las especies,* de Darwin.

Mendel publica un artículo sobre sus teorías genéticas.

1868 Pasteur identifica los bacilos que provocan la enfermedad del gusano de seda.

1869 Miescher descubre el ADN (que llama «nucleína»).

1871 *La ascendencia del hombre,* de Darwin.

1878 Kuhnne describe las enzimas.

1898 Beijerincke identifica el virus de mosaico del tabaco.

1900 Redescubrimiento de los trabajos de Mendel sobre la herencia.

1901 De Vries introduce el concepto de las mutaciones.

1902 La Teoría cromosómica de la herencia, de Sutton.

1926 Sumner demuestra que las enzimas son proteínas.

1932 *La bases científicas de la evolución,* de Morgan.

1934 Mediante la difracción por rayos-X, Bernal toma la primera fotografía de una proteína cristalizada.

1937 *Genética y el origen de las especies,* de Dobzhanski.

1938 Captura de un celacanto, que se creía extinguido desde hacía sesenta millones de años.

1944 Avery demuestra que el ADN es el vehículo de la herencia.

1953 *The Herring Gull's World,* de Tinbergen.

Crick y Watson establecen la estructura de una molécula de ADN.

1975 Wilson introduce el concepto de «sociobiología».

1977 Woese propone los archaea como una tercera forma primaria de vida, además de los procariotas y los eucariotas.

1990 Localización del gen de la fibrosis quística.

2001 Fin del Proyecto del Genoma Humano.

Cronología de la química

A. C.

c. 3000 En Egipto y Oriente Medio se obtiene bronce mezclando cobre y otros metales.

D. C.

1661 Boyle distingue las mezclas de los compuestos en *El químico escéptico.*

1669 Brand descubre el fósforo.

1756 Black descubre el anhídrido carbónico.

1772 Daniel Rutherford descubre el nitrógeno.

1773/74 Independientemente, Scheele y Priestley descubren el oxígeno.

1776 Cavendish aísla el nitrógeno.

1784 Cavendish establece que el agua es un compuesto de hidrógeno y oxígeno.

1789 *Tratado elemental de química,* de Lavoisier, lista 33 elementos.

1791 Richter establece que los ácidos y las bases siempre se neutralizan en la misma proporción.

1899 La Ley de Proust: los elementos se combinan en proporciones fijas según su masa.

1807 Davy usa la electrólisis para aislar potasio y sodio.

1808 Dalton perfila su teoría atómica en su *Nuevo sistema de filosofía química.*

1811 Avogadro acuña la palabra molécula y formula la Ley de Abogadro.

Berzelio introduce el sistema moderno de anotación química.

1828 Woehler prepara urea a partir de materiales inorgánicos.

c. 1835 Faraday formula las leyes de la electrólisis.

1845 Hofmann crea anilina sintética.

1846 Schonbein descubre accidentalmente el algodón-pólvora.

1852 Frankland introduce el concepto de valencia.

1856 Perkin sintetiza el color malva.

1858 Kekulé explica las moléculas orgánicas grandes en términos de los cuatro enlaces de carbono.

1859 Kirchhoff y Bunsen usan un espectroscopio para identificar elementos.

1869 Mendeleyev publica su tabla periódica de los elementos.

1875/76 Descubrimiento del galio y el escandio, tal como predijo Mendeleyev.

1877/78 Swan y Bernigaud patentan consecutivamente el rayón en Inglaterra y Francia.

1887 Arrhenio dota de fondo teórico a la ley de Faraday sobre la electrólisis.

1898 Marie y Pierre Curie descubren el radio y el polonio.

1908 Haber desarrolla un proceso para extraer el nitrógeno del aire y conseguir amoníaco.

1913 Moseley formula su ley de los números atómicos.

1916 Lewis explica el enlace químico y la valencia en su teoría de los electrones compartidos.

1919 El modelo concéntrico de Langmuir proporciona nuevas aclaraciones sobre el fenómeno de la valencia.

1923 Bronstead define los ácidos y las bases en términos de iones de hidrógeno.

1932 Urey descubre el deuterio.

1933 Segre sintetiza el tecnetio, el primer elemento artificial.

1939 *La naturaleza del enlace químico,* de Pauling.

1940 Kamen descubre el carbono 14.

Seaborg y McMillan crean el primer elemento transuránico, el neptunio.

1940-85 Catorce nuevos elementos sintéticos se agregan a la tabla periódica.

1985 Kroto y Smalley descubren las moléculas gigantes de carbono.

Cronología de la ciencia terrestre

A. C.

c. 570 Xenófanes interpreta las conchas fósiles como prueba de pasados hundimientos.

D. C.

132 Zhang Heng construye un detector de terremotos.

1517 Fracastoro sugiere que los fósiles son restos de criaturas vivientes.

1743 *Nuevo mapa filosófico del Este de Kent*, de Packe, el primer mapa geológico.

1744 Lomonosov publica un catálogo de 3.000 minerales.

1763 El atlas mineralógico de Francia por Guettard y Lavoisier.

1770 Benjamin Franklin traza la corriente del golfo.

1774 Werner propone un sistema formal de clasificación de minerales.

1779 Buffon sugiere que la Tierra tiene 75.000 años.

1785 La Teoría de la Tierra, de Hutton.

1795 Cuvier identifica los restos del mosasaurio como pertenecientes a un reptil prehistórico gigante.

1798 Cavendish determina la masa y la densidad de la Tierra.

1799 Humboldt identifica la época Jurásica.

1809 Mapa geológico del este de Estados Unidos de McLure.

1811 La teoría de Cuvier sobre las extinciones catastróficas.

1815 *Mapa geológico de Inglaterra,* de Smith, define los estratos de rocas por su contenido fósil.

1822 Identificación de las épocas Cretácea y Carbonífera.

1831 *Principios de la Geología,* de Lyell.

1835 Identificación de las épocas Cámbrica y Siluriana.

1837 Agassiz promueve el concepto de «Era Glaciar».

1842 Owen acuña la palabra «dinosaurio».

Estructura y distribución de los arrecifes coralígenos, de Darwin.

1855 *La Geografía física de los mares,* de Maury, establece la ciencia de la oceanografía.

1866 Daubree sugiere que la Tierra tiene un núcleo de níquel-hierro.

1906 Oldham usa las ondas sísmicas para establecer la existencia del centro de la Tierra.

1909 Mohorovicic descubre la frontera entre el manto y el núcleo de la Tierra, que ahora lleva su nombre.

1912 Wegener adelanta su teoría de la deriva continental.

Matuyama revela pruebas de inversiones periódicas del campo magnético de la Tierra.

1935 Richter inventa su escala para la medición de los terremotos.

1953 Patterson establece la edad de la Tierra en cuatro mil seiscientos millones de años.

1954 Barghoorn y Tyler descubren fósiles mil quinientos millones años más antiguos que cualquiera previamente conocido.

1958 Bachus y Herzenberg demuestran la existencia de una «dinamo» en el interior de la Tierra que crea su campo magnético.

1961/2 Dietz y Hess proponen sus teorías sobre la extensión del lecho marino.

1968 Barghoorn descubre rastros de aminoácidos, indicativo de la existencia de vida en rocas con trescientos mil millones de años.

1980 Álvarez descubre el límite de extinción K/T.

1987 Mediciones de la deriva continental por los satélites de la NASA confirman la teoría tectónica.

1999 Muestras de los lagos andinos proporcionan el efecto de El Niño sobre el clima mundial en los últimos quince mil años.

Cronología de la física

A. C.

c. 430 Demócrito especula con que toda la materia está compuesta de átomos indivisibles.

c. 250 Arquímedes descubre las leyes que gobiernan el comportamiento de las palancas y los cuerpos que flotan.

D. C.

c. 1000 El físico árabe Ibn al-Haytharn distingue entre la luz transmitida y la luz reflejada, explicando cómo funcionan las lentes y formulando las leyes de la reflexión.

1590/91 *El movimiento* y *Sobre las ciencias mecánicas,* de Galileo.

1621 Snell desarrolla las leyes que gobiernan la refracción de la luz.

1632 *Diálogo sobre los dos máximos sistemas del mundo: tolemaico y copérnico,* de Galileo, es prohibido por la Iglesia.

1638 Galileo enuncia el principio de que la distancia de caída se incrementa con el cuadrado del tiempo transcurrido.

1676 Roemer utiliza las lunas de Júpiter para medir la velocidad de la luz.

1687 Los *Principia* de Newton hacen pública su teoría de la gravitación universal.

1690 *Tratado sobre la luz,* de Huyguens, describe su teoría de que la luz es una onda.

1704 La *Óptica* de Newton presenta sus ideas sobre la naturaleza y el comportamiento de la luz.

1762 Black descubre el calor latente y el calor específico.

1798 Cavendish establece el valor de la constante gravitacional.

1800 Volta genera la primera corriente eléctrica.

1803 Dalton propone que la materia está compuesta de átomos.

1811 Avogadro enuncia su ley respecto al número de partículas en un volumen dado de cualquier gas.

1820 Oersted descubre el electromagnetismo.

1827 Ampère formula sus leyes sobre el electromagnetismo.

1831 Faraday y Henry, independientemente, establecen que un imán en movimiento genera una corriente eléctrica.

1847 Joule y Mayer formulan, independientemente, la ley sobre la conservación de la energía.

1850 Clausio enuncia la segunda ley de la termodinámica.

1851 Kelvin introduce el concepto del cero absoluto.

1873 *Electricidad y magnetismo,* de Maxwell, crea la ciencia del electromagnetismo.

1887 Michelson y Morley demuestran que la velocidad de la luz es independiente del movimiento de la Tierra.

1888 Hertz detecta las ondas radiofónicas y mide su longitud de onda.

1895 Röntgen descubre los rayos-X.

1897 Thomson (Joseph J.) descubre el electrón.

1898 Los Curie descubren y bautizan la radioactividad.

1900 Planck introduce el concepto de quantum: el principio de la teoría cuántica.

1905 Einstein publica su teoría especial de la Relatividad.

1911 Rutherford presenta su modelo planetario del átomo.

1912 Bohr publica su teoría de la conducta orbital de los electrones.

1916 Einstein completa su teoría general de la Relatividad.

1924 De Broglie propone un carácter dual de ondas para las partículas atómicas.

1927 Heisenberg promulga su principio de incertidumbre.

1932 Chadwick descubre el neutrón.

1939 Meitner publica su escrito sobre la división del átomo de uranio.

1942 Fermi y su equipo logran una fisión atómica controlada.

1947 Feymnan, Swinger y Tomonaga. Independientemente, desarrollan la electrodinámica cuántica (QED), entrelazando el comportamiento de la luz y el de la materia.

1955 Los átomos se observan directamente por primera vez.

1964 Gell-Mann propone que las partículas subatómicas más pesadas están compuestas de quarks.

1986 Muller y Bednorz descubren la superconductividad a altas temperaturas.

Quantums individuales en átomos individuales son observados por primera vez.

Cronología de la tecnología científica

A. C.

c. 1500 Tutmosis III erige la «Aguja de Cleopatra» para medir el tiempo y las estaciones.

c. 1000 La escritura alfabética aparece en el Mediterráneo oriental.

c. 132 Chang Heng detecta un terremoto.

D. C.

c. 100

(o antes) En China se utiliza el papel para escribir.

c. 710 Primeros fragmentos supervivientes de un texto chino impreso.

846 Primer libro impreso chino superviviente.

c. 1250 Se utilizan gafas de cuarzo transparente en Europa y China.

c. 1310 Los relojes mecánicos aparecen por primera vez en Europa.

1455 La Biblia de Gutenberg: el primer libro impreso con tipos móviles.

1569 Tycho Brahe construye su cuadrante de 6 metros/120 pies para observaciones estelares.

c. 1600 Janssen construye el primer microscopio compuesto.

1609 Galileo hace su primer telescopio.

1657 Huygens inventa el reloj de péndulo.

1764 El cronómetro H4 de Harrison pasa las pruebas.

1817 Von Fraunhofer desarrolla el espectrómetro de prisma.

1827 J. J. Lister mejora el microscopio compuesto.

1845 Rosse crea un telescopio de 1,8 metros/72 pulgadas.

1856 Palmieri inventa el sismógrafo.

1860 Kirchhoff establece las bases de la espectroscopia estelar.

1906 Tsvett desarrolla la cromatografía sobre papel.

1907 Boltwood desarrolla la técnica de la datación radioactiva mediante el uranio.

1912 Von Laue inventa la cristalografía por rayos-X.

1917 Se termina el telescopio de 2,5 metros/100 pulgadas de Hooker (en el monte Wilson).

1932 Los primeros microscopios electrónicos.

Lawrence construye un ciclotrón para acelerar las partículas subatómicas.

1936 Turing pone las bases de la teoría del ordenador.

1937 Reber construye un radiotelescopio.

1942 Se construye la primera pila atómica en la Universidad de Chicago.

1946 El ordenador ENIAC de la Universidad de Pennsylvania.

1947 Se termina el telescopio de 5 metros/200 pulgadas de Hale (en el monte Palomar).

1955 El microscopio de campo de iones hace posible ver la imagen de un solo átomo.

1956 FORTRAN: el primer lenguaje de programación del mundo.

1958 El primer ordenador en utilizar transistores en lugar de válvulas.

1960 Maimen desarrolla el primer láser.

1969 Arpanet, el precursor de internet.

1971 El primer microprocesador es introducido en Estados Unidos.

1988 Desarrollo de la técnica de la reacción en cadena de la polimerasa (PCR).

1990 Se completa el telescopio espacial Hubble.

Tim Berners-Lee concibe la World Wide Web.

1991 Invención del microscopio scanning tunnelling (STM), llamado así por «efecto túnel».

1992 Lanzamiento del satélite COBE.

Índice analítico

ácido desoxirribonucleico ADN, 128-129, 264-267
ácido nucleico, 255
agua de mar, 229
agujeros negros, 126
arco iris, 87-89
  electromagnético, 89
aire, composición química del, 139
—, densidad, 140
al-Khwarisnli, 50
al-Mamun, 40, 50
al-Rashid, Harun, 40
alfabeto, 64-65
Algol, 136-137
alienígenas, 285
Alpher, Ralph, 269, 294
alquimia, 104-107
American Philosophic Society, 112
análisis armónico, 151
análisis de los anillos de un árbol, 184
anteojos, 66-67
año, 31
años-luz, 36
Aristóteles, 20-23, 42, 49, 67-71, 81, 91, 294
Arquímedes, 28-30
arrecifes de coral, 230
Arrhenius, Svante Auguste, 182
Aryabhata, 50
asteroides, 56-57
astrología, 32-33
astronomía
  comienzo de la, 30-31
  cronología, 292 y ss.
  el trabajo de Galileo, 69
  el trabajo de Tolomeo, 49-51
  los estudios de Copérnico, 50, 74
  y astrología, 32-33
atmósfera, capas de la, 143
átomos, 144-146
  división, 258, 301
  electrones, 211
  energía interna, 240
  estructura, 214
  neutrones, 179-181
  núcleo del, 213
  protones, 179-181
  valencia, 174
Avery, Oswald T., 255-256

bacteriología, 201
Bagdad, 48-49
Banks, sir Joseph, 135, 147
Becquerel, Antoine Henri 207-212
Berzelio, Jöns Jacob, 153-155, 174

Bessel, Friedrich Wilhelm, 127, 232-233
Big Bang, la teoría del, 269-271
biología
clasificaciones, 104, 189
cronología, 295
bomba atómica, 240, 258-259, 265, 269
bomba de hidrógeno, 250
botella de Leiden, 113
Boyle, Robert, 105-109, 113
Brahe, Tycho, 70, 86, 109
Bunsen, Robert, 157-158, 173

cadena protón-protón, 250
calendario geológico, 187
calendario gregoriano, 132,133
calendario juliano, 132,134
calentamiento global, 182
calor, teoría del, 116, 118
Cannizzaro, Stanislao, 174
carbón, 225
Carpenter, W. B., 204-205
Cassini, Giovanni, 92
catastrofismo, 280
Cavendish, Henry, 124-125
cerdo marino, 193
Chadwick, James, 213-214
Challenger, HMS, 205
China, 45-48
ciclo del carbono-nitrógeno, 250
cielo, el color del, 181
ciencia terrestre, cronología, 300-301
Cinturón de Kuiper, 57
Colón, Cristobal, 44
color
en la luz, 87-88
sensación mental del, 90
cometas, 58-59
de Halley, 85-86, 232
concepción, 103
continentes, deriva de los, 216-217
Copérnico, Nicolás, 23, 50-53, 69
contando, 19
corazón, el, 75-77
corrimiento hacia el rojo, 235, 245
cosmología, 22
Crick, Francis, 265-266
cristalografía de rayos-X, 262, 265-266
cromosomas, 251-525, 264, 267, 276-277
cronología cultural, 275
cruces genéticos, 196
cuerpos que caen, movimiento de los, 82
Curie, Pierre y Marie, 208-210

Dalton, John, 144-146
Darwin, Charles, 110, 165-169, 189-197, 203, 230, 295
Darwin, Erasmus, 190
datación por radiocarbono, 185
datación por uranio 186
Davy, Humphry, 148-150, 159-161
destrucción medioambiental, 282
día, definición del, 38-39
diablo de Tasmania (tilacino), 193
dinosaurios, 166-167, 187, 191, 281
doble hélice, 267, 268
Doppler, Christian, 234

efecto invernadero, 152
Einstein, Albert, 237-243, 294
electricidad
  animal, 147
  conductividad, 157
  pila voltaica, 147, 162
  y magnetismo, 162
electrólisis, 161
electrones, 179-180
elementos, 107-108
  clasificación de los, 173, 177
  naturales, 215
  número atómico, 179, 180, 215
  peso atómico, 177, 179, 215
  tabla periódica de los, 177, 180
Eratóstenes de Cirene, 42
escala de Mohs, 226-227
eslabón perdido, 272-273
especies, número de, 130-131
espectroscopio, 137, 156
esperanza de vida, 271
estaciones, 36
estratigrafía, 183
estrellas, 30, 33, 35
  brillo, 236
  clasificación de las, 240
  ciclo vital, 242
  distancia, midiendo la, 127, 236
  fugaces, 59
  magnitud, 34
  mapa celestial, 233
  movimiento propio, 232
  número de, 46
  variable, 136
  variables Cefeidas, 236-237, 244-245
estructura molecular, 264-268
evolución, 189, 190, 192-194, 272-273
  bioquímica de la, 255
extinción de los dinosaurios, 167
fabricación de lentes, 102
Faraday, Michael, 150, 159, 161-163, 165
fermentación, 200
Fermi, Enrico, 257-258, 261
Fibonacci, Leonardo, 50
física, cronología, 302-305
fisión atómica, 261
flogisto, 110
flotación, principio de, 28
Fourier, Jean Baptiste Joseph, 150-152
Frankland, Edward, 174
Franklin, Benjamin, 111-113
Franklin, Rosalind, 266, 268
Fraunhofer, Joseph von, 156
fusión atómica, 250

Galeno, 76
Galilei, Galileo, 30, 67, 69
Galvani, Luigi, 146
Gamow, George, 248, 269-270
gas
  cambios en la temperatura, efectos de los, 171
  calor, conducción del, 181
  velocidad molecular de, 142-143
genes, 198, 251, 255, 267, 277
genoma, 277-278
geocronología, 104, 203
geología, 104, 203

Goodricke, John, 136-137
gravedad, 82, 84, 95
  teoría de Newton, 79
Gutenberg, Johannes, 65

Hahn, Otto, 257-258
Haldane, J. B. S., 130
Halley, Edmund, 85-86
Hampden, John, 194-195
Harrison, John, 120-121
Harvey, William, 75-77
helio, descubrimiento del, 159
Hess, Harry H., 217
Hiparco, 34, 39, 41
hipótesis falsas, 109-110
historia de la ciencia, 60-61
Holmes, Arthur, 217
Homero, 21
Hoyle, Fred, 270
Hubble, Edwin, 244-248
humanoides, evolución de, 273-274
Hutton, Charles, 123
Huygens, Christiaan, 99

Imperio Romano, 47, 60
imprenta
  Gutenberg, 65-66
  invención de la, 63-64
  proceso, 64-65
  tipos móviles, 64
inercia, 96, 99
infección, descubrimiento de la, 201
Institución Real, 148-149
Islam, 48-50

Janssen, Zacharias, 67
Jenner, Edward, 134-136, 199
Júpiter, satélites de, 56-57

Kepler, Johann, 72
Kirchhoff, Gustav, 157

Lavoisier, Antoine Laurent, 113-114
Leavitt, Henrietta, 235-237, 244-245
lecho oceánico, fisuras en el, 217-218
Leeuwenhoek, Anton van, 67, 102-103
Lemaître, Georges Edouard, 247-248
ley del cuadrado inverso, 82-83
Linneo, 127-131
Lippershey, Hans, 67, 69
Lockyer, Norman, 159
longitud, 119-120
Lower, Richard, 77
Luna, 25-26
  creación de la, 27
  velocidad de escape, 97-98
  papel en el sentido del tiempo, 37
  mareas, influencia en las, 24-25
luz, 87-88
  efecto Doppler, 234-235
  incandescencia, 91
  luminiscencia, 91
  teoría de Huygens sobre la, 101
  velocidad de la, 91-92, 138
Lyell, Charles, 280
Lysenko, Trofim, 283-284
Mahoma, 48

mala ciencia, 283-284
Malpighi, Marcello, 76
manto glaciar antártico, 228-230
Marat, Jean Paul, 119
mareas, 24-25, 27
masa, 84
Maskelyne, Nevil, 120-121
Mason, Charles, 123
Maury, Matthew Fontaine, 203-204
Maxwell, James Clerk, 171
medidas, sistemas de, 289-292
Meitner, Lise, 257-258
Mendel, Gregor, 250
Mendeleyev, Dmitri, 175, 214
meteoritos, 57-59, 168
meteoros, 59-60
microscopio, 60, 76, 102
Michell, John, 124-127
Mohs, Friedrich, 226
Moseley, Harry, 214-215
Musschenbroek, Pieter van, 112
mutaciones, 251-251

nacimientos múltiples, 253
navegación marítima, 119-120
nebulosas, 244, 247
neodarwinismo, 197, 234
neutrones, 212-213, 256
Newlands, John, 176
Newton, Isaac, 75, 79-88, 91-95, 101, 104, 136-137
Nube de Oort, 59
números árabes, 50

oceanografía, 203-205
Oersted, Hans Christian, 162
Owen, Richard, 166

Paley, William, 188-189
Palmieri, Luigi, 220
paralaje, 231-233
Pasteur, Louis, 199-202
Pauling, Linus C., 262-266
peso, 84
petróleo, 225
pi, valor de, 29, 47
Picard, Jean, 92-93
pilas, 146
Pitágoras, 20-21
Piteas, 23
placas tectónicas, 219
planetas, 31
  estadísticas vitales, 44-45
  leyes de Kepler, 72-75
  movimiento retrógrado, 52
Pogson, Norman, 34
precesión, 34, 40-41
Priestley, Joseph, 115-116
principios de Newton, los, 82-84
protones, 179-181, 212-215
Proyecto Genoma Humano, 278

química, 174-175
  comienzos de la, 104-105
  como disciplina científica, 118
  cronología de la, 297-299
  elementos, 107-108
  lenguaje, 153-155
  sujeto de su materia, 108-109

radioactividad, 185-186, 209-213

rayos-X, 207
reacción en cadena, 258
Regiomontano, 29
relatividad
  teoría general de la, 242
  teoría especial de la, 238
relojes, 99-101
reproducción sexual, 250-251
Rheticus, 53
Richter, Charles F, 220-221
rocas, dureza de las, 226-227
Roemer, Ole, 91-92
Röntgen, Wilhelm Conrad, 206-207
Royal Society, 78, 83-85, 103, 105-106, 113, 116, 123, 126, 137, 147, 150, 170, 205, 291
Russell, Henry Norris, 240-241
Rutherford, Ernest, 211-214

sal, 28
sangre
  circulación de la, 75-77
  función de la, 77
selección natural, 192, 250
sismógrafo, 46, 220
sismómetro, 220
sistema solar, 54
Sol, 53-55
  composición interna, 245-246
  energía, fuente de, 248-249
  estadísticas vitales, 54-55
  luz, fuente de, 90-91
  mareas, influencia en las, 24
  movimiento ilusorio, 32-33
sonido
  efecto Doppler, el, 234-235
  velocidad del, 137-138
Stahl, Ernst, 111
Strassman, Fritz, 257-258

tabla periódica de los elementos, 177, 180
Tales, 19-20
tecnología, definición de la, 62
tecnología científica, cronología de la, 305-308
telescopio, 66
temperatura, medición de la, 290-291
terremotos, 219-221, 223
  detector de, 46
  escala de Richter, 220-221
Thompson, Benjamin, 148
Thomson, Joseph J., 211-212
Thomson, William (lord Kelvin), 291
tiempo
  artificial, 37-38
  medición del, 99-100
  natural, 37-38
  sistemas de calendario, 38-39
Tierra, la
  anchura de la órbita de, 232-233
  balanceo de, 40-41
  edad de, 150-151, 183-184
  corteza de, 226-227
  forma de, 20-21
  fuerza centrífuga de, efecto de la, 79-80
  índice de giro sobre el eje de, 27
  interior de, 227-228
  medidas de, 42-43

velocidad de rotación, 27-28
estadísticas vitales, 43
peso, 123-124
Tolomeo, 51
triangulación, 231-232
tsunami, 221-222
Tyndall, John, 181-182

uniformitarismo, 280
universo
expansión del, 245-246
origen del, 247-248, 269-270
teoría del «Big Bang», 269-270
uranio, 209
núcleo, dividiendo el, 256-257

vacunación, 134-135, 199-200
valencia, 174
velocidad de escape, 94-97, 126, 142
viajes espaciales, 94-95
vida media, 185-186
viruela, 134-135
volcanes, 219, 223-225
Volta, Alessandro, 147

Wallace, Alfred Russel, 194-195
Watson, James Dewey, 265-266
Wegener, Alfred, 216-217
Wilkins, Maurice, 265-266

Zhang Heng, 45-46
Zodíaco, 33

divulgación

Respuestas científicas a los misterios de la vida cotidiana

¡¡Un gran éxito de divulgación científica!!

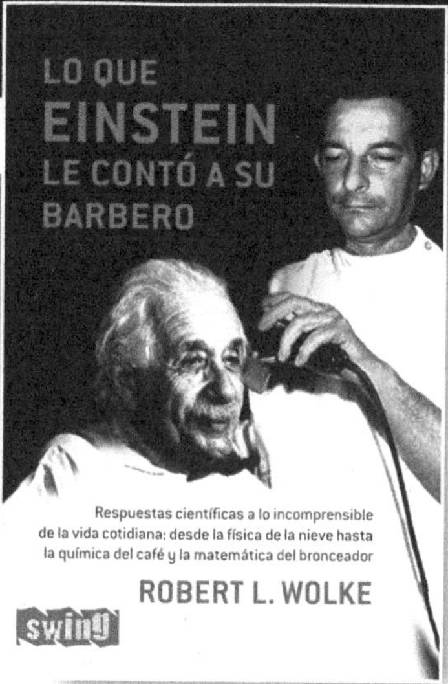

Robert L. Wolke nos ayuda a desentrañar y comprender cientos de fenómenos con los que convivimos a diario. Con explicaciones amenas y rigurosas, el autor nos ayudará a descubrir las «verdades» de nuestro universo físico inmediato.

¿Por qué dirige el fuego sus llamas hacia arriba? ¿Pueden los campesinos reconocer por el olfato la proximidad de la lluvia?

¿Por qué los espejos invierten la derecha y la izquierda pero no el arriba y abajo?

ROBERT L. WOLKE es profesor emérito de química en la Universidad de Pittsburg (EE.UU.) donde lleva a cabo proyectos de investigación en los campos de la física y la química. Educador y prestigioso conferenciante, Wolke es muy conocido por su capacidad para facilitar la comprensión y el disfrute de la ciencia. Entre sus publicaciones destacan *Lo que Einstein contó a sus amigos*, *Lo que Einstein le contó a su cocinero (1* y *2)* y *Lo que Einstein no sabía*, publicados por Ediciones Robinbook.

ISBN: 978-84-96746-21-3

ISBN: 978-84-96746-19-0